碳中和
与综合智慧能源

王永真　韩　恺◎主　编
景　锐　潘崇超　王江江◎副主编

电子工业出版社
Publishing House of Electronics Industry
北京·BEIJING

内 容 简 介

综合智慧能源是实现能源低碳转型的重要抓手和必然选择。本书宏观与微观相结合，系统展示了不同学科交叉下综合智慧能源"产、学、研、用、金、政"等方面的新技术、新业态与新模式。

全书共 12 章，前 6 章介绍了综合智慧能源的内涵外延与发展历程、关键技术与典型形态、科学研究与产业发展、科技成果与国内外案例；后 6 章则对综合智慧能源的规划方法和软件工具、关键设备及其理论模型、系统优化评价指标和典型规划案例进行了展示，并对我国综合智慧能源的理论基础、技术体系与政策趋势进行了分析。

本书内容以理论概述、信息传播及生态概览为主，理论与实践相结合，辅以具体操作指南，逻辑清晰，难易适度，是综合智慧能源领域从业人员的一本科普工具书。

未经许可，不得以任何方式复制或抄袭本书之部分或全部内容。
版权所有，侵权必究。

图书在版编目（CIP）数据

碳中和与综合智慧能源 / 王永真等主编. —北京：电子工业出版社，2023.5
ISBN 978-7-121-45546-9

I. ①碳… II. ①王… III. ①二氧化碳—节能减排—研究 ②智能技术—应用—能源—研究
IV. ①X511 ②TK-39

中国国家版本馆 CIP 数据核字（2023）第 091462 号

责任编辑：刘志红（lzhmails@163.com）　　　特约编辑：王　纲
印　　刷：三河市鑫金马印装有限公司
装　　订：三河市鑫金马印装有限公司
出版发行：电子工业出版社
　　　　　北京市海淀区万寿路 173 信箱　邮编　100036
开　　本：787×980　1/16　印张：22.5　字数：421.2 千字
版　　次：2023 年 5 月第 1 版
印　　次：2023 年 5 月第 1 次印刷
定　　价：158.00 元

凡所购买电子工业出版社图书有缺损问题，请向购书店调换。若书店售缺，请与本社发行部联系，联系及邮购电话：(010) 88254888，88258888。
质量投诉请发邮件至 zlts@phei.com.cn，盗版侵权举报请发邮件至 dbqq@phei.com.cn。
本书咨询联系方式：18614084788，lzhmails@163.com。

序 一

能源在支撑我们生产生活的同时，又时刻影响着我们所处的环境。党的十八大以来，党中央明确提出要深入推动能源革命，着力构建清洁低碳、安全高效的能源体系。综合智慧能源是冷、热、电、气及信息、管理、经济等多专业交叉的新产业、新模式与新业态。综合智慧能源及其综合能源服务对促进可再生能源消纳、综合能效提升和绿色制造产业升级具有关键的支撑作用。

《碳中和与综合智慧能源》一书由浅入深，揭示了综合智慧能源的基金申请、科技成果、典型工程及产业发展格局。书中提及：近10年，我国综合智慧能源企业数量快速攀升，2020年综合智慧能源的市值已逾万亿元，综合智慧能源的参与者已经包括两大电网、电力行业，并涉及交通、油气、物联网等领域，也有不少新能源、新服务的科技型企业。同时，我国综合能源服务技术创新与产业发展不断融合，有力支撑了能源和经济的高质量发展。

诚然，综合智慧能源并不是传统能源投资业务在供应侧、输配侧、负荷侧的简单延伸或拓展，综合智慧能源强调走向横向互联的过程，并集成多个能源品种、多种服务形式，从传统以产品为中心的服务模式转向以客户为中心的服务模式。但是，我国综合智慧能源还处于发展阶段，因此，《碳中和与综合智慧能源》一书指出，进入碳中和的新发展格局，"2.0版本"的综合智慧能源正在成长，信息流赋能能量流的智慧化态势正在积极培育，并详细从规划优化、工程设计、评价指标等方面给出了综合智慧能源的发展理念。

《碳中和与综合智慧能源》一书基于综合智慧能源企业的发展态势与业态特征，结合热力学熵与信息熵理论，从"物理、信息、价值"的视角出发，刻画了综合智慧能源"三元驱动"的理论基础，进一步完善了我国综合智慧能源的理论体系，以支撑其为产业发展指明路径的设置。本书在梳理综合智慧能源最新国家政策的同时，从产业生态、关键技术及典型场景等方面对我国"双碳"愿景下综合智慧能源的发展提出了十余条建议。

综合智慧能源的发展离不开自上而下的顶层规划与自下而上的生态探索，综合智慧能源的发展也将渗透到能源互联网的血液中。期待本书内容对综合智慧能源领域的研究者有所助益。

中国科学院院士

序 二

综合智慧能源是实现能源低碳转型的必然选择。《关于进一步深化电力体制改革的若干意见》（中发〔2015〕9号）提出以来，综合智慧能源在理论、技术、业态和模式上不断创新、初见成效，成为我国能源领域"四个革命、一个合作"的重要抓手。

跨界创新、多元融合已经成为综合智慧能源的发展共识，"共建、共享、共治、共赢"综合智慧能源的生态建设正在上演。但我国的综合智慧能源还处于初级阶段，本书将其通俗地称为"1.0版本"的综合智慧能源，并描述了呈现"外延式求和"的问题，我国的综合智慧能源与其"内涵式优化"的理想效益之间还存在不小差距，这反映在一些工程出现系统冗余设计、系统管控不足、经济效益欠佳等问题上。

进入碳中和的新发展格局，"2.0版本"的综合智慧能源正在成长，信息流赋能能量流的智慧化态势正在积极培育，"十四五"将是综合智慧能源内涵式发展的重要时期。《碳中和与综合智慧能源》意在作为综合智慧能源的工具书，尽可能地给读者展示综合智慧能源的内在逻辑、外在特性及产业发展，书中除提供了大量读者关心的综合智慧能源理论研究与产业信息外，也为读者提供了综合智慧能源相关的实操性规划流程、优化步骤及案例程序。

本书第1~6章以能源革命作为开头，论述了当前能源系统发展的新趋势——综合智慧能源，然后依次从综合智慧能源的内涵外延与发展历程、关键技术与典型形态、科学研究与产业发展、科技成果与国内外案例等方面介绍了综合智慧能源的"前世与今生"。综合智慧能源的关键是如何实现多能源互补、多设备耦合、多主体参与下的"1+1>2"，这正是与传统独立分供能源系统的规划调度方法存在差异的关键核心。因此，本书第7~11章分别从综合智慧能源的规划方法和软件工具、关键设备和模型、优化评价指标、系统规划案例等方面阐述了综合智慧能源规划的一般流程与步骤。最后，本书第12章初步给出了当前我国综合智慧能源的体系架构。

本书称"能源互联网"是"综合智慧能源"的高级形态，也专门对能源互联网的科技研究进行了介绍，期望在"双碳"背景下，各类能源形态最终交叉融合、相互促进、汇聚力量，以构建"双碳"愿景下新型能源系统的发展格局。

清华大学电机系教授、系主任

序 三

我国在 2060 年前实现碳中和的目标下,能源系统的脱碳正在加速进行,以异质多能互补与综合供应为代表的新态势和以低碳高效为主导的能源发展新格局正在形成。同时,以数字化为代表的科技革命和产业革命,赋予能源系统数字化转型新的生产力,综合智慧能源逐渐走进大众视野。

2015 年下半年,我参与了国家能源局牵头的"互联网+"智慧能源系列课题的研究,以及《关于推进"互联网+"智慧能源发展的指导意见》的起草工作。特别是,在不断探索以"光伏+"为主体的综合智慧能源理论与实践过程中,我看到了大量综合智慧能源的跨界创新,听到了很多综合智慧能源创业故事,感受到了综合智慧能源项目的遍地开花,其"朋友圈"不断扩大。《碳中和与综合智慧能源》一书在其中的几个章节详细介绍了一些综合智慧能源的典型项目。

理论和实践证明,综合智慧能源有助于可再生能源的消费、系统综合能效的提升,以及能源的安全经济运行。但由于综合智慧能源自身固有的"系统性",其又面临多专业知识交叉、系统技术路径复杂、多主体利益博弈的难点或挑战。也就是说,综合智慧能源绩效的实现,需要对其规划、设计、运行、评价、实施等方面有全面、深入的认知,《碳中和与综合智慧能源》一书从概念设计、理论架构、规划优化、工程设计等方面进行了展示。

本书共 12 章内容,信息饱满,介绍了"能源"在量与质、不确定性及开发利用等方面的基本属性及其开发利用特点,展示了当前综合智慧能源发展的最新前沿动态及研究机构分布。同时,列举了能源互联网、综合能源、多能互补等典型业态的科技成果,展示了综合智慧能源的典型工程,介绍了综合智慧能源系统规划的类型、方法及常用的软件。最后,介绍了综合智慧能源系统的关键设备、建模方法及评价指标,并对当前综合智慧能源发展的问题和政策进行了分析。

总的来说,《碳中和与综合智慧能源》一书正是瞄准了上述问题和挑战,论证了综合智慧能源发展的必然趋势及典型形态,并展示了不同学科交叉下我国综合智慧能源"产、学、研、用、金、政"等方面的新技术、新业态与新模式,涵盖了综合智慧能源当前的最新研究。同时,本书尝试给读者揭示综合智慧能源的发展历史、当前现状与未来趋势。希望如本书编者所述,本书能够成为综合智慧能源领域从业者、研究者、咨询者、规划者的一本工具书。

何继江

清华大学社会科学学院
能源转型与社会发展研究中心常务副主任

PREFACE 前 言

能源是人类社会活动的基础和保障，能源行业的新旧动能转换，关系到人类社会的可持续发展。当前能源供给侧的清洁替代、能源消费侧的电能替代，正逐步形成以电、热、气、氢等能源多能互补与综合供应的新态势和以低碳高效为主导的能源发展格局。同时，以数字化为代表的科技革命和产业革命，赋予能源系统数字化转型新的生产力，"互联网+"智慧能源的生态正在形成。能源互联网、虚拟电厂、综合能源系统、泛能网、多能互补、新型电力系统等与"综合智慧能源"密切相关的新技术、新业态、新模式遍地开花，综合智慧能源相关业态遍布能源开发、输电配电、石油石化、电动汽车、新能源、城市燃气、信息通信等行业，跨界创新、多元融合已经成为综合智慧能源的发展共识，"共建、共享、共治、共赢"综合智慧能源的生态建设正在全球上演。

综合智慧能源作为新型能源系统的有机分子，是实现能源低碳转型的重要抓手和必然选择。近年来，综合智慧能源及其服务在理论、技术、业态和模式上不断创新、初见成效，我国综合智慧能源领域的公司市值及参与数量均呈现出指数级增长。2022年，我国综合能源服务公司的市值已逾万亿元，仅仅名称包含综合能源的企业就达2100多家，其中不仅包括国家电网、南方电网、五大发电集团、BAT及新能源的知名企业，还包括很多与能源相关的民企。同时，随着以"双碳"目标为代表的可持续发展的演进，综合智慧能源将迎来巨大的市场。国家政府部门也陆续颁布了数十项关于加快发展综合能源服务的政策文件，数十所高校已开展综合智慧能源相关人才培养或者课程建设，综合智慧能源的理论体系建设取得了长足的发展。

我国综合智慧能源目前还处于初级阶段，本书通俗地称之为**"1.0版本"**的综合智慧能源，初级阶段侧重于异质能源在不同环节的综合化，但这种综合目前从市场角度来看可能还是比较简单的"外延式求和"。我国综合智慧能源与综合智慧能源的全局**"内涵式优化"**的理想效益之间还存在不小差距，这反映在一些工程出现经济效益欠佳、系统只监非控等问题上。进入碳中和的新发展格局后，**"2.0版本"**的综合智慧能源正在成长，信息流赋能能量流的智慧化态势正在形成，"十四五"将是"2.0版本"综合智慧能源内涵式发展的重要时期。因此，系统掌握综合智慧能源的理论体系、市场发展与业态场景，将是综合智慧能源人才培养的核心，也是综合智慧能源实现高质量规模化发展的关键所在。如此，泛在综合智慧能源将构成能源互联的"星链"网络，综合智慧能源"1+1＞2"的全局优化潜能将被彻底激活。

理论和实践证明，综合智慧能源有助于可再生能源的消费、系统综合能效的提升及能源的安全经济运行，但其面临多专业知识交叉、系统技术路径复杂、多主体利益博弈的难点和挑战，专业领域学生、工程技术人员、管理咨询工作者经常会面临对综合智慧能源内涵外延认识不全面、产业态势理解局限、规划调度优化理论缺失、商业模式储备不足、产研协同能力不够的问题。因此，本书采用宏观介绍与微观分析相结合的方法，完成涵盖综合智慧能源"产、学、研、用、金、政"等维度的12章内容，并取名为《碳中和与综合智慧能源》，意在作为综合智慧能源的工具书，尽可能地为读者展示综合智慧能源的内在逻辑、外在特性及产业发展，其中既包括读者关心的综合智慧能源理论研究与产业信息，也包括与综合智慧能源相关的实操性系统规划流程、优化步骤及案例程序。

具体地，本书第1~6章以能源革命作为开头，论述了当前能源系统发展的新趋势——综合智慧能源，然后依次从综合智慧能源的内涵外延与发展历程、关键技术与典型形态、科学研究与产业发展、科技成果与国内外案例等方面介绍了综合智慧能源的"前世与今生"。综合智慧能源的关键是如何实现多能源互补、多设备耦合、多主体参与下的"1+1＞2"，这正是与传统独立分供能源系统的规划调度方法存在差异的关键所在。因此，本书第7~11章分别从综合智慧能源的规划方法和软件工具、关键设备和模型、优化评价指标等方面系统阐述了综合智慧能源规划的一般流程与步骤，并给出了两个综合智慧能源系统规划案例及一个综合智慧能源工程设计案例。本书第12章初步给出了当前我国综合智慧能源"三元驱动"的体系架构，以及"物理驱动""数据驱动""模式驱动"的理论基础，以为我国综合智慧能源的落地提供理论体系。

本书各章内容安排如下：

第1章：能源、能源革命与综合智慧能源时代。本章首先介绍了能源在量与质、不确定性、开发利用等方面的基本属性及其开发利用特点，并以能源革命为主线，分析了能源与经济和环境的协同关系。其次，介绍和揭示了数字化与互联网对能源技术和系统发展的影响，指明了综合智慧能源时代的到来。最后，论述了综合能源系统的发展阶段、关键技术及典型形态，阐述了综合智慧能源发展的时代背景及必要性。

第2章：综合智慧能源的高级形态——能源互联网。本章汇总了不同领域学者对综合智慧能源的高级形态——能源互联网的定义，从熵的视角系统论述了能源互联网倡导的信息流赋能能量流的基本架构与理念，揭示了熵理论视域下的能源互联网提质增效机制，并以国家首批能源互联网示范工程为例论证了熵理论视域下的能源互联网提质增效机制。

第 3 章：能源互联网的科学研究及产业发展。国家自然科学基金作为自选命题的基金项目，可充分反映我国科研工作者对相关领域的自由研究与探索，因此本章以国家自然科学基金的申报数据为基础，介绍了当前能源互联网发展的最新前沿动态及研究机构分布。同时，多维度分析了我国能源互联网发展的政策环境及产业态势，揭示了能源互联网的企业数量分布、企业特征及生态布局。

第 4 章：综合智慧能源科技成果一览。科技成果是申报国家、地方及行业科技奖项的重要材料，是评定科研人员科研能力和研发水平的重要依据，因此本章摘录了能源互联网、综合能源、多能互补方面 15 个综合智慧能源典型业态的最新科技成果，并对这些科技成果的问题背景、关键技术、创新点及理论和实践价值进行了系统分析。

第 5 章：综合智慧能源典型工程——国内案例。为清晰展示我国综合智慧能源的发展，本章收集了十几个国内综合智慧能源的典型工程，并将这些典型工程归纳为园区级综合能源系统、新能源微电网与智慧能源、源网荷储友好互动与多能互补三类，同时对各典型工程的建设背景、建设内容、关键技术和推广价值进行了分析。

第 6 章：综合智慧能源典型工程——国外案例。本章意在展示国外综合智慧能源的典型工程，因而选取了德国、日本、美国和丹麦的一些典型综合智慧能源应用案例展开分析，以反映近些年不同国家和政府对综合智慧能源的关注方向与应用进展，同样对各典型工程的建设背景、建设内容、关键技术和推广价值进行了分析。

第 7 章：综合能源系统规划方法及工具。本章将综合能源系统规划分为勾勒蓝图型、指导建设型、测算指标型和政企谈判型，按照确立目标、能耗分析、资源评估、建模求解、方案比选的流程对综合能源系统规划进行了展示，并对国内外数十款综合能源系统规划软件进行了详细介绍。

第 8 章：综合智慧能源系统的关键设备。本章一方面对综合智慧能源系统"源、网、荷、储"等环节的设备的能量转换特性进行了灰色建模分析，包括风力发电、光伏发电、天然气发电、余热发电等常见的能源设备；另一方面，对综合智慧能源系统的热力、电力及联合仿真求解方法进行了介绍。

第 9 章：综合智慧能源评价指标。本章从"能源不可能三角"的视角出发，分别从能源利用效益、经济社会效益、环境友好效益和综合智慧效益 4 个维度提出了综合智慧能源的几十种评价指标，给出了综合智慧能源系统规划调度常用的多属性评价方法及多目标优化方法，并对多属性评价方法的权重确认方法进行了介绍。

第 10 章：综合智慧能源系统规划优化案例。为揭示综合智慧能源的理论规划方法及流程，本章列举了综合智慧能源规划调度的两个经典案例并给出了具体的操作流程，一是为实现分布式综合能源系统内部中低温余热高效利用及系统可持续性评价，本章提出了基于能值理论、经济和环境的计及余热回收的低碳分布式综合能源系统架构及其可持续性评价方法；二是展示了基于纳什议价的共享储能能源互联网络双目标优化，并以 1 个共享储能运营商和 4 个分布式冷热电能源系统的模式为例进行了分析。

第 11 章：综合智慧能源工程设计案例。本章以华东电力设计院总承包的上海某工业园区综合智慧能源系统实际工程为例，介绍了综合智慧能源典型工程的设计过程，从设计院工程设计的角度给出了综合智慧能源从顶层设计到施工过程的衔接，为两个环节提供参考。

第 12 章：综合能源服务的市场态势、体系架构及政策分析。首先，在系统梳理我国 2100 余家综合能源服务企业的发展态势与业态特征的基础上，提出了综合能源服务"三元驱动"的体系架构，以及"物理驱动""数据驱动""模式驱动"的理论基础，完善了我国综合能源服务的理论体系。其次，梳理了综合能源服务最新国家政策，从产业生态、关键技术及典型场景等方面对我国"双碳"愿景下综合能源服务的发展提出了几点建议。

不同于一些偏重于综合智慧能源规划调度的理论知识的书籍，本书更希望能够给读者一个系统的、全面的认知。首先，本书力图从各维度全面展示综合智慧能源的"过去、现在和将来"，希望能够为综合智慧能源领域"产、学、研、用、金、政"的从业者、研究者、咨询者、规划者提供一面综合智慧能源的"镜子"，努力成为一本科普工具书。其次，本书在内容上理论与实践相结合，由浅入深，首次揭示了综合智慧能源的基金申请、科技成果、典型工程及产业发展格局，提供了综合智慧能源规划调度的典型案例和步骤。

本书编写过程中参考了清华大学能源互联网创新研究院《能源互联网产业发展白皮书》、中国电力技术市场协会综合智慧能源专业委员会 A6《综合智慧能源优秀项目案例集》等书籍与资料，在此一并致谢。同时，感谢清华大学社会科学学院能源转型与社会发展研究中心、《综合智慧能源》期刊编辑部、《全球能源互联网》期刊编辑部、Plaza 综合能源服务产业网。

综合智慧能源的内涵与边界将随着其业态的成熟而不断清晰，当前"2.0 版本"的综合智慧能源的神秘面纱正逐步被揭开，诸多相关书籍、报告已对其有一些阐释，诸多精彩之处值得学习。但由于编者水平有限，书中难免存在一些不妥之处或问题，恳请读者多提意见。因出版规范原因，书中所参考或引用的一些参考文献未能列出，如有不妥之处，请随时与编者联系。

编者邮箱 wyz80hou@bit.edu.cn。

编　者

2023 年 3 月

CONTENTS 目 录

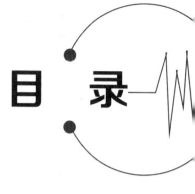

第1章 能源、能源革命与综合智慧能源时代……1
1.1 能源……1
1.1.1 能源及其属性……1
1.1.2 能源的量与质之分……4
1.1.3 能源的不确定性……6
1.1.4 能源的开发利用成本……7
1.2 能源、经济与环境……8
1.2.1 能源与经济……8
1.2.2 能源与环境……10
1.3 能源发展史与能源革命……12
1.3.1 能源发展史……12
1.3.2 现代能源革命……14
1.4 能源数字时代……16
1.4.1 数字化及互联网时代……16
1.4.2 能源遇上数字化与互联网……19
1.5 综合智慧能源及其发展阶段……22
1.5.1 孕育阶段……25
1.5.2 概念阶段……25
1.5.3 起航阶段……26
1.5.4 升华阶段……26
1.6 综合能源系统的关键技术及典型形态……27
1.6.1 能的梯级利用及其代表形态……27

1.6.2 能的因地制宜及其代表形态 … 28
1.6.3 能的多能互补及其代表形态 … 30
1.6.4 能的互联互济及其代表形态 … 31
1.7 综合能源系统的基本特征 … 32
1.7.1 清洁能源高比例渗透 … 33
1.7.2 横向多能源互补利用 … 33
1.7.3 纵向源网荷储协调运行 … 34
1.7.4 物理与信息深度融合 … 35
1.8 发展综合智慧能源的意义 … 35
1.8.1 构建新型能源系统的要求 … 36
1.8.2 构建智慧运营体系的要求 … 37
1.8.3 产业协同融合发展的要求 … 38
1.9 参考文献 … 38

第2章 综合智慧能源的高级形态——能源互联网 … 41

2.1 能源互联网概念辨识 … 41
2.2 熵视域下能源互联网的再认识 … 45
2.2.1 熵理论 … 45
2.2.2 熵视域下能源互联网的理论架构分析 … 46
2.3 熵视域下的能源互联网提质增效机制 … 48
2.3.1 多能互补综合能源系统的热力学熵机制 … 48
2.3.2 数字孪生能源物联网的信息熵机制 … 49
2.3.3 熵视域下的能源互联网与信息物理融合系统 … 49
2.4 信息流改造能量流的赋能案例 … 51
2.5 能源互联网的产业生态架构 … 53
2.6 能源互联网的特征及愿景 … 55
2.6.1 能源互联网的特征 … 55
2.6.2 能源互联网的愿景 … 56
2.7 参考文献 … 57

第3章 能源互联网的科学研究及产业发展 … 60

3.1 能源互联网的科学研究概览 … 60
3.1.1 研究对象的设置 … 60

3.1.2 能源互联网获批基金项目的逐年变化趋势分析 61
3.1.3 能源互联网发展的驱动力分析 65
3.1.4 能源互联网基金项目的获批高校分布 65
3.1.5 能源互联网基金项目的获批类别分布 67
3.1.6 能源互联网与智能电网和微电网 68
3.2 能源互联网的产业发展 70
3.2.1 能源互联网产业发展的政策环境 70
3.2.2 能源互联网的产业行动 73
3.3 参考文献 77

第4章 综合智慧能源科技成果一览 79

4.1 能源互联网 79
4.1.1 大型城市能源互联网资源共享协同关键技术与示范工程 79
4.1.2 城市能源互联网中储能规划布局与协调运行关键技术及应用 80
4.1.3 商业建筑虚拟电厂构建与运行关键技术及应用 81
4.1.4 面向能源互联网的电动汽车柔性智能充电关键技术及应用 81
4.1.5 面向能源互联网的综合能源复杂网络协同规划理论及应用 82
4.2 综合能源 83
4.2.1 适应多元需求的用户侧综合能源接入设计、优化控制技术及工程应用 83
4.2.2 基于分布式低碳能源站的综合能源系统互联互济高效利用技术与应用 83
4.2.3 分布式综合能源系统规划与运行优化技术及其应用 84
4.2.4 以电为主的综合能源供给智能量测体系研究与应用 85
4.2.5 面向智慧城市的综合能源数据分析平台构建与应用 86
4.3 多能互补 86
4.3.1 大规模新能源消纳的多能互补研究及应用 86
4.3.2 多能互补微网高品质与高效供能关键技术及工程应用 87
4.3.3 基于大数据的多能互补分布式能源系统及工程应用 88
4.3.4 多能互补独立供热技术与系统研究 88
4.3.5 海岛兆瓦级多能互补分布式微网技术研究与示范 89

第5章 综合智慧能源典型工程——国内案例 91

5.1 园区级综合能源系统 91
5.1.1 苏州同里园区综合能源系统示范项目 91

  5.1.2 泰州海陵新能源产业园智慧能源工程示范项目 ··· 94
  5.1.3 广州从化明珠工业园多元互动示范项目 ··· 96
  5.1.4 福耀智慧能源示范项目 ··· 98
 5.2 新能源微电网与智慧能源 ··· 99
  5.2.1 广州大型城市智慧能源工程示范项目 ··· 99
  5.2.2 上海电力大学临港新校区智能微电网示范项目 ·· 101
  5.2.3 宁夏嘉泽红寺堡新能源智能微电网示范项目 ·· 102
  5.2.4 广州南沙高可靠性智能低碳微电网示范项目 ·· 102
 5.3 源网荷储友好互动与多能互补 ··· 103
  5.3.1 江苏大规模源网荷友好互动系统示范工程 ··· 103
  5.3.2 辽宁丹东"互联网+"在智能供热系统中的应用研究及工程示范项目 ··· 105
  5.3.3 河南郑州智慧供热 ·· 106
  5.3.4 海西州多能互补集成优化示范项目 ·· 108

第6章 综合智慧能源典型工程——国外案例 ·· 109

 6.1 德国 ··· 109
  6.1.1 eTelligence 项目 ·· 110
  6.1.2 RegModHarz 项目 ·· 111
  6.1.3 Smart Watts 项目 ·· 112
  6.1.4 E-DeMa 项目 ·· 113
  6.1.5 C/sells 智能电网工程 ·· 114
 6.2 日本 ··· 115
  6.2.1 大阪市岩崎智慧能源网络项目 ·· 115
  6.2.2 千住混合功能区能源互联网项目 ·· 116
  6.2.3 东京丰洲码头区域智慧能源网络项目 ·· 117
  6.2.4 NEDO 微电网示范工程 ·· 118
  6.2.5 基于纯氢燃料电池的日本东京奥运会选手村项目 ····································· 119
 6.3 美国 ··· 120
  6.3.1 未来可再生电力能源传输与管理系统 ·· 120
  6.3.2 布鲁克林能源区块链项目 ··· 121
  6.3.3 OPOWER ·· 122
  6.3.4 SolarCity ··· 123
  6.3.5 加利福尼亚州里士满凯撒医院微电网项目 ··· 124

6.4 丹麦 ··· 125
    6.4.1 电力灵活性交易平台 FLECH 在 iPower 和 Ecogrid 2.0 中的开发及示范 ··· 125
    6.4.2 Energylab Nordhavn 项目中的城区能源互联网 ······························ 126
6.5 参考文献 ··· 127

第 7 章 综合能源系统规划方法及工具 ·· 128
7.1 综合能源系统规划的类型 ·· 128
    7.1.1 勾勒蓝图型 ··· 129
    7.1.2 指导建设型 ··· 129
    7.1.3 测算指标型 ··· 130
    7.1.4 政企谈判型 ··· 130
7.2 综合能源系统规划思路 ·· 131
    7.2.1 确立目标 ··· 131
    7.2.2 能耗分析 ··· 131
    7.2.3 资源评估 ··· 132
    7.2.4 建模求解 ··· 132
    7.2.5 方案比选 ··· 132
7.3 综合能源系统规划工具 ·· 133
    7.3.1 国外软件 ··· 133
    7.3.2 国内软件 ··· 137
7.4 展望 ·· 141
7.5 参考文献 ··· 143

第 8 章 综合智慧能源系统的关键设备 ·· 144
8.1 动力单元 ··· 144
    8.1.1 燃气轮机 ··· 145
    8.1.2 燃气内燃机 ··· 147
    8.1.3 斯特林机 ··· 148
    8.1.4 燃料电池 ··· 149
    8.1.5 氢内燃机 ··· 152
8.2 光伏发电 ··· 155
8.3 风力发电 ··· 157

8.4 电转气 ……………………………………………………………… 159
8.5 制冷 ……………………………………………………………… 161
　　8.5.1 吸收式制冷机组 ……………………………………………… 161
　　8.5.2 压缩式制冷机组 ……………………………………………… 163
8.6 供热系统 ………………………………………………………… 165
　　8.6.1 余热锅炉 …………………………………………………… 165
　　8.6.2 燃气锅炉 …………………………………………………… 166
8.7 余热发电 ………………………………………………………… 168
8.8 能量存储单元 …………………………………………………… 169
　　8.8.1 储热 ……………………………………………………… 169
　　8.8.2 抽水蓄能 …………………………………………………… 176
　　8.8.3 压缩空气储能 ……………………………………………… 178
　　8.8.4 飞轮储能 …………………………………………………… 180
　　8.8.5 卡诺电池储能 ……………………………………………… 182
　　8.8.6 电化学储能 ………………………………………………… 184
　　8.8.7 共享储能 …………………………………………………… 186
8.9 参考文献 ………………………………………………………… 189

第9章 综合智慧能源评价指标 ……………………………………… 191

9.1 综合智慧能源的评价指标及评价体系架构 …………………… 191
9.2 综合智慧能源绩效评价指标 …………………………………… 192
　　9.2.1 能源利用效益评价 …………………………………………… 192
　　9.2.2 环境友好效益评价 …………………………………………… 198
　　9.2.3 经济社会效益评价 …………………………………………… 202
　　9.2.4 综合智慧效益评价 …………………………………………… 210
9.3 综合智慧能源评价指标选取原则 ……………………………… 226
　　9.3.1 目的性原则 ………………………………………………… 226
　　9.3.2 独立性原则 ………………………………………………… 226
　　9.3.3 重点性原则 ………………………………………………… 227
　　9.3.4 可比性原则 ………………………………………………… 227
　　9.3.5 可操作性原则 ……………………………………………… 227
　　9.3.6 显著性原则 ………………………………………………… 228
9.4 综合智慧能源的评价及优化方法 ……………………………… 228

9.4.1　多属性评价方法 229
　　　9.4.2　多目标优化方法 231
　9.5　参考文献 233

第10章　综合智慧能源系统规划优化案例 236

　10.1　低碳分布式综合能源系统的能值、经济和环境优化评价 236
　　　10.1.1　研究背景及意义 236
　　　10.1.2　研究对象 237
　　　10.1.3　能值分析法 237
　　　10.1.4　数学模型及计算方法 239
　　　10.1.5　案例分析 246
　10.2　基于纳什议价的共享储能能源互联网络双目标优化 252
　　　10.2.1　研究背景及意义 252
　　　10.2.2　基于共享储能的 MDES 构型 253
　　　10.2.3　多目标优化及其求解 257
　　　10.2.4　共享储能对冷热电 MDES 的影响 259
　10.3　参考文献 266

第11章　综合智慧能源工程设计案例 267

　11.1　规划区用户情况 267
　　　11.1.1　新增用户概况 267
　　　11.1.2　存量用户概况 268
　11.2　规划区用能需求分析 268
　　　11.2.1　空调冷负荷 268
　　　11.2.2　空调热负荷 270
　　　11.2.3　电负荷 271
　11.3　综合能源系统规划方案 272
　　　11.3.1　供冷供热系统方案 272
　　　11.3.2　供冷供热设备电气配置方案 278
　　　11.3.3　主要设备清册 278
　11.4　光伏与储能 280
　　　11.4.1　总体布置 280
　　　11.4.2　技术方案 280

11.4.3 接入系统方案 ... 292
11.5 投资估算及财务评价 ... 292
　11.5.1 投资估算 ... 292
　11.5.2 财务评价 ... 294
11.6 社会经济效益分析 ... 295

第12章 综合能源服务的市场态势、体系架构及政策分析 ... 297
12.1 我国综合能源服务的市场特征分析 ... 297
　12.1.1 我国综合能源服务的总体市场特征 ... 297
　12.1.2 我国综合能源服务的行业和省域特征 ... 299
12.2 我国综合能源服务的业态及特征分析 ... 300
　12.2.1 我国综合能源服务的业态分析 ... 300
　12.2.2 我国综合能源服务的业态特征 ... 302
12.3 我国综合能源服务的体系架构与理论基础 ... 307
　12.3.1 我国综合能源服务的体系架构 ... 307
　12.3.2 综合能源服务的理论模型与关键技术 ... 308
12.4 我国综合能源服务问题及政策分析 ... 310
　12.4.1 我国综合能源服务的宏观政策分析 ... 310
　12.4.2 我国综合能源服务发展建议 ... 312
12.5 参考文献 ... 314

附录A 各种能源折标准煤参考系数 ... 317

附录B 能源系统综合能效评价方法 ... 319

附录C "互联网+"智慧能源发展脉络 ... 321

附录D 能源互联网及相关定义分析 ... 325

附录E 综合能源系统相关规划工具一览 ... 328

附录F 我国综合能源服务企业数量及其分布 ... 336

附录G 我国综合智慧能源科技成果典型案例 ... 338

第 1 章

能源、能源革命与综合智慧能源时代

本章作者 王永真（北京理工大学） / 崔 伟（浙江数秦科技有限公司）
王涵旭（北京理工大学）

能源行业的新旧动能转换，关系到人类社会的可持续发展。当前，能源供给侧的清洁替代、能源消费侧的电能替代，以及能源行业的数字化，正逐步形成以电、热、气、氢等能源多能互补与综合供应为特征的新态势和以低碳高效为主导的能源发展格局，可以说，人们已经走进了综合智慧能源时代。综合智慧能源，当然需要从能源的特质说起，因此，本章将首先介绍能源及其属性、能源与经济和环境的关系，然后对综合智慧能源及其发展阶段、关键技术、典型形态、基本特征进行介绍。

1.1 能源

1.1.1 能源及其属性

能源，又称能量资源或能源资源，是指自然界中能为人类提供某种形式能量或可做功的物质资源。《能源百科全书》解释："能源是可以直接或经转换提供人类所需的光、热、动力等任一形式能量的载能体资源"。社会越发展，生产力越强，人类对能源的依赖程度也越高。可以说"能源是工业的粮食、国民经济的命脉"。

人类的进化与发展离不开对能源的开发利用。远古时期，人类学会了用火燃烧树枝来烹饪、取暖、照明等，能源利用由此进入了柴薪时代。到 17 世纪，煤的开采和利用开始改变人类的生活。18 世纪中叶，蒸汽机的发明标志着煤炭时代的到来。1854 年，世界第一口油井让人类步入石油时代。经过100年的开发，内燃机和电力的使用使石油的全球消费量在20世纪60年代超过了煤炭。虽然石油需求至今仍在上升，但是它作为传统化石能源造成了严重的环境污染，并且面临着枯竭的危机。为了可持续发展，人类正掀起新的能源革命，或将步入综合智慧能源时代。

除了上面提到的柴薪、煤和石油，自然界中还有许多其他能源，它们的分类方法主要有以下几种。

（1）按最终来源，分为以下三大类。

来自太阳的聚变能量：包括直接来自太阳的能量（如太阳光热辐射能）和间接来自太阳的能量（如煤炭、石油、天然气、油页岩等可燃矿物及薪材等生物质能，水能和风能等）。

来自地球本身的裂变能量：一种是地球内部蕴藏的地热能，如地下热水、地下蒸汽、干热岩体；另一种是地壳内铀、钍等核燃料所蕴藏的原子核能。

月球和太阳等天体对地球的引力产生的能量：如潮汐能。

（2）按形成条件，分为一次能源和二次能源。

一次能源：自然界中本来就有的各种形式的能源称为一次能源，如化石能源、太阳能、风能、水能、地热能、核能、潮汐能。

二次能源：由一次能源经过转化或者加工制造而产生的能源称为二次能源，如焦炭、蒸汽、液化气、酒精、汽油、电能。

（3）一次能源按其能否循环使用和能否反复得到补充，又分为非再生能源和可再生能源。

非再生能源：在自然界中经过亿万年形成，短期内无法恢复，且随着大规模开发利用，储量越来越少，总有枯竭的一天的能源称为非再生能源。化石燃料（煤、石油、天然气等）、核燃料均为非再生能源。

可再生能源：自然界中可以循环利用再生的能源称为可再生能源。太阳能、水能、风能、生物质能（沼气）、海潮能、地热能等均为可再生能源。

（4）按普及与否，分为常规能源和新能源。

常规能源：技术较成熟、应用较普遍的能源，如煤、石油、天然气、水能等。

新能源：正在研发利用，但尚未广泛应用的能源，如太阳能、风能、海洋能等。

（5）按清洁与否，分为清洁能源和非清洁能源。

清洁能源：即绿色能源，指不排放污染物、能够直接用于生产生活的能源。广义的清洁能源包括核能和可再生能源。狭义的清洁能源指的是可再生能源。

非清洁能源：与零碳排放的清洁能源相对，非清洁能源按含碳量分为高碳能源和低碳能源。一种能源属于高碳还是低碳可以用它的碳排放系数来判断,即每一种能源燃烧或使用过程中单位能源所产生的碳排放质量数。根据IPCC(联合国政府间气候变化专门委员会)的假定,可以认为某种能源的碳排放系数是固定不变的。碳排放系数通常指二氧化碳排放系数,甲烷、氧化亚氮、全氟化物、六氟化硫等其他温室气体,一般折算成二氧化碳后再参与计算,也就是人们常说的二氧化碳当量。

碳排放系数的确定有利于碳排放量的估算。碳排放量难以直接测量,通常采用间接的办法,如估算发电厂的碳排放量,是看发电厂用了多少煤炭来燃烧发电,而不是去捕获并计算二氧化碳气体的质量。将各类能源消耗的实物统计量转变为标准统计量,再乘以各自的碳排放系数,加总之后就可以得到碳排放总量。碳排放总量一旦确定,就可以掌握各部门碳排放现状,从而发放配额,这是保证碳交易顺利进行的基础,对于节能减排,实现我国"碳达峰"和"碳中和"的"双碳"目标具有重要意义。

各种能源的二氧化碳排放系数及计算方法如表1-1所示。

表1-1 各种能源的二氧化碳排放系数及计算方法

能源名称	平均低位发热量	折标准煤系数	单位热值含碳量（吨碳/TJ）	碳氧化量	二氧化碳排放系数
原煤	20908 kJ/kg	0.7143 kgce/kg	26.37	0.94	1.9003 kgCO$_2$/kg
焦炭	28435 kJ/kg	0.9714 kgce/kg	29.5	0.93	2.8604 kgCO$_2$/kg
原油	41816 kJ/kg	1.4286 kgce/kg	20.1	0.98	3.0202 kgCO$_2$/kg
燃料油	41816 kJ/kg	1.4286 kgce/kg	21.1	0.98	3.1705 kgCO$_2$/kg
汽油	43070 kJ/kg	1.4714 kgce/kg	18.9	0.98	2.9251 kgCO$_2$/kg
煤油	43070 kJ/kg	1.4714 kgce/kg	19.5	0.98	3.0179 kgCO$_2$/kg
柴油	42652 kJ/kg	1.4571 kgce/kg	20.2	0.98	3.0959 kgCO$_2$/kg
液化石油气	50179 kJ/kg	1.7143 kgce/kg	17.2	0.98	3.1013 kgCO$_2$/kg
炼厂干气	46055 kJ/kg	1.5714 kgce/kg	18.2	0.98	3.0119 kgCO$_2$/kg
油田天然气	38931 kJ/m³	1.3300 kgce/m³	15.3	0.99	2.1622 kgCO$_2$/m³

说明：1. 低位发热量相当于29307千焦(kJ)的燃料,称为1千克标准煤(1 kgce)。
2. 上表前两列来源于《综合能源计算通则》(GB/T 2589—2008)。
3. 上表后两列来源于《省级温室气体清单编制指南》(发改办气候[2011]1041号)。
4. "二氧化碳排放系数"计算方法,以"原煤"为例,1.9003=20908×0.000000001×26.37×0.94×1000×3.66667。

除以上分类方法外,能源的分类方法还包括:按是否为化石分类,可分为化石能源和非化石能源;按是否可燃分类,可分为燃料能源和非燃料能源;按是否为商品分类,可分为商品能源和非商品能源。同时,能源也有能量多少和品位高低之分,能量是从热力学第一定律的角度阐述其蕴含的热力学能，而品位是从热力学第二定律的角度揭示其蕴含的最大可用功的占比。

1.1.2 能源的量与质之分

能源作为能量资源，提供的能量符合热力学第一定律，即能量守恒与转换定律：自然界一切物体都具有能量，能量有各种不同形式，它能从一种形式转化为另一种形式，从一个物体传递给另一个物体，在转化和传递过程中能量的总和不变。各种能量在热力学第一定律面前"人人平等"，并具有可加性，没有品质高低之分。

为了研究和对比不同能源所含的热力学能，我国将热值为7000千卡/千克的煤炭定为标准折算单位，称为标准煤。另外，我国还经常将各种能源折合成标准煤的吨数来表示，如1吨秸秆的能量相当于0.5吨标准煤，1立方米沼气的能量相当于0.7千克标准煤。

能源折标准煤参考系数的计算公式如下：

能源折标准煤参考系数=某种能源实际热值（千卡/千克）/7000（千卡/千克）

其中，某种能源实际热值为实际平均热值，也称平均发热量，是指不同种类或品种的能源实测发热量的加权平均值，其计算公式如下：

平均热值（千卡/千克）=Σ[某种能源实测低位发热量（千卡/千克）×该能源数量（吨）]/能源总量（吨）

各种能源折标准煤参考系数详见附录A。

能量的品质指其蕴含的最大可用功的占比。电能和机械能可以完全转换为机械功，属于较高品质能量；热能只有部分可以转换为机械功，能量品质较低。不同能量品质的高低排序如下：电能＞机械能＞高温热能＞常温热能＞低温热能（冷量）。热力学第二定律指出：任何事物的变化都伴随着能量品质的变化，能量品质只能从高走向低，而不可能自发地从低走向高，最多是保持品质不变。因此，任何过程都是一个能量贬值的过程。能量贬值虽不会使能量的总量减少，却会使能量降级为不大可用的形式，所以要节约能源。

能源的品位是一种对能源的分级形式，品位高低是相对而言的。较难转化成电能的为低品位能源，较易转化成电能的为高品位能源。例如，水能可直接转化为机械能，再转化为电能；而化石燃料需要先通过燃烧转化为热能，再转化为机械能，进而转化为电能。因此，水能更容易转化成电能，水能的品位比化石燃料高。当比较不同温度的热源时，高温热源被认为是高品位能源，低温热源则为低品位能源。在工业工程标准中，典型能量转换设备的能量效率如表 1-2 所示。需要注意的是,设备的能量效率会随着技术进步、运行工况而变化。

表 1-2 典型能量转换设备的能量效率

设备		能量效率
变压器		98.00%
换热器		88.00%
光伏		16.00%
风机		32.00%
CHP		80.00%
燃气锅炉		85.00%
电热锅炉		95.00%
太阳能集热器		60.00%
吸收式制冷机		85.00%
电热泵	制热	400%
	制冷	400%
P2G		54.60%
P2H		70.00%
汽轮机		34.00%

人类在使用能源时,通常会将能源本来的形式转化为需要的形式,如将生物质能的柴薪点燃来获取热能。在这个过程中用到的能量转换设备的转换效率是由转换前后能源形式的品位差距决定的。典型能量转换设备的㶲效率如表 1-3 所示。需要注意的是,设备的㶲效率也会随着技术进步、运行工况而变化。同时,转换类型相同的不同设备因为采用了不同技术而在效率上存在差别。例如,参数设置相同的热电联产技术和燃气锅炉在将天然气转换为热能时前者效率为 45%,而后者效率为 85%。

表 1-3 典型能量转换设备的㶲效率

设备	㶲效率
变压器	98.00%
换热器	49.35%
光伏	100%
风机	100%
CHP	70.97%
燃气锅炉	26.59%

续表

设备		㶲效率
电热锅炉		18.28%
太阳能集热器		100%
吸收式制冷机		56.92%
电热泵	制热	47.76%
	制冷	30.84%
P2G		33.59%
P2H		58.08%
汽轮机		29.25%

由此可见，除了能源本身的能量与品位，用能设施中新技术的产生、旧技术的进步与不同技术的综合利用对能源市场的发展也至关重要。

1.1.3 能源的不确定性

目前，常规能源正在逐步被新能源所替代，但新能源的利用效率、安全性等方面涉及的技术还不如常规能源成熟，所以如今市场上的能源种类繁多且各有千秋。表1-4列出了2011—2020年全国6000千瓦及以上电厂发电设备利用小时数，即装机容量利用系数。装机容量利用系数是表示装机容量利用率的一项指标，是电厂平均年发电量除以电厂装机容量的商数，度量单位为小时（h），在装机容量选定后，也可以利用这个指标复核其合理性。

从全国发电设备平均利用小时数来看，其近十年总体呈下滑之势，2018年有所回升。从2015年开始，全国发电设备平均利用小时数降至4000小时以内。在这十年间，作为可再生能源和清洁能源的水电、风电、光电的设备平均利用小时数各增长了808小时、198小时、152小时。其中，作为常规能源的水电比作为新能源的风电和光电增长更多，说明新能源的发展仍需一段时间来达到成熟与稳定。作为非再生能源和非清洁能源的火电设备平均利用小时数在十年间共下降了1089小时。而作为清洁能源的核电设备平均利用小时数在十年间也下降了306小时，原因很可能是它作为新能源的技术不成熟，以及作为不可再生能源的局限性。

表 1-4　2011—2020 年全国 6000 千瓦及以上电厂发电设备利用小时数（单位：小时）

	2011	2012	2013	2014	2015	2016	2017	2018	2019	2020
平均	4730	4579	4521	4318	3988	3797	3790	3880	3828	3758
水电	3019	3591	3359	3669	3590	3619	3597	3607	3697	3827
火电	5305	4982	5021	4739	4364	4186	4219	4378	4307	4216
核电	7759	7855	7874	7787	7403	7060	7089	7543	7394	7453
风电	1875	1929	2025	1900	1724	1745	1949	2103	2083	2073
光电	—	—	—	—	—	1129	1205	1230	1291	1281

1.1.4　能源的开发利用成本

在这个充满了不确定性的时代，能源技术的发展任重而道远，需要考虑方方面面的影响因素，而能源的开发利用成本是其中必不可少的因素之一。根据 *Energy Intelligence* 杂志汇总的数据，2000 年以后全球各类发电技术成本峰值、2019 年和 2020 年实际成本及 2050 年预测成本如表 1-5 所示。

表 1-5　各类发电技术成本现状及趋势（单位：$/MWh）

	成本达峰年	成本峰值	2019	2020	2050
天然气联合循环（美国）	2005	107	39	37	64
陆上风电	2010	116	60	54	36
天然气联合循环（欧洲）	2008	127	64	56	—
太阳能光伏	2000	500	65	59	24
水电	2010	66	61	61	61
地热能	2013	84	72	71	61
煤电（美国）	2008	92	78	73	108
天然气开式循环（美国）	2005	168	77	73	—
生物质能	2010	158	98	94	89
煤电（欧洲）	2008	152	103	98	—
天然气开式循环（欧洲）	2008	202	113	101	—
海上风电	2010	209	106	103	53
核电	2019	113	113	111	101
太阳能光热	2012	238	143	140	96

续表

	成本达峰年	成本峰值	2019	2020	2050
煤电+碳捕获与封存（美国）	2018	158	152	143	124
煤电+碳捕获与封存（欧洲）	2011	175	158	148	—
波浪/潮汐能	2017	309	288	281	146

可见，从现在到 2050 年左右，太阳能光伏、陆上和海上风电、太阳能光热、海洋能、地热能、生物质能、碳捕捉与封存等技术的成本仍有一定的下降空间，但是水电、核电成本变动不大或者下降空间有限，而燃气、煤电的成本则会大幅攀升。能源技术的成本趋势会直接决定它的发展潜力，潜力更大的将更有可能在未来的能源市场上占据重要地位。这是因为能源是社会发展的命脉，它与每个人的生活息息相关，对每个国家的经济影响深远。

1.2 能源、经济与环境

1.2.1 能源与经济

能源为各行业的生产提供动力源泉，是生产活动正常进行的基础。在生产过程中燃烧化石能源，以及制造水泥、石化等工业产品会排放二氧化碳，因此二氧化碳排放量（以下简称碳排放量）可以反映能源的使用情况。能源与经济发展息息相关，经济的发展决定着人们对能源的需求，而能源的供应状况又反过来制约着经济的发展。因此，一个国家的年二氧化碳排放量的变化趋势可以反映它的经济发展情况。如图 1-1 所示，全球各地区化石燃料的年二氧化碳排放量从 1854 年石油时代到来至今实现了质的飞跃。这标志着近 70 年全球经济的发展十分迅速。其中，碳排放量一直保持全球领先的多为欧美发达国家。它们对石油的开发利用时间较早，碳排放量在达到峰值后呈现下降趋势。中国作为"后起之秀"，能成为如今最大的发展中国家，与改革开放以来对能源行业的大力发展密不可分。从图 1-1 中可以看到，中国对能源的利用增长最为迅速，且在 2006 年成为全球最大的碳排放国后仍有增长的趋势。2020 年，我国的碳排放量高达 106.7 亿吨，占全球碳排放量的 30.65%。

经济的飞速发展是中国碳排放量高的间接原因。为探究其直接原因，图 1-2 显示了包括中国在内的 7 个国家消耗的原煤、原油、天然气、非化石能源占能源消耗总量的比例。

以上4种燃料在产生同样热量时碳排放量由大到小排序为原煤＞原油＞天然气＞非化石能源。如图1-2所示，碳排放量最低的法国的能耗结构中非化石能源占比最高，为48.5%，原煤占比最低，为2.8%。而中国的原煤占比高达57.1%，是碳排放量高的主要原因。

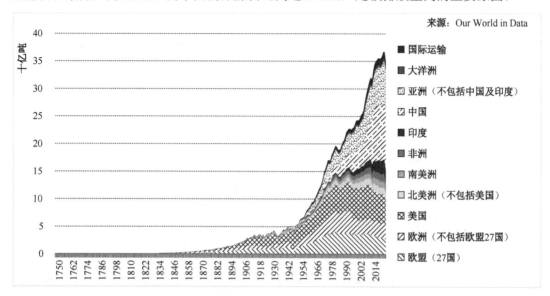

图1-1　全球各地区化石燃料的年二氧化碳排放量

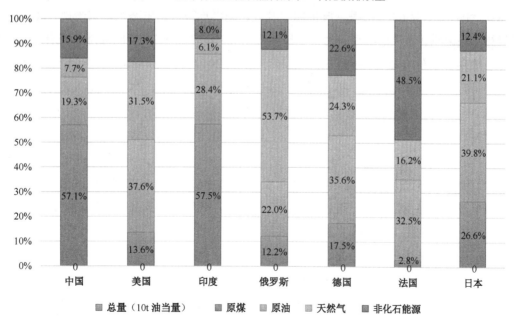

图1-2　中国、美国、印度、俄罗斯、德国、法国、日本的能耗结构

正如一些专家所说，欧美国家大力发展清洁能源的一个大前提是，这些国家已基本完成工业化和城市化，总能耗不再增长，能源强度不断降低，新能源主要用来补充和逐步替代化石能源的增量部分。而相比之下，我国的资源禀赋和终端用能结构决定了以煤为主的能源结构和以火电为主的电力格局短期内难以改变，加上本身的技术和经济性约束，新能源在相当长时期内只能作为传统能源的补充。因此，我国既要着眼长远，又要立足当前，在积极发展新能源的同时，实事求是、科学谋划，进一步加大对传统能源的清洁化改造力度，确立以传统化石能源为主、新能源为补充的能源生产和消费结构，并行推动化石能源清洁化和清洁能源规模化。

1.2.2 能源与环境

几十年来，随着人类社会经济的高速发展，人们焚烧化石燃料，如石油、煤炭等，或者砍伐森林并将其焚烧，产生了大量的温室气体，这些温室气体对太阳辐射中的可见光具有高度透过性，而对地球发射出来的长波辐射具有高度吸收性，能吸收地面辐射中的红外线，导致地球温度上升，即温室效应。如图1-3所示，全球平均气温异常近年来愈发明显。而对比自然因素，人为因素才是将地球温度逐渐拉高的"真凶"。全球变暖会导致全球降水量重新分配、冰川和冻土消融、海平面上升等，不仅危害自然生态系统的平衡，还影响人类健康，甚至威胁人类的生存。为了早日结束这种"慢性自杀"，节能减排迫在眉睫。联合国环境规划署发布的《2020年排放差距报告》显示，2019年温室气体排放量创下新高，2020年成为了有记录以来最热的一年。野火、暴雨和干旱继续肆虐，冰川以前所未有的速度融化。与2019年的排放水平相比，2020年的二氧化碳排放量受疫情影响下降约7%，但非二氧化碳排放量受疫情影响较小，导致温室气体排放量的下降幅度较小。整体来说，大气中温室气体的浓度持续上升。

《巴黎协定》的签署标志着绿色低碳发展已经成为人类的普遍共识，也意味着全球能源行业需要加速转型以适应这一进程。有了目标之后，就要根据数据研究策略。首先要分析温室气体的来源。图1-4揭示了2019年国际和国内各行业温室气体排放量。可以看出，温室气体的主要来源为电力和供热、交通运输、工业、民用。其中，第一来源电力和供热在国际和国内的占比都几乎为第二来源的两倍，而在国内更是占了总排放量的一半以上。不同的是，国际上交通运输的碳排放量比工业更多，且两者相差不大。而在国内，工业占比几乎为交通运输的三倍，这也符合我国作为发展中国家注重建设的国情。结合图1-2，我国的节能减排策略除了要注重煤炭的清洁化利用与化石能源的清洁化生产，还要进行能源结构的优化，推动能源供应体系综合变革。在能源供应结构上，要逐步形成煤炭、石油、天然气、新能源、可再生能源多足鼎立的多元化格局；在能源利用结构上，要统筹考虑交通、化工、发电等多个领域，发挥各种能源的比较优势，在能源替代上通盘考虑、系统优化；在能源转化结构上，要把握大电网与分布式电力系统并重的发展思路，形成安全可靠、经济高效、绿色智能的能源网络系统。

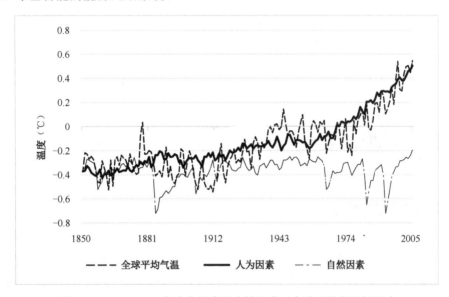

图 1-3 1850—2005 年人为因素和自然因素对全球平均气温的影响

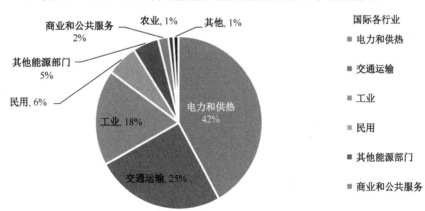

图 1-4 2019 年国际和国内各行业温室气体排放量

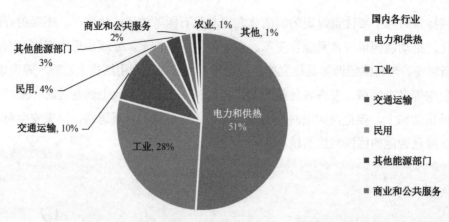

图 1-4　2019 年国际和国内各行业温室气体排放量（续）

1.3　能源发展史与能源革命

1.3.1　能源发展史

降低温室气体排放迫在眉睫，而经济的发展离不开能源的使用。为了应对日益加剧的温室效应，必须对当前能源利用的方方面面做出改变，一场新的能源革命在所难免。能源的发展史也是人类的发展史。如表 1-6 所示，能源开发和有效利用的广度和深度，是生产技术和生活水平的重要标志之一。每次能源革命都标志着人类文明的发展进入了新的阶段。

表 1-6　人类不同文明形态及能源利用形式

发展阶段	时间	能源利用进步标志	主要能源形式
采猎文明	约 300 万年前～1.2 万年前	使用火	柴薪
农耕文明	约 1.2 万年前～公元 1500 年	役使牲畜、使用风车与水车	畜力、风力、水力
工业文明	公元 1500 年～公元 1945 年	使用蒸汽机与内燃机	煤炭
信息文明	公元 1945 年至今	使用发电机	电力、石油、煤炭、天然气
生态文明	未来	广泛使用智慧能源	清洁能源

在人类社会发展史上，对能源的利用可分为 4 个时代：柴薪时代、煤炭时代、油气时代和多能源时代，未来又将步入能源数字时代。其中，煤炭时代和油气时代又统称化石能源时代。

1. 柴薪时代

柴薪是人类第一代主体能源，18世纪前，柴薪在世界一次能源消费结构中长期占据主要地位。恩格斯曾在《自然辩证法》中指出："摩擦生火第一次使人支配了一种自然力，从而最终把人和动物分开"。以柴薪为主要能源的时代延续了很长时间。随着农业、手工业、商业和远航贸易等的发展，木材的砍伐量大大增加，森林资源急剧减少，造成木材供应日趋紧张，价格暴涨，木材作为主体能源的传统面临崩溃之势，引起了人类历史上第一次能源危机。

2. 煤炭时代

17世纪中叶，蒸汽机的发明吹响了第一次能源革命的号角，煤炭伴随蒸汽机的推广而得到大规模应用，并以其高热值、分布广的优点一跃成为全球第二代主体能源，引发各领域技术创新与相关产业的兴起，开创了18世纪的工业文明。以煤炭作为燃料的蒸汽机，使纺织、冶金、采矿、机械加工等工业获得迅速发展。同时，蒸汽机车的出现使铁路、军事等工业获得巨大进步，大大促进了世界工业化进程，煤炭时代所推动的世界经济发展超过了以往数千年的时间。1860年煤炭在世界一次能源消费结构中的占比为24%，1931年占比达到70%的峰值。

3. 油气时代

19世纪末，人们发明了以汽油和柴油为燃料的内燃机，引发继蒸汽机之后又一次交通运输动力的革命。此后，以内燃机为动力源的汽车、飞机、柴油机轮船、内燃机车等将人类社会飞速推进到现代文明时代。由于石油热值高，比煤炭清洁，使用方便，转换效率高，石油的消费量迅速增长。1965年，石油的消费量首次超过煤炭，一举成为全球第三代主体能源，世界进入了"石油时代"。随着人类工业化大生产的大规模进行，石油供应与消费的矛盾频出，生态破坏和环境污染问题开始显现，引发了人类历史上第二次能源危机。

与煤炭替代柴薪、油气替代煤炭的两次能源转型相比，当前人类正在经历的第三次能源转型具有去碳化、去中心化、数字化的显著特征。

4. 多能源时代

以煤炭、石油为主的传统化石能源为人类社会发展做出了巨大贡献，但高消费量带来的高碳排放量促使世界各国重视节能，加快新能源开发利用的进程。20世纪30年代以来，随着科学技术的进步，天然气、太阳能、风能、水能、地热能等清洁能源的利用规模开始增长，世界一次能源消费结构向低碳方向演变。地球上的水能资源超过50亿千瓦，风能资源超过1万亿千瓦,而太阳能资源更是超过100万亿千瓦。多家机构预计,2025—2030年,天然气将超过煤炭成为全球第二大能源;2030—2035年,人类将进入非化石能源与天然气主导的"低碳时代"。

5. 能源数字时代

能源数字时代也叫能源数字化时代。能源互联网(Energy Internet)是能源和互联网的新型结合体,能够将能源的开发、运送、存储及消耗的整个过程和能源市场的环境条件深度融合,是一种新的能源产业发展形式,具有开放互动等主要特征。它以能源系统作为核心,以互联网和其他高科技技术作为结构支点,以分布式可再生能源作为主体能源,与天然气网络、交通网络等其他相关的网络体系密切融合,构成庞大的多网络体系。通俗来说,它就是一个集成了各类能源信息的网络系统,所有能源信息都可以通过网络的相互联系得到及时的反馈,并根据需求予以选择控制。

1.3.2 现代能源革命

党的十八大以来,党中央明确提出要深入推动能源革命,着力构建清洁低碳、安全高效的能源体系。如图1-5所示,能源革命离不开能源、经济与环境这三个子系统之间相互作用、相互联系而形成的复杂系统。经济发展和环境保护之间,需要协调以达到双赢。一方面,能源是经济发展所必需的生产要素,即物质基础之一,因此经济增长对能源有依赖性;另一方面,经济增长又可以促进能源的大规模开发与利用。能源的开发与利用过程将对自然界产生一定的破坏作用,其废弃物将对环境造成污染。能源发展一直伴随着安全性(安全稳定供应)、经济性(可行性、可及性、价格低廉)、清洁性(环保性、环境友好、清洁低碳)等问题。如何做到三元均衡、协同发展是能源转型、实现"双碳"目标绕不开的一个重要课题。在这个课题中,首先需要考虑的是如何将能源、经济与环境之间的关系量化。这通常需要定义新的指标。

脱钩(Decoupling)是能源环境发展的关键词。脱钩理论是经济合作与发展组织(OECD)提出的描述阻断经济增长与资源消耗或环境污染之间联系的基本理论,20世纪末,OECD将脱钩概念引入农业政策研究,并逐步拓展到环境等领域。以"脱钩"这一术语表示二者关系的阻断,即使得经济增长与资源消耗或环境污染脱钩。根据环境库兹涅茨曲线(EKC)假说,经济的增长一般带来环境压力和资源消耗的增大,但当采取一些有效的政策和新的技术时,可能会以较低的环境压力和资源消耗换来同样甚至更快的经济增长,这个过程被称为脱钩。脱钩可以进一步划分为弱脱钩、强脱钩和衰退性脱钩，负脱钩可以划分为扩张性负脱钩、强负脱钩和弱负脱钩。其中，强脱钩是实现经济低碳化发展的最理想状态；相应地，强负脱钩为最不利状态。当经济总量持续增长（ΔGDP＞0）时，能源碳排放的 GDP 弹性越小，脱钩越显著，即脱钩程度越高。

图 1-5　能源革命与"能源不可能三角"

为应对全球变暖，实现经济的可持续发展，中国政府于 2009 年 11 月的哥本哈根气候峰会前，首次提出"单位 GDP 碳排放量"的概念，对全世界宣布了清晰、量化的温室气体减排目标：到 2020 年，中国单位 GDP 碳排放量比 2005 年下降 40%～45%，并将其作为约束性指标纳入中国国民经济和社会发展中长期规划。单位 GDP 碳排放量（Carbon Emissions per Unit of GDP）又称 CO_2 排放强度，主要用于反映一个国家（地区）经济增长与二氧化碳排放量之间的关系，指一定时期内一个国家（地区）在生产过程中为创造单位生产总值（GDP）而产生的二氧化碳排放量。单位 GDP 碳排放量越小，表示经济活动对大气环境的负面影响程度越低。

2012 年以来，我国单位国内生产总值能耗累计降低 24.4%，相当于减少能源消费约 12 亿吨标准煤，以能源消费年均 2.7% 的增长支撑了国民经济年均 6.4% 的增长，能源利用效率不断提升；2020 年，煤炭消费比重下降至 56.8%，清洁能源消费比重提升至 24.3%，能源消费结构向清洁低碳加快转变；截至 2021 年 9 月，我国新能源汽车保有量达 678 万辆，呈持续高速增长趋势。如图 1-6 所示，虽然我国 CO_2 排放强度仍居全球高位，但近 30 年内已经大幅降低。根据 2020 年中国单位 GDP 碳排放量比 2005 年下降 41.77% 可知，中国完成了 2009 年提出的目标。

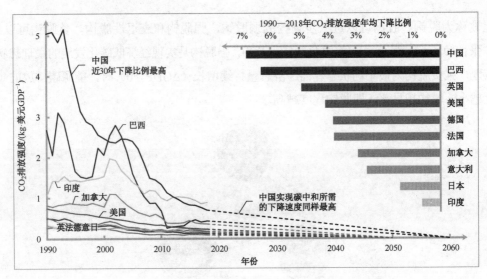

图 1-6　1990—2060 年单位 GDP 碳排放量变化及预测

1.4　能源数字时代

现阶段，我国"十四五"能源规划及电力发展"十四五"规划工作正在如火如荼地推进。科学合理的能源电力发展规划是贯彻落实"四个革命，一个合作"能源安全新战略的重要保障，而能源革命的推进离不开数字革命的驱动。因此，如何通过数字革命为能源革命提供不竭动能，是"十四五"能源规划及电力发展"十四五"规划工作中需要重点考虑的关键问题之一。

1.4.1　数字化及互联网时代

"科学技术是第一生产力"，重大技术突破引领工业革命，推动社会生产生活产生深刻变革。18 世纪 60 年代，蒸汽技术的诞生推动第一次工业革命，人类进入机械化时代。19 世纪中期，电磁学崛起引发电气替代蒸汽，第二次工业革命出现，电力、化工等新技术推动人类社会进入电气化时代。20 世纪中期，信息技术蓬勃发展，电子计算机、原子能、空间技术和生物工程的应用推动社会进入信息化时代，新兴技术在各行各业不断渗透，带来世界范围内的生产关系变革。

数字智能技术迅猛发展，数字革命深刻影响全球战略布局。当前，传感、通信、大数据、人工智能、芯片等数字智能技术已实现质的突破，数字技术与产业技术的深度融合与全面应用为各行各业创造了巨大的变革空间。以数字经济为代表的科技创新要素成为催生新发展动能的核心驱动力，数字要素创造的价值在国民经济中所占比重不断扩大，世界主要国家均积极推动国家数字化发展战略。在发展举措方面，中国于2020年发布了《关于加快推进国有企业数字化转型工作的通知》，旨在提升产业基础能力与产业链现代化水平；在人才培养方面，日本提出了《人工智能战略草案》，涵盖了人工智能专业人才培养政策；在法案约束方面，欧盟推出了《通用数据保护条例》等，为不同行业的数字智能化提供了法律保障。

数字智能技术已成为能源系统安全运行、能源企业运营发展的重要支撑。传感（测量）技术是观测、分析、控制能源系统各环节的前提，实现对发电、输电、变电、配电各环节设备的振动、温度、局部放电等信息的感知，满足不同环境条件下精准感知的需求。随着新能源发电占比的提高，风力风速传感、光照传感等新能源发电状态感知方法逐渐得到应用。电力通信在保障能源系统安全高效运行过程中发挥了重要作用，不仅承担着能源系统的生产调度任务，而且为行政管理和自动化信息传输提供服务，现阶段已形成以光纤通信为主，微波、卫星通信等多种传输技术并存的传输网络。控制技术在电力领域深度融合行业应用，在发电环节，通过综合自动化等控制系统实现电厂生产全方位控制；在变电、输配电环节，电网调度自动化控制是能源系统运行的支柱，变电站自动化、配网管理系统、能量管理系统等实现了能源系统受控安全运行。大数据技术能够挖掘能源大数据价值，完成数据中心、云平台建设，在能源系统发电负荷预测、监测预警等方面深入应用，并且为能源企业经营、市场开发、客户管理、投融资管理决策等方面赋能。

当前，全球正以前所未有的速度迈向数字化时代。全球数据呈现指数级快速增长，仅在过去的5年内互联网流量即增长了三倍，而今天全球约90%的互联网数据是在过去两年中产生的。这种指数级增长迫使数据计量单位越变越大。全球互联网用户和设备也在不断增加，当前全球互联网用户数量已达35亿，接近全球一半人口，而在2001年这一数字仅为5亿。过去5年，全球移动互联网用户数量增加了三倍，并在2017年突破了40亿大关；而全球移动电话的用户数量更是达到了惊人的77亿，比全球总人口还多。受益于物联网技术的发展，互联网设备（智能手表、智能家用电器、智能汽车等）数量呈爆发式增长。互联网产业发展日新月异，智能终端、传感器等设备智慧化、移动化方兴未艾，人们纷纷摆脱信息被动接收者的角色，不断扩大自己参加社会活动的广度和深度，变成了信息的主宰者、创造者。据统计，截至目前，全球每分钟有 1620 万条信息、2.31 亿封电子邮件被发送。谷歌每天需要处理 24PB 数据，其网站每分钟会产生 900 万次搜索，使用者每个月通过移动互联网发送和接收的数据高达 1.3EB。各行业每分钟的数据产生量如图 1-7 所示。

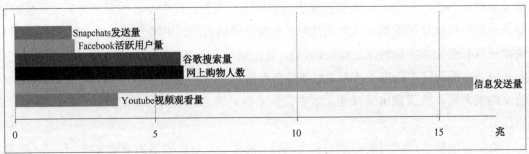

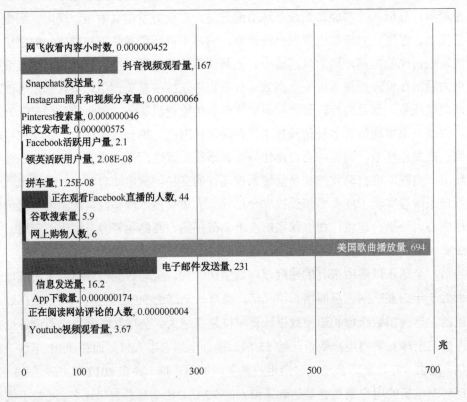

图 1-7　各行业每分钟的数据生产量

能源部门是数字技术发展早期为数不多的应用领域之一。20 世纪 70 年代，电力公司就引入了数字技术用于促进电网管理和运营。长期以来，石油和天然气公司也利用数字技术来改善勘探和生产投资决策。几十年来,工业部门(特别是重工业)一直在使用过程控制和自动化技术,以最大限度地提高质量和产量、减少能源消耗。不可否认,数字技术已深刻影响了能源生产端。近年来,数字技术应用领域已拓展到了能源消费端,如自动驾驶汽车、智能家居和互联网制造。数字技术已经渗透到了能源行业的方方面面。2014年以来,全球对数字化电力基础设施和软件的投资年均增幅超过20%,2016年达470亿美元。2016年数字化投资比全球燃气发电投资(340亿美元)高出近40%,与印度电力行业总投资(550亿美元)相当。在数字革命席卷全球的背景下,大数据、区块链、人工智能等新一代数字智能技术将逐渐融入能源行业的发展,能源领域也将见证数字智能技术更多创新成果的出现。

同时,能源行业的快速发展能够为技术创新突破提供难得的机遇。20世纪以来,能源行业蓬勃发展,能源系统电压等级不断提升、覆盖范围不断扩大,对能源行业内感知体系建设、数据融通共享、决策控制管理等提出了新要求。电气量感知、电力线载波、自动化控制等技术在能源系统内深化发展,相关科学理论在能源系统应用场景中得到充分论证与应用,不同技术路线的竞争促进技术向低成本、低能耗、更环保等方向发展,使得传统技术有了新突破。

1.4.2 能源遇上数字化与互联网

能源数字化是指基于能源大数据,利用数字技术和控制技术来引导能量的有序流动,实现从能源供给端到消费端的高效管理和精准匹配,满足不同区域、不同群体、不同体量的用能需求,进而构筑高效、清洁、经济的现代能源体系,提高能源系统的安全性、生产率、可获得性和可持续性。能源数字化催生出新的能源产品形态,即数字能源。数字能源不是数字形式的能源,而是一种数字化的能源生态。能源数字化的价值主要体现在三个方面:一是平台价值,即利用数字化平台技术,使能源供需双方更快速地匹配与互动,通过提高能源使用效率,增加能源供给;二是产品价值,即利用算法、算力、数据实现对能源供需的重构,开发出新的产品服务和交易品种;三是度量价值,能源数字化丰富了能源的计价方式,进一步拓展了能源的金融市场属性,使其成为一种新的度量方式。其中,最典型的代表就是能源互联网。

2015年后,第三次工业革命在世界范围内席卷而来,国际经济和能源格局深刻调整,能源供需关系越发紧张。这既是我国面临的机遇,也是巨大的挑战。能源行业是工业的基础，能源互联网则是第三次工业革命的核心支柱，历史上的工业革命都离不开能源技术与信息技术的革命。能源技术和信息技术的深度融合，即形成了智慧能源。在国际上，能源技术革命能够引领新的工业革命已经成为共识，欧美发达国家和地区，以及包括我国在内的新兴国家都已投入大量资金来推动能源技术革新，以抢占新工业革命的制高点。

节能是指通过找出能源使用优化空间，使用节能技术达到减少能源浪费、实现节约能源和可持续发展目标的过程，它有助于解决能源开发和利用的问题，被视为与煤炭、石油、天然气和电力同等重要的"第五能源"。而能源数字化对于能源供给的作用不仅体现在需求端的"节流"方面，更体现在利用各类前沿数字信息技术提高能源生产效率，通过供给端和需求端的"开源节流"，实现对能源的清洁、高效利用。随着人们对能源使用的态度从无限制地开发和利用逐步转变为追求可持续发展，以及能源行业技术的进步和数字信息技术的发展，人类社会逐渐进入更高维度的能源利用形态。能源数字化贯穿能源的全生命周期，是更高维度的能源表现形态。正因如此，能源数字化又被称为继煤炭、石油、天然气、电力、节能后的"第六能源"。据彭博新能源财经数据显示，2017年，能源数字化市场规模为520亿美元，约占全球数字技术应用市场的44%。在这520亿美元中，有46%用于化石能源电厂的运行管理（如传感器、数字采集和解析，以提高电厂效率），35%用于智能电表（180亿美元）。据彭博预计，到2025年，全球能源数字化市场规模将达到640亿美元。其中，电网自动化预计将占100亿美元，家庭用能系统的规模将达110亿美元。

"互联网+"智慧能源，则是能源数字化的高级版本。2011年，美国学者杰里米·里夫金在其著作《第三次工业革命》中提出能源互联网是第三次工业革命的核心之一，使得能源互联网被更多人关注，产生了较大影响；之后，他在2014年出版的《零边际成本社会》一书中对能源互联网进行了更加系统和全面的论述。里夫金定义的能源互联网有以下几个特征：以可再生能源为主要一次能源；支持超大规模分布式发电系统与分布式储能系统自由接入网络，支持产销一体的新型能源生产与消费形态；基于互联网技术实现广域能源共享；支持交通系统的电气化（即由燃油汽车向电动汽车转变）。总结里夫金的思想，他所倡导的能源互联网的内涵大体有三点，即从化石能源走向可再生能源，从集中式产能走向分布式产能，从封闭走向开放。作为经济学家，里夫金对能源互联网的定义和思考更多的是一种愿景，而并非切实可行的技术路径。但由于里夫金本人的影响力，他的观点一经抛出，就引起了政府、学界和企业界的巨大反响。学界和企业开始在能源互联网的研发领域大量投入资源，能源互联网也因此成为近年能源领域的讨论焦点。

实际上，能源互联网的概念最早可追溯到《经济学人》（*The Economist*）杂志2004年

3月11日发表的一篇文章《建设能源互联网》(Building the Energy Internet)。文中指出，随着分布式能源占比不断增加，若要在各种新的不确定性面前保障电网的稳定性和效率，需要通过借鉴互联网自愈和即插即用的特点，将传统电网转变为智能、响应和自愈的数字网络，也就是能源互联网。此后，国际上针对能源互联网进行了广泛的研究，着力研究下一代能源系统。实际上，自20世纪70年代以来，基于全球能源消费、能源供应、能源资源、生态环境发展矛盾，各国政府、产业界、学术界立足于自身区位优势与行业发展需求，分析未来能源发展态势，提出了各种表述未来能源发展形态的概念。从1970年世界电能网络概念提出，到2011年杰里米·里夫金的《第三次工业革命》一书出版，研究能源互联网的全球热潮兴起。该书中认为，可再生能源、分布式发电、分布式储能、能源互联网、电动汽车是新经济的五大支柱，以此构建能源生产民主化、能源分配分享互联网化的未来能源体系，即构建以可再生能源+互联网为基础的能源共享网络，在能源通过分散的途径被生产出来之后，利用互联网创造新的能源分配模式。

2015年3月，李克强总理在《政府工作报告》中提出："制定'互联网+'行动计划，推动移动互联网、云计算、大数据、物联网等与现代制造业结合，促进电子商务、工业互联网和互联网金融健康发展，引导互联网企业拓展国际市场。"同时，李克强强调："能源生产和消费革命，关乎发展与民生。要大力发展风电、光伏发电、生物质能，积极发展水电，安全发展核电，开发利用页岩气、煤层气。控制能源消费总量，加强工业、交通、建筑等重点领域节能。积极发展循环经济，大力推进工业废物和生活垃圾资源化利用。我国节能环保市场潜力巨大，要把节能环保产业打造成新兴的支柱产业。"在这一背景下，我国"互联网+"能源行动应运而生。

国家电网公司董事长刘振亚于2015年2月出版专著《全球能源互联网》。书中指出，应对人类社会可持续发展面临的能源安全、环境污染、气候变化等诸多挑战的关键是加快能源生产和消费革命，大力推进清洁替代和电能替代。同时，只有树立全球能源观，构建全球能源互联网，统筹全球能源资源开发、配置和利用，才能保障能源的安全、清洁、高效和可持续供应。全球能源互联网由跨洲、跨国骨干网架和各国各电压等级电网构成，连接"一极一道"（北极、赤道）大型能源基地，适应各种集中式、分布式电源，能够将风能、太阳能、海洋能等可再生能源输送到各类用户，是服务范围广、配置能力强、安全可靠性高、绿色低碳的全球能源配置平台，具有网架坚强、广泛互联、高度智能、开放互动的特征。

能源发展一头连着物质文明建设，一头连着生态文明建设，实现经济社会发展全面绿色转型，必须跨越能源转型变革这个关口。加快能源行业数字化转型，必将为推动能源高质量发展提供更加有力的支撑，助力"双碳"目标顺利实现。"互联网+"智慧能源具有六大特征，即能源清洁化、能源信息化、能源商品化、能源虚拟化、能源协同化、能源众在化，具体含义如下。

（1）能源清洁化：接入风能、太阳能等多种清洁能源，集中式与分布式并存，可再生能源利用效率高。

（2）能源信息化：能量流和信息流融合，能源链实现资源和信息共享。在物理上把能量进行离散化，进而通过计算能力赋予能量信息属性，使能量能像计算资源、带宽资源和存储资源等信息通信领域的资源一样能被灵活地管理与调控，实现未来个性化、定制化的能量运营服务。

（3）能源商品化：能源具备商品属性，通过市场化激发所有参与方的活力，以用户为出发点，形成能源营销电商化、交易金融化、投资市场化、融资网络化等创新商业模式。探索能源消费新形式，建设能源共享经济和能源自由交易，促进能源消费生态体系建设。

（4）能源虚拟化：借鉴互联网领域虚拟化技术，通过软件方式将能源系统基础设施抽象成虚拟资源，盘活如分散存在的铅酸电池储能存量资源，利用虚拟发电厂等方式提升资源利用效率，延缓能源生产、传输建设需求，突破地域分布限制，有效整合各种形态和特性的能源基础设施，提升能源资源利用率。

（5）能源协同化：通过多能互联、协同调度，实现电、热、冷、气、油、煤、交通等多能源链优势互补，提升能源系统整体效率，提高资金利用效率与资产利用率。

（6）能源众在化：能源生产从集中式、分布式到分散式，实现泛在，能源单元之间即插即用、对等互联，能源设备和用能终端可以双向通信和智能调控。能源链所有参与方资源共享，多方参与共赢，支撑万众创新，将促进前沿技术和创新成果及时转化，实现开放式创新体系，推动跨区域、跨领域的技术成果转移和协同创新。

1.5 综合智慧能源及其发展阶段

综合智慧能源是指针对区域内的能源用户，改变原有的不同能源品种、不同供应环节单独规划、单独设计、单独运行的传统模式，以电为核心，提供电、热、冷、气、水等能源一体化的解决方案,通过中央智能控制服务平台,实现横向能源多品种之间和纵向"源、网、荷、储、用"能源供应环节之间的协同和互动,它是能源革命的一种实现形式。其中,最为人们所熟悉的综合智慧能源的典型形态就是综合能源系统。综合能源系统是指在一定区域内利用先进的技术和管理模式,整合区域内石油、煤炭、天然气和电力等多种能源资源,实现多异质能源子系统之间的协调规划、优化运行、协同管理、交互响应和互补互济,在满足多元化用能需求的同时有效提升能源利用效率,进而促进能源可持续发展的新型一体化能源系统。多能互补、协调优化是综合能源系统的基本内涵。多能互补是指石油、煤炭、天然气和电力等多种能源子系统之间互补协调,突出强调各类能源之间的平等性、可替代性和互补性。协调优化是指实现多种能源子系统在能源生产、运输、转化和综合利用等环节的相互协调,以实现满足多元需求、提高用能效率、降低能量损耗和减少污染排放等目标。构建综合能源系统,有助于打通多种能源子系统间的技术壁垒、体制壁垒和市场壁垒,促进多种能源互补互济和多系统协调优化,在保障能源安全的基础上促进能效提升和新能源消纳,大力推动能源生产和消费革命。

  中共中央、国务院《关于进一步深化电力体制改革的若干意见》(中发[2015]9号)中提出了深化电力体制改革的重点和路径:在进一步完善政企分开、厂网分开、主辅分开的基础上,按照管住中间、放开两头的体制架构,有序放开输配以外的竞争性环节电价,有序向社会资本放开配售电业务,有序放开公益性和调节性以外的发用电计划;推进交易机构相对独立,规范运行;继续深化对区域电网建设和适合我国国情的输配体制研究;进一步强化政府监管,进一步强化电力统筹规划,进一步强化电力安全高效运行和可靠供应。这为综合智慧能源的新技术、新模式与新业态创造了良好的环境。

  近年来,随着常规能源产业的成熟应用、互联网的普及、区块链和分布式等概念的出现、感应及控制技术的深入发展,催生了综合智慧能源这种新兴能源业态,它旨在提高能源利用效率、挖掘新型能源潜力、打破传统供给用能结构,实现基于分布式物理架构、物联网、互联网、智能云计算的综合效能提升,突破传统能源生产、传输、存储、使用等环节的固有模式。构建综合能源系统,重在坚持综合化的发展思路,创新智能化的发展手段,支撑以新能源为主体的新型电力系统高标准建设。综合能源系统坚持综合化发展思路,致力于打破能源子系统之间及子系统内部"源、网、荷、储"多环节的技术、管理和市场壁垒,实现煤电、气电等传统电源与风电、太阳能发电等新能源互补利用,支撑新型电力系统中大规模新能源的顺利消纳。综合能源系统通过创新智能化的发展手段,深化云计算、大数据、物联网、移动通信、人工智能、区块链和边缘计算等现代信息通信技术在能源领域的融合应用,充分发掘能源大数据作为重要生产要素的潜在价值,打造新型电力系统发展模式。综合能源系统通过建设去中心化的体制机制,能够有效优化能源资源配置,实现能源系统优化运行、分散决策,促进大网与分布式微能网双向互动及分布式节点协同自治,支撑新型电力系统中分布式新能源的规模化发展。

一般而言,综合能源系统是指在规划、建设和运行等过程中,对能源的产生与转换、传输与分配、存储与消费等环节进行有机协调的能源产消一体化系统。从"能源利用"角度,综合能源系统可理解为通过源侧、网侧和用户侧(荷、储)能的梯级利用、能的因地制宜、能的多能互补和能的互联互济,实现能源高效、清洁、经济、可靠供应,也就是尽可能地追求能源供应过程的多目标全局优化。如图1-8所示,综合能源系统并不是一个全新的概念,其发展可大致分为4个阶段:孕育阶段、概念阶段、起航阶段、升华阶段。

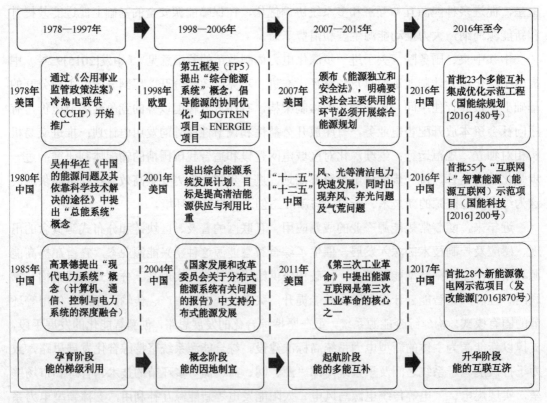

图1-8 综合能源系统的发展阶段

1.5.1 孕育阶段

19世纪70年代出现的能源危机和能源安全问题,促使美国在1978年通过了《公用事业监管政策法案》。此时,综合能源系统早期雏形——天然气冷热电联供系统开始推广。伴随着第二次能源革命对油气资源的重视,天然气冷热电联供系统的重要性逐渐凸显。在国内的热能工程领域,1980年,吴仲华阐述了以天然气冷热电联供系统为雏形的"总能系统"概念,提出了"分配得当、各得其所、温度对口、梯级利用"的能源高效利用原则。可见,冷热电联供已经在能源供给侧得到重视,基于能的梯级利用的"综合能源系统"概念开始孕育。另外,在电气领域,Buckminster Fuller早在20世纪70年代就提出了世界电能网络是能源最高优选的理念。清华大学高景德在20世纪80年代提出了"现代电力系统"概念,指出现代电力系统是计算机、通信、控制与电力系统及电力电子技术的结合,并阐明电力系统与通信技术高度融合的重要性。近年来提出的"能源互联网"和"三型两网"中的"泛在电力物联网"则是"互联网+"在能源行业高度融合的产物,它们在监控、自动化理念的基础上进一步体现出能源广泛、深度流动的商品化趋势及数据驱动优化的理念。综上所述,在孕育阶段,电力和热能工程领域相对独立发展和运营,但能的梯级利用,以及电力与计算机、通信融合的理念已被提出,为综合能源系统的诞生和发展提供了广阔的思考空间。

1.5.2 概念阶段

工业化及城市化成熟的欧盟于1998年在第五框架中初步提出了综合能源系统的构想,进行了能源在多行业的协同优化研究,标志着"综合能源系统"概念的诞生。例如,DGTREN项目将可再生能源综合开发与交通运输清洁化协调考虑,ENERGIE项目寻求多种能源(传统能源和可再生能源)的因地制宜利用和协同优化。2001年,美国提出了综合能源系统发展计划,目标是提高清洁能源,特别是天然气驱动的冷热电联供系统的供应比重。相对而言,我国于1998年颁布的《中华人民共和国节约能源法》指出:"国家鼓励发展能源梯级利用技术,热、电、冷联产技术,提高能源综合利用率",仍强调的是孕育阶段的天然气冷热电联供技术。随后,我国针对自身国情和能源发展现状,提出了适合自身发展特征的能源建设规划及目标。例如,2004年《国家发展和改革委员会关于分布式能源系统有关问题的报告》指出："支持小型分布式能源系统"。此时的分布式能源系统包含天然气冷热电联供系统、风力发电、光伏发电和其他能源的分布式利用。在此阶段，小型、模块化、多样化的分布式能源系统成为我国综合能源系统的典型形态，体现出因地制宜、因时制宜的能源发展意识。

1.5.3　起航阶段

2007年，美国颁布《能源独立和安全法》，明确要求社会主要供用能环节必须开展综合能源规划，综合能源系统及其服务逐渐在美国得到稳定发展。我国制定的 2020 年天然气分布式能源系统装机规模目标是达到 50 GW。但是，天然气冷热电联供系统在发展过程中暴露出热电比双向灵活调整困难、气源紧张和气价昂贵等问题，传统天然气冷热电联供系统的经济性面临考验。而可再生能源发电却异军突起，如我国风力发电由 2005 年的 1250 MW 爆发式增长到 2017 年的 160 GW，光伏发电则由 2005 年的 500 MW 爆发式增长到 2017 年的 130 GW。在此类间歇性和波动性较强的可再生能源大力发展的同时，由于资源禀赋和用能需求在空间和时间上的不匹配，加之我国电力网络特性及体制的约束，导致了严重的弃风、弃光问题。因此，思考风、光、水等能源开发利用与传统煤电和供热技术的深度融合互补，以挖掘不同异质能源的时空耦合和互补特性，提高多能互补综合能源系统的设备利用率及系统综合效益，成为本阶段综合能源系统建模、规划、运行、评估和优化的重点。此时，基于多能互补的综合能源系统已进入起航阶段。同时，电力和热能工程两个能源领域得以交叉，加之信息通信技术的快速发展，能源行业并行发展的意识已经凸显。例如，美国未来学家杰里米·里夫金在《第三次工业革命》中提出了能源互联网的构想。

1.5.4　升华阶段

专门针对不同能源系统耦合互补及互联互济的思考始于 2008 年。例如，美国能源部提出了综合能源系统发展计划，开展了用户侧冷、热、电负荷的需求侧响应和管理；德国政府启动了 E-Energy 计划，通过运用需求响应、智能调度、储能等技术，依托电力市场互动激励，消纳高比例可再生能源；日本建立了智能工业园区示范工程，将电力、燃气、供热、供冷等多种能源系统有机结合，通过多能源协调调度，提升企业能效，满足用户多种能源的高效利用。同时，美国北卡罗来纳州立大学、美国普渡大学也提出了与能源互联网类似的概念。"十三五"期间,我国政府陆续批准了首批 23 个多能互补集成优化示范工程、55 个"互联网+"智慧能源(能源互联网)示范项目、首批 28 个新能源微电网示范项目和四批 404 个增量配电网示范工程。此时,综合能源的多种形态得以进入先行先试的升华阶段,即在满足局部能源系统得到一定的优化和自洽的同时,借助"互联网+"技术实现能源像"商品"一样在不同能源生产者和消费者之间的流通与交换,以打破不同行业和环节能源交换和转换的壁垒。综合能源系统的高级形态——能源互联网,成为本阶段能源革命的标志性技术。一方面,它是以互联网思维与理念构建的新型信息-能源融合"广域网",以大电网为"主干网",以微网、分布式能源等自治单元为"局域网",以最大限度适应新能源的接入;另一方面,能源互联网是在分布式能源、电动汽车等"产消者"越来越普遍的形势下借鉴互联网理念提供的新型能源组网方式,提倡大众参与、能源泛在。可见,构筑全球能源互联网是能源互联网发展的终极形态,微能源网是能源互联网的典型组成元素。

1.6　综合能源系统的关键技术及典型形态

在综合能源系统的不同发展阶段,虽然不同能源利用技术交叉并存,但又有所侧重,大致可分为孕育阶段能的梯级利用、概念阶段能的因地制宜、起航阶段能的多能互补和升华阶段能的互联互济。

1.6.1　能的梯级利用及其代表形态

能的梯级利用就是在满足用户用能需求的情况下,按照能源的品位合理供能,提高能源供应系统的综合利用率和系统完善度。1980 年,吴仲华提出不同品质的能源要合理分配、对口供应,做到各得其所,倡导发展各种联合循环与热电并供、余能利用的总能系统。在资源分配上,应实现"分配得当、各得所需":根据不同用户在不同时段对于不同种类能源的需求差异,进行合理的资源配置,实现利用效率的最优化;在能源利用上,应实现"温度匹配、梯级利用":按照热力学第二定律,用"高品位"能源满足"高端"需求,用"低品位"能源满足"低端"需求,减少能源利用过程不匹配带来的㶲损失。天然气驱动的分布式冷热电联供系统是能的梯级利用综合能源系统的典型形态,系统的综合能源利用率可超过 70%。

一般将装机容量在 50 MW 以内且靠近用户布置的天然气冷热电联供系统,称为分布式冷热电联供系统。分布式冷热电联供系统作为能的梯级利用的典型代表，其相关定义可参考《分布式冷热电能源系统的节能率 第1部分：化石能源驱动系统》（GB/T 33757.1—2017）：分布式冷热电能源系统（Distributed Energy System of Combined Cooling, Heating and Power）指临近用户设置，发电并利用发电余热联产冷和/或热，且就地向用户输出电、冷和/或热的能源系统。《分布式冷热电能源系统技术条件 第1部分：制冷和供热单元》（GB/T 36160.1—2018）则给出了分布式供能站、楼宇分布式供能站和区域分布式供能站的分类及定义。

图1-9给出了典型天然气冷热电联供系统的组成及系统性能数据。当具有相同的冷热电负荷时（35单位电能、60单位冷能和10单位热能），相较于传统的冷、热、电独立供应系统，天然气冷热电联供系统可节能约22.5%。

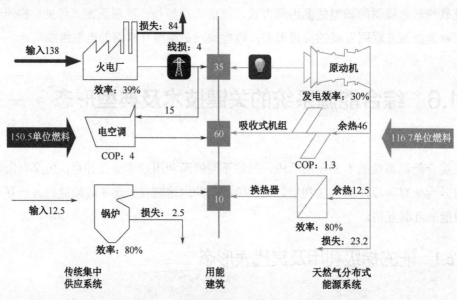

图1-9 天然气冷热电联供系统示意图

1.6.2 能的因地制宜及其代表形态

能的因地制宜可以体现在不同国家和不同地区的能源禀赋及需求特征上。例如，北欧风能和生物质能的大规模利用就源自其丰富的风能资源和生物质能资源；冰岛具备丰富的中高温地热资源及较大的供暖需求，因此开发了形式多样的地热直接利用技术和地热发电技术，地热能占其全国能源消费总量的56%。而我国是一个多煤少油的国家，在能源转型、环境问题等因素的制约下，目前煤炭在一次能源结构中的比例仍大于50%。分区域来看，我国在风、光资源丰富的三北地区大力开发集中式风电和光伏电站，在水资源丰富的西南地区大力开发水电站，在中低温地热资源较好的华北平原和粤港澳地区发展地热直接利用，在中高温地热资源丰富的滇藏地区开发地热发电等。同时，能的因地制宜也受到当地负荷特征及技术经济等条件的约束，如当前清洁供暖提出"宜电则电、宜气则气、宜热则热、宜煤则煤"的指导原则。因地制宜是一个受能源、经济、环境、社会等方面指标约束的综合性、系统性理念，应在能源科学转化的技术条件下，具体情况具体分析。例如，空气源热泵的冷凝温度越低，其COP越低，且伴随结霜等问题。因此，在冬季环境温度较低的地区推广空气源热泵技术应进行项目综合评价。

与孕育阶段能的梯级利用的分布式天然气冷热电联供系统不同，概念阶段能的因地制宜的分布式能源系统关注可再生能源的分布式就近利用。例如，《分布式发电管理暂行办法》指出：分布式发电是指在用户所在场地或附近建设安装，运行方式以用户端自发自用为主、多余电量上网，且在配电网系统平衡调节为特征的发电设施或有电力输出的能量综合梯级利用多联供设施。如图1-10所示，具备能源产消者特征的系统B优于能源消费系统A，而微能源网C优于系统B，分布式+集中式系统D优于系统C。可见，分布式能源系统以资源和环境效益作为约束、系统经济性能作为目标的方式确定系统配置及运行策略，是集能源消费和生产于一体，采用需求应对式设计和模块化配置的新型能源系统。相关技术要素及特征可参考《分布式冷热电能源系统技术条件 第2部分：动力单元》（GB/T 36160.2—2018）和《小型氢能综合能源系统性能评价方法》（GB/T 26916—2011）。

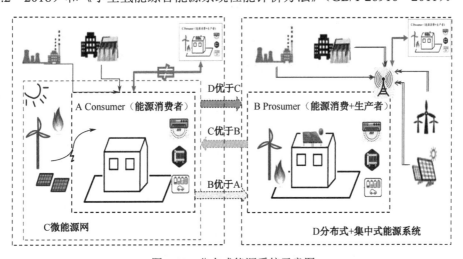

图1-10 分布式能源系统示意图

1.6.3 能的多能互补及其代表形态

能的多能互补源于本址单一资源难以满足用户冷热电负荷需求或单一供能技术经济性差时（如弃风、弃光、弃水问题），采用本址以外的其他能源进行互补的理念。多能互补体现在利用不同能源的物理、化学等方面的异质特性和时域、空域的差异互补性，借助网络耦合技术和能量拓扑重构方法，通过不同的能源转换技术或设备实现不同能源转换和传输之间的耦合，以解决能源系统源荷间的不匹配性，提高系统的能源综合利用率和可再生能源的渗透率。多能互补的综合能源系统建立在能的梯级利用、能的因地制宜的基础上，实现能源系统供应侧（包括风能、太阳能、水能、生物质能、地热能、海洋能等可再生能源，燃气等清洁能源，燃煤、石油等一次能源，以及余热、余压、煤气等可回收利用的能源）与需求侧（包括燃气、电力、蒸汽、冷水、热水、压缩空气、动力、氢能、氧、氮、氩等可供用户直接使用的能源或载能介质）的实时动态匹配。可以看出，多能互补系统是包含两种及以上一次能源的能源供应系统，同时体现出可再生能源固有的中低品位属性，而"源、网、荷、储"各环节的多目标集成优化技术则是多能互补系统的关键。

如图 1-11 所示的综合能源系统是能的多能互补的典型形态。我国已公布的 23 个国家级多能互补示范工程包括 17 个终端一体化集成供能系统和 6 个风光水火储多能互补系统。两者的区别主要体现在物理空间的尺度上。

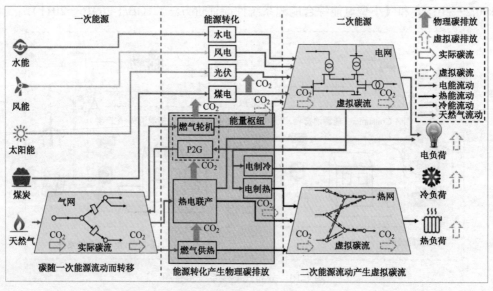

图 1-11 多能互补的综合能源系统示意图（来源：清华大学康重庆）

（1）终端一体化集成供能系统针对具有源荷一体特征的终端（单个或多个主体），根据其多种能源需求，充分利用自然资源、清洁能源、可再生能源及生产过程中产生的余热、余压回收进行能源供应，以能源供应保障、用能成本优化、能源利用效率优化为目标。

（2）风光水火储多能互补系统针对能源供应和负荷需求存在较大物理距离（不同地区），需要通过能源网络进行较长距离的跨区输送、调度，以及采用较大容量储能实现多能互补系统的升维构建和集成优化。

1.6.4 能的互联互济及其代表形态

能的互联互济，即构建能源互联网，是指当局部或区域能源系统在实现局部自洽或难以实现既定技术经济目标时，为进一步挖掘系统的能源、经济和环境效益，通过电力和热力技术的硬连接、信息技术和商业模式的软连接等技术及大众参与的市场管理理念，实现局域能源系统之间的相互连接，依靠大量能源产消者的灵活调度，突破资源禀赋和负荷特征的限制，实现综合能源系统的共建、共享、共治及全局优化。能源互联网是信息互联网发展中产生的开源创造和分布架构两种重要思想融入传统能源系统的产物。技术方面主要体现在信息化的需求侧响应和管理、高速可靠的能量传输技术、灵活快速的能量转换及储能技术，以及多方共赢的能源交易商业模式上。能源互联网在综合能源系统能的梯级利用、能的因地制宜、能的多能互补及能的互联互济的基础上，也强调：

（1）多级能源区块内部的智能调控与综合优化结合。

（2）能源与交通深度融合，通过智慧能源互联系统助力万物智联。

（3）以用户最切实的能源需求为出发点，打造差异化、个性化的能源服务。

如图1-12所示，能源互联网作为能的互联互济的典型形态，其尺度和边界决定了冷、热、电、气等异质能源在"源、网、荷、储"等环节的非线性耦合程度。《能源互联网 第1部分：总则》（T/CEC 101.1—2016）给出了能源互联网的定义：集成热、冷、燃气等能源，综合利用互联网等技术，深度融合能源系统与信息通信系统，协调多能源的生产、传输、分配、存储、转换、消费及交易，具有高效、清洁、低碳、安全特征的开放式的能源互联网络。2017年，国家能源局公布了首批55个"互联网+"智慧能源（能源互联网）示范项目，分为两大类九小类，涵盖城市综合试点、园区综合试点、跨区综合试点、电动汽车、灵活性资源、绿色能源交易、行业融合、大数据与服务、智能基础设施等方面，在促进能源生产与消费融合、提升大众参与程度等方面开展了大量的探索性工作。目前，部分项目已通过验收,如"支持能源消费革命的城市-园区双级'互联网+'智慧能源示范项目""'互联网+'在智能供热系统中的应用研究及工程示范""面向特大城市电网能源互联网示范项目""大规模源网荷友好互动系统示范工程"等。

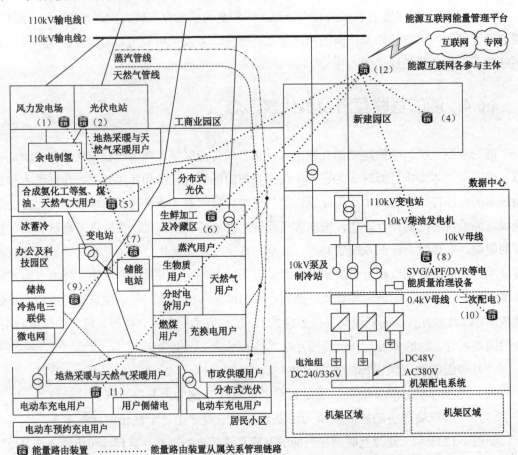

图1-12 能源互联网示意图(来源:清华大学曹军威)

1.7 综合能源系统的基本特征

综合能源系统大致可分为能源输入、能源转换、能源输送和用户终端4个环节,具体介绍如下。

（1）**能源输入环节**：发挥能源补充作用，是保障综合能源系统运行的基础，主要包括煤、石油、天然气等传统化石能源，太阳能、风能、地热能等可再生能源，以及市政电网供电的二次能源等。

（2）**能源转换环节**：以能量转换单元为主体，将输入能源高效转化成多种形式的能量，以满足终端用户的用能需求。能量转换单元主要分为三种类型，第一类是小型清洁能源发电系统，如光伏发电、小型风力发电和小型水力发电系统等；第二类是热电联产或冷热电三联产系统，主要代表性设备包括燃气轮机、微燃机、内燃机、燃料电池等；第三类是辅助型能量转换单元，主要代表性设备包括燃气/燃油锅炉、储能装置等。

（3）**能源输送环节**：通过能源网络连接能源供应侧和能源需求侧，将能量转换单元产生的不同形式能量输送给终端用户，主要包含电网、热网、冷网、气网等能源网络。

（4）**用户终端环节**：能源需求侧和消费侧，决定综合能源系统所需的能量转换单元类型、设备容量和用能需求特征等。

综合能源系统是一种多层次的复杂耦合系统，涉及多种能源的输入、转换、传输及消费，具有清洁能源高比例渗透、横向多能源互补利用、纵向源网荷储协调运行、物理与信息深度融合等基本特征。

1.7.1 清洁能源高比例渗透

在需求侧清洁高效化的用能约束下，清洁能源高比例渗透是当前综合能源系统的重要特征之一。综合能源系统可通过"源、网、荷、储"互联互通、协调运行，提升可再生能源消纳能力，降低二氧化碳及其他污染物排放。而我国能源资源与负荷中心逆向分布的特点使其未来综合能源系统的基本形式为：集中式能源基地与分布式微网系统相结合，大电网、大管网远距离输送与区域性清洁能源就地消纳相结合。

1.7.2 横向多能源互补利用

多能源互补利用贯穿于综合能源系统的供应侧、传输侧和需求侧，其基本思路是将不同时段、不同位置、不同品位的能源进行互补、替代、削峰填谷，从而实现不同品位能源的时空互补和梯级利用。多能源互补利用可有效解决光伏、风电等间歇性能源波动性强、布置分散、能量密度低等问题，从而推进可再生能源的高比例消纳。如图 1-13 所示，供应侧通过各类能量转换设备、储能设备实现化石能源、新能源等一次能源向电、热、冷等二次能源的互补、高效转化；传输侧的输配电网络、天然气管网、热力管网协调优化运行；需求侧通过高效用能技术、用户侧储能技术、供需匹配技术和智慧能源管理技术，实现用户终端电、气、热、冷多种能源的高效互补消纳。

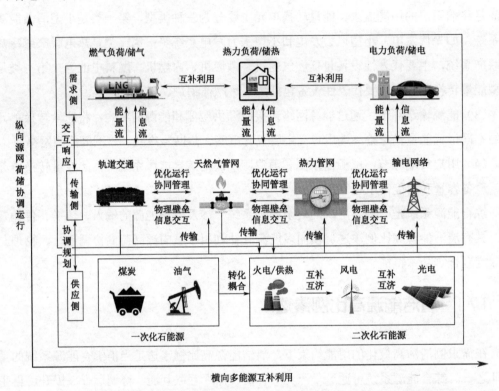

图 1-13 综合能源系统横向多能源互补利用与纵向源网荷储协调运行的基本框架

1.7.3 纵向源网荷储协调运行

综合能源系统能量流与信息流的深度融合使传统的单纯生产、传输、消费和存储能源的主体，转变为集能源生产、传输、消费和存储于一体，可自我平衡的主体。传统用户变成产消者，能源生产和能源消费的边界不再清晰，对应的角色和功能可以相互兼容和替代。综合能源服务商、供电公司、工商业和居民用户、电动汽车、分布式能源、储能、热电冷联产系统等各类参与主体在供需关系和价格机制的引导下，灵活调整能源供应、消费和存储，从而实现综合能源系统多参与主体的协调互动及供需储的纵向一体化。

1.7.4 物理与信息深度融合

综合能源系统覆盖能源生产、转换、传输、消费和存储的整个链条，系统内信息共享，能量流与信息流有机整合、互联互动、紧密耦合，形成了物理-信息深度融合系统。互联网、物联网、大数据、云计算等新兴技术的深度应用，有效提升了综合能源系统的灵活性、适应性及智能化水平；通过对等开放的信息物理系统架构，智慧型综合能源系统将具备安全可靠的通信能力、全面的态势感知能力、大数据处理计算能力及分布式协同控制能力。

1.8 发展综合智慧能源的意义

力争2030年前实现碳达峰、2060年前实现碳中和，是以习近平同志为核心的党中央统筹国内和国际两个大局做出的重大战略决策。实现"双碳"目标，能源领域是主战场、主阵地，能源行业低碳转型是重要实现路径和战略选择。习近平总书记指出："发展数字经济是把握新一轮科技革命和产业变革新机遇的战略选择。"当前，数字产业正在成为经济转型升级的新引擎，以数字化转型为载体驱动能源行业结构性变革、推动能源行业低碳绿色发展，既是现实急迫需求，也是行业发展方向，有助于将能源的饭碗端在自己手里。

搭建能源行业转型的数字基础设施体系。数字基础设施是保证能源数字化转型过程中数据要素安全存储和安全运行的重要基础和前提。制度是管根本、管长远的。建立健全能源行业数据要素安全的相关法律法规，完善能源行业数字化转型行业规范，才能进一步明晰能源数字化建设相关主体的权责边界，确保数字化建设的各项工作有法可依、有规可依。同时，要加快建立能源数据资源产权、交易流通、传输保护等环节安全标准，统筹能源数据开发利用、隐私保护和公共安全，建立数据要素分级评估、分级保护机制。安全是数字化转型的基础，也是数字化转型的要求。要加大投入力度，开展能源数据安全核心技术攻坚，在数据防护、数据加密、数据算法、数据传输、数据备份等数字化建设各环节掌握核心技术，为能源系统低碳高效安全运行提供坚实的科技支撑。

构建发掘能源行业数据要素的价值体系。发掘和释放能源大数据价值，是能源行业数字化低碳转型的关键目标。要加快构建能源大数据共享平台，通过建立健全能源行业各品类、跨业务的数据管理协同机制，打破行业"数据孤岛"，实现行业数据互联互通，建立多级、多业联动的能源大数据库。有了数据平台，还需要加强数据治理，持续积累可用、有用、实用的能源大数据资产，为能源行业低碳绿色转型赋能。挖掘海量能源数据，依托多维数据分析，用好能源大数据，以低碳绿色指标体系实现不同场景的个性化、智能化和低碳化运行，推动能源行业整体管理决策更具科学性和敏捷性。

构建以数字化为特征的新型电力系统。中央财经委员会第九次会议强调"构建以新能源为主体的新型电力系统"，这有利于加强生态文明建设、保障国家能源安全、实现我国能源行业低碳绿色发展。一方面，要以能源数字化转型为契机，加快实现电网智能化，促进发输配用各领域、源网荷储各环节、各能源系统间敏捷智能联动，进一步提高新能源消纳水平。另一方面，要以能源数字化转型为契机，加快开展"双碳"情景下能源系统安全稳定运行控制、多时空尺度电力电量平衡、仿真评估技术等领域攻关，积极打造新型电力系统示范区。同时，大力开展综合能源服务，畅通能源使用"微循环"，大幅提高能源使用效率，创建一批智慧零碳示范园区和零碳示范城市，为加快建设绿色低碳社会贡献力量。

1.8.1 构建新型能源系统的要求

在加快构建新型能源系统的形势下，高比例新能源将深刻改变传统能源系统形态、特征和机理，要求能源系统具备强感知能力、智能决策能力和快速执行能力。

清洁能源占比大幅提升，对出力预测与数据处理等方面提出更高要求。风能、太阳能等清洁能源发电出力受到天气、季节、温度等多种因素影响，具有随机性、波动性、间歇性等特点，且不能像传统同步机电源一样为电网提供电压与频率的支撑。清洁能源接入比例不断提升使得终端数量增加、拓扑结构复杂、控制调度困难，送端、受端数据和电网参数信息量大、种类多，能源系统仿真计算维度呈指数级增加，需要进行信息远距离实时交换和数据高效整合处理，对出力预测、风险预判、信息通信、数据收集、分析计算、操作控制等都提出了很高的要求。

电力电子设备大量接入，对状态感知和系统控制等方面提出更高要求。随着清洁能源占比提升和输电距离增加，能源系统对基于电力电子设备的柔性交流输电、柔性直流输电、特高压直流输电等技术的需求越来越多。电力电子设备对控制速度的要求比传统交流系统高出2~3个数量级，对分布式传感、系统监控水平、数据处理能力和决策反应速度都提出更高的要求。新形势下的能源系统需要建立广域传感网络和控制保护决策平台，实现机理与数据融合的数字建模、智能分析、自主决策等功能，达到快速响应要求。

用电负荷需求多元化，对信息交互和智能决策等方面提出更高要求。配电网将从被动单向送电模式向主动双向服务模式转变，实现各类用能设施和分布式发电设备的高效便捷接入，以及电网数据和用户数据的广泛交互、充分共享和价值挖掘。为满足客户在电能质量、安全、节能等方面的多元化、个性化需求，配电网需要在调度宏观管理、用电微观控制、综合用电服务等方面深入发展，提高用能状态全面感知及信息广泛交互能力。

电力市场与碳市场不断发展，对系统构建和信息安全等方面提出更高要求。在电力市场和碳市场中，交易主体的关联性比其他商品市场更强，需要以更强的实时性获得更多的数据和信息，并实现及时分析、处理和反馈。全球范围的电力市场和碳市场发展总体缓慢，除政策和市场因素以外，最主要的原因是发电终端出力功率、能源系统状态参数、用户用能需求数据等海量信息的快速处理、整合和分析能力有所欠缺，一定程度上导致市场载体、市场价格、市场规则的公信力有所下降，市场主体参与积极性不足，妨碍电力市场、碳市场乃至电碳联合市场的持续、快速、健康发展。

1.8.2 构建智慧运营体系的要求

在企业创新和高效管理的要求下，能源企业需要加快数字化基础设施建设，提升运营效率和服务水平，构建智慧运营体系。数字智能技术与传统能源技术需要深度融合才能实现能源生产与消费模式的创新，才能催生新的能源服务业态。

加快企业数字化转型，需要夯实信息化基础设施。数字化转型建立在数据的准确采集、高效传输和安全可靠利用的基础上，离不开网络、平台等信息化软硬件基础设施的支撑。企业需要强化数据分级分类管理，构建能源广域智慧物联体系，加快数据中心的构建和升级，抓好数据、业务、技术中台建设，为数字智能化长远发展奠定基础。

提升系统运营、智能管理水平，需要建设跨部门信息统筹平台。能源企业往往规模大、业务多、结构复杂，特别是大型电网企业运营管理电压等级高、能源资源配置能力强、并网新能源规模大的特大型电网，迫切需要以数字化、现代化手段推进管理变革，实现经营管理全过程实时感知、可视可控、精益高效，促进发展质量、效率和效益全面提升，降低企业管理和协调成本。

提升精准营销、智能服务水平，需要整合客户需求，提供个性化智能服务。面对日益多元化、个性化和互动化的客户需求，能源企业需要以数字化提高能源精准服务、便捷服务、智能服务水平，提升客户获得感和满意度，适应未来能源消费格局新趋势，在能源管理、电动汽车和家庭自动化业务等方面抓住新机遇。

1.8.3 产业协同融合发展的要求

在产业协同融合发展的大背景下，能源及相关产业需要打破"能源竖井"和"数字鸿沟"，形成产业融合的价值网络，提升社会用能效率，支撑社会数字化转型，服务国家治理现代化。

能源行业与上下游产业需要加强协同，提升全社会用能效率。未来能源系统对发电、输电和用电进行综合考虑和整体调控，需要充分整合和分析能源密集型企业和行业的用能特征和需求，通过增加储能单元、实施阶梯电价、利用 V2G 等新型调控方式，实现整个综合能源系统的高效、经济、节能、绿色、可持续发展，为整个生态系统内的供应商、合作伙伴和行业参与者带来创新和更多的灵活性。

数字智能能源系统发展可以激发能源产业创新能力，推动关键共性技术进步。充分发挥电网企业在能源产业链中的龙头作用和创新能力，在数字政府、智慧城市、数据中心运营、通信资源共享、电动汽车充电基础设施等方面加大投资，开展新型能源基础设施建设和能源关键智能技术攻关，研发能源专用芯片、智能传感器、能源大数据处理器等核心装备，推动数字智能技术进步，促进信息、大数据、芯片、控制等相关产业的持续发展。

能源大数据尚待整合和发掘，服务社会发展和国家治理现代化建设。能源数据是国民经济和社会体系发展的晴雨表，可以反映人民生活、工业生产、商业等社会发展状况，对工商业生产经营、个人和企业征信服务、政府和相关机构的精准施策都具有重要意义。能源大数据的利用将丰富社会大数据的维度，繁荣数字生态和数字经济，助力国民经济调控和社会可持续发展。

1.9 参考文献

[1] 我国现行的各种能源折标准煤参考系数国家标准. 中国节能产业网（china-esi.com）.
[2] 中国能源大数据报告（2021）—电力篇. 搜狐网（sohu.com）.
[3] 各类发电技术成本：2020 年现状、2050 年趋势如何. 微信公众号"国际能源小数据".
[4] Eric Roston, Blacki Migliozii. What's really warming the world? 2005(6). bloomberg.com.
[5] 联合国环境规划署《2020 年排放差距报告》（上）. 环境商会（cecc-china.org）.

[6] 联合国发布2020年全球气候变化最新报告：温室气体排放达创纪录水平．碳排放交易(tanpaifang.com)．

[7] 刘睿智．基于大数据的能源互联网市场交易评估模型[D]．北京：华北电力大学，2017．

[8] 常宁．单位GDP二氧化碳排放量．中国大百科全书(zgbk.com)．

[9] 史作廷．发挥节能在实现"双碳"目标中的作用[J]．智慧中国，2021(7):2．

[10] IEA. CO_2 emissions intensity of GDP, 1990-2021, Paris. iea.org.

[11] 曾鸣．数字革命助力能源革命．微信公众号"华北电力大学能源互联网研究中心"．

[12] Stephanie Heitman. What Happens in an Internet Minute in 2022: 90 Fascinating Online Stats[B]. 2022.7.28. https://localiq.com/blog/what-happens-in-an-internet-minute/.

[13] 高峰，曾嵘，屈鲁，等．能源互联网概念与特征辨识研究[J]．中国电力，2018，51(8):7．

[14] 师俊国．新结构经济学视角下的我国能源互联网结构分析[J]．河南社会科学，2021，029(009):62-72．

[15] 周孝信，曾嵘，高峰，等．能源互联网的发展现状与展望[J]．中国科学：信息科学，2017，47(2):22．

[16] 潘明明．基于非合作博弈的能源互联网多元主体行为分析方法[D]．北京：华北电力大学，2017．

[17] 曾鸣．人民日报：构建综合能源系统[J]．新能源经贸观察，2018(4):2．

[18] 贾宏杰，王丹，徐宪东，等．区域综合能源系统若干问题研究[J]．电力系统自动化，2015,39(7):198-207．

[19] 吴建中．欧洲综合能源系统发展的驱动与现状[J]．电力系统自动化，2016，40（5）：1-7．

[20] 贾宏杰，戚冯宇，徐宪东，等．微型燃气轮机型综合能源系统的建模与辨识[J]．天津大学学报（自然科学与工程技术版），2017,50(02):107-115．

[21] 洪慧．燃料化学能与物理能综合梯级利用的热力循环[D]．北京：中国科学院研究生院（工程热物理研究所），2004．

[22] 能源互联网研究课题组．能源互联网发展研究[M]．北京：清华大学出版社，2017．

[23] 蔡泽祥，孙宇嫣，郭采珊．面向泛在电力物联网的支撑平台与行业生态构建[J]．机电工程技术，2019,48(6):1-4．

[24] 包小龙．工业园区采用热电联产方式进行集中供热对环境影响与能耗影响的分析［J］．应用能源技术，2018,250(10):36-37．

[25] 韩高岩，吕洪坤，蔡洁聪，等．燃气冷热电三联供发展现状及前景展望[J]．浙江电力，2019,38(1):18-25．

[26] 封红丽．国内外综合能源服务发展现状及商业模式研究[J]．电器工业，2017(6):39-47．

[27] 钱虹，杨明，陈丹，等．分布式能源站三联供系统优化运行策略研究[J]．热能动力工程，2016，31(6):74-79．

[28] 康书硕．天然气基冷热电联供与热泵耦合系统集成研究[D]．长沙：湖南大学，2016．

[29] 西禹霏．提高风电利用效率的风-电-热耦合系统调度方法研究[D]．吉林：东北电力大学，2018．

[30] 吕鑫，刘天予，董馨阳，等．2019年光伏及风电产业前景预测与展望[J]．北京理工大学学报（社会科学版），2019,21(2):31-35．

[31] 朱倩雯．多能互补建筑能源系统电热储能容量优化配置[D]．济南：山东大学，2018．

[32] 杨经纬，张宁，王毅，等．面向可再生能源消纳的多能源系统：述评与展望[J]．电力系统自动化，2018,42(4):11-24．

[33] 冯琳清，张延迟，赵晨，等．能源互联网研究综述[J]．电源世界，2017,26(5):26-29．

[34] 杨德昌，赵肖余，徐梓潇，等．区块链在能源互联网中应用现状分析和前景展望[J]．中国电机工程学报，2017,37(13):4-11．

[35] QUELHAS A, GIL E, McCALLEY J D, et al. A multiperiod generalized network flow model of the U. S. integrated energy system (Part I): Model description[J]. IEEE transactions on power systems, 2007, 22(2): 829-836.

[36] QUELHAS A, McCALLEY J D. A multiperiod generalized network flow model of the U.S. integrated energy system (Part II): Simulation results[J]. IEEE transactions on power systems, 2007, 22(2):837-844.

[37] 加鹤萍, 丁一, 宋永华, 等. 信息物理深度融合背景下综合能源系统可靠性分析评述[J]. 电网技术, 2019, 43(1):1-11.

[38] HUANG A Q, CROW M L, HEYDT G T, et al. The future renewable electric energy delivery and management (FREEDM) system: The energy internet[J]. Proceedings of the IEEE, 2011, 99(1):133-148.

[39] 王永真, 张宁, 关永刚, 等. 当前能源互联网与智能电网研究选题的继承与拓展[J]. 电力系统自动化, 2020, 44(4):1-7.

[40] 邓建玲. 能源互联网的概念及发展模式[J]. 电力自动化设备, 2016, 36(3):1-5.

[41] 刘振亚. 全球能源互联网[M]. 北京: 中国电力出版社, 2015.

[42] 刘方泽, 牟龙华, 张涛, 等. 微能源网多能源耦合枢纽的模型搭建与优化[J]. 电力系统自动化, 2018, 636(14):97-104.

第 2 章

综合智慧能源的高级形态——能源互联网

本章作者 王永利（华北电力大学） / 韩 恺（北京理工大学）
张兰兰（北京理工大学） / 王永真（北京理工大学）

如上一章所述，能源互联网是综合智慧能源的高级形态。能源互联网理念传入中国后，在"产、学、研、用、金、政"等领域引起极大的关注。与能源互联网相关的概念层出不穷，如"虚拟电厂""多能流系统""多能源系统""多能互补系统""能量管理系统""冷热电联供""微能源网""综合能源系统""总能系统""新一代电力系统""自能源""泛能网""智能电网"和"微电网"等。在"三纵四横"能源互联网框架下，综合能源系统是能源互联网的物理基础，涵盖多种能源的"源、网、荷、储"各环节。

2.1 能源互联网概念辨识

目前对能源互联网的概念及技术形态有多种理解方式。例如，国家电网公司提出以"坚强智能电网和泛在电力物联网"为抓手，奋力开创枢纽型、平台型和共享型世界一流能源互联网企业的目标，并提出逐步建立全球能源互联网的蓝图；清华大学电机系提倡构建能源互联网开放共享理念，并进行了能源互联网物理基础——综合能源系统/多能源系统的建模、规划、运行、评估和市场等方面的研究；华为公司、远景集团、清华大学信息技术研究院倡导借助先进的数据感知、通信及大数据技术，构建能源互联网的"信息物理系统"，侧重于在不同电网及微能源网之间通过能源路由器实现能量流与信息流融合的能源互联网理念；天津大学、华北电力大学等高校，以及中国经济研究院、中国电力科学研究院等研究机构倡导以综合能源系统优化为主要内容的能源互联网理念，侧重于能源互联网的价值实现，即综合能源系统及其综合能源服务；协鑫集团倡导的"智慧能源"和新奥集团倡导的"泛能网"，则侧重于构建具有多能互补特征的能源互联网；中国科学院工程热物理研究所倡导的"总能系统"，强调以"冷热电联供"为代表的综合能源系统能的梯级利用。能源互联网相关概念的立场、观点、形态和特征如图2-1所示。

	立场	观点	形态	特征
多能综合优化理念	能源产业 冷热电学术	综合能源、多能互补 打破行业壁垒，在基础设施层面实现互联互通	冷热电气多种能源协同优化	低碳、互联、能效、协同、分散
	能源产业 工业界	互联网能源 互联网和新能源技术融合的全新能源系统	分布式电源+用户互动+通信信息	低碳、互联、互动、能效、分散
	能源产业 电通信学术	数字能源 数字能源设计和部署业内领先的能源管理技术	输变电设备+通信信息+自动化	智能、互联、兼容
	政府 工业界	分布式能源 近用户端多方参与的清洁能源利用方式	清洁能源+小容量	低碳、能效、协同
大电网理念	学术、政府 能源产业	智能电网 信息网络实现物理互联、智能控制的现代电网	输配电+自动化+通信信息+互动	低碳、互联、开放、互动、可靠
	政府 能源产业	全球能源互联网 坚强智能电网洲际互联	智能电网+特高压+清洁能源	低碳、互联、智能、兼容、可靠
互联网理念	IT产业	智慧能源 拥有自组织、自优化等大脑功能的全新能源形式	应用层+传输层+传感层	开放、智能、协同、分散、兼容

图2-1 能源互联网相关概念的立场、观点、形态和特征（修改自清华大学能源互联网创新研究院）

随着中国政府的重视，杰里米·里夫金提出的能源互联网概念在中国得到了广泛传播。随着可再生能源技术、通信技术及自动控制技术的快速发展，能源互联网在全球表现出良好发展态势，在产业建设、技术创新等方面不断繁荣发展。能源互联网是一个新兴的概念，是伴随经济社会和科学技术的不断发展而产生的，本身具有一定的复杂性。目前，国内各界对能源互联网内涵和外延的诠释多种多样，部分列举如下。

（1）《能源互联网 第1部分：总则》（T/CEC 101.1—2016）：能源互联网是以电能为核心，集成热、冷、燃气等能源，综合利用互联网等技术，深度融合能源系统与信息通信系统，协调多能源的生产、传输、分配、存储、转换、消费及交易，具有高效、清洁、低碳、安全特征的开放式的能源互联网络。

（2）《关于推进"互联网+"智慧能源发展的指导意见》（发改能源[2016]392号）："互联网+"智慧能源（简称能源互联网）是一种互联网与能源的生产、传输、存储、消费及能源市场深度融合的能源产业发展新形态，具有设备智能、多能协同、信息对称、供需分散、系统扁平、交易开放等主要特征。

（3）清华大学能源互联网创新研究院：能源互联网是以电力系统为核心与纽带，构建多种类型能源的互联网络，利用互联网思维与技术改造能源行业，实现横向多源互补，纵向"源、网、荷、储"协调，能源与信息高度融合的新型（生态化）能源体系。其中，"源"是指煤炭、石油、天然气、太阳能、风能、地热能等各类型一次能源，以及电力、汽油等二次能源；"网"涵盖天然气和石油管道网、电力网络等能源传输网络；"荷"与"储"则代表各种能源需求及存储设施。通过"源、网、荷、储"协调互动达到最大限度消纳利用可再生能源，能源需求与生产供给协调优化，以及资源优化配置的目的，从而实现整个能源网络的"清洁替代"与"电能替代"，推动整个能源产业及经济社会的变革与发展。

（4）澳大利亚新南威尔士大学董朝阳：能源互联网是以电力系统为核心，以互联网及其他前沿信息技术为基础，以分布式可再生能源为主要一次能源，与天然气网络、交通网络等其他系统紧密耦合而形成的复杂多网流系统。因此，能源互联网实际上由电力系统、交通系统、天然气网络和信息网络4个复杂网络和系统紧密耦合而成。电力系统作为各种能源相互转化的枢纽，是能源互联网的核心，并与交通系统之间通过充电设施与电动汽车相互影响。天然气网络的运行将直接影响电力系统的经济运行及可靠性，并通过电转气技术，与电力系统之间产生双向能量流动。能源互联网还可能进一步集成供热网络等其他二次能源网络。各系统内的各种物理设备通过一个强大的信息网络（由互联网等开放网络与工业控制网络互联构成）进行协调和控制。

（5）国家电网（苏州）城市能源研究院孙志凰：以特高压、超高压电网为骨干网架，以微电网为局域网，基于先进的能量管理系统，实现电能的按需分配。通过引入先进的电力电子设备，运用高度智能的信息技术，在能源路由器的统一调控下，将大规模分布式风能、太阳能、潮汐能等清洁能源节点互联起来，借助城市微电网可实现能量小范围内的按需供应，对于大容量能量节点，可借助特高压等骨干网实现能量的跨洲、跨国传输，实现理想的全球能源互联。

（6）中国电力科学研究院周孝信：能源互联网是以可再生能源为优先，以电力能源为基础，多种能源协同、供给与消费协同、集中式与分布式协同，大众广泛参与的新型生态化能源系统。

（7）清华大学张宁：多种能源融合、信息物理融合、多元市场融合的"互联网+"智慧能源产物；"一种互联网与能源生产、传输、存储、消费及能源市场深度融合的能源产业发展新形态"，实现"设备智能、多能协同、信息对称、供需分散、系统扁平、交易开放"。

（8）中国华电集团公司邓建玲：以智能电网为基础，运用互联网思维，利用大数据与云计算技术，将电力系统硬资产与软资产相融合，支持传统发电机组、分布式能源的友好接入、智能管理，建立信息平台和虚拟电厂，创新能源、金融服务营销体系，实现绿色低碳、经济高效、开放对等的多种能源互补的能源网络。

（9）天津大学余晓丹：以电力系统为核心，以互联网及其他 ICT 技术为基础，以分布式可再生能源为主要一次能源，并与天然气网络、交通网络等系统紧密耦合而形成的复杂多网流系统。

（10）华北电力大学曾鸣：以互联网技术为基础，以电力系统为中心，将电力系统与天然气网络、供热网络及工业、交通、建筑系统等紧密耦合，横向实现电、气、热、可再生能源等"多源互补"，纵向实现"源、网、荷、储"各环节高度协调，生产和消费双向互动，集中与分布相结合的能源服务网络。其中，"源、网、荷、储"协调优化模式是能源互联网的关键运营模式。

（11）中国电力科学研究院姚建国：广义的能源互联网是包含广域和局域层面的完整的能源网络系统，在广域范围主要表现为互联能源网络（主干是电网）的特征，在局域范围则主要表现为能源共享网络的特征。狭义的能源互联网则主要是指按照互联网机制运转的能源共享网络。

（12）清华大学孙宏斌：能源互联网是基于互联网理念和技术构建的新型信息能源融合的开放系统，将改造甚至颠覆现有的能源行业，打破行业垄断，实现去中心化，使能源这一庞大的传统行业成为创新创业的沃土，可以大幅提高能源利用效率，促进可再生能源的大规模发展。

（13）山东大学马钊：将可再生能源作为主要的能量供应源，通过互联网技术实现分布式发电和储能的灵活接入，以及交通系统的电气化，并在广域范围内分配共享各类能源。

（14）东北大学孙秋野：为了充分发挥可再生能源的利用潜能，提高各类用户参与市场调节的能力，一种新的能源结构应运而生，即能源互联网。

（15）国防科学技术大学查亚兵：能源互联网可理解为综合运用先进的电力电子技术、信息技术和智能管理技术，将大量由分布式能量采集装置、分布式能量储存装置和各种类型负载构成的新型电力网络节点互联起来，以实现能量双向流动的能量对等交换与共享网络。

（16）清华大学曹军威：可以将能源互联网看成未来能源基础平台，分布式能源、生产与消费一体的能源主体将成为其主要组成部分，满足它们的接入和定制化需求面临诸多挑战，如间歇式能源的调节与接入、生产和存储的合理调配、定制化需求的响应等。

总体而言，可以将能源互联网理解为"横向：物理、信息、价值的三流合一"和"纵向：源、网、荷、储的四环节协同"；通过信息物理融合和市场机制设计，能源互联网追求突破物理层、信息层和体制层藩篱的深度交互，实现"三流合一"；通过协同设计、统一规划和集成优化，能源互联网追求打破"源、网、荷、储"各环节条块分割的壁垒，实现"四环协同"。

2.2 熵视域下能源互联网的再认识

2.2.1 熵理论

熵理论说明了事物在自发状态下趋向于熵增的发展趋势，而在事物保持耗散结构特征的情况下，引入负熵流可以使事物向熵减的方向发展，事物熵增、熵减的矛盾运动促进人类社会不断从低级向高级发展。熵增、熵减是矛盾统一体中的两个方面，两者之间是对立统一的关系。

1. 熵的热力学起源及熵增理论

熵在宏观上不仅能够定量描述热力学第二定律，还可作为系统热平衡的判据，并能够反映各种传递过程的不可逆性；同时，在微观上，它能够代表系统的无序度。熵理论在控制论、信息论、概率论、数论、天体物理、生命科学等领域都有重要应用，而熵理论起源于物理学。1868 年，克劳修斯提出了热力学第二定律的熵的宏观概念，熵函数定义的是物体在进行热交换时热量转化为功的程度，是不能再被转化为功的能量总和，公式表达为 $\Delta S = Q/T$。1877 年，玻尔兹曼在分子的微观机制上导出了熵与状态概率之间的数学关系 $S = k\log W$，玻尔兹曼关系式把宏观量 S 与微观状态数 W 联系起来，在宏观与微观之间架设了一座桥梁，既说明了微观状态数 W 的物理意义，也给出了熵函数的统计解释（微观意义）。玻尔兹曼熵表示的是分子在微观状态下随机热运动状态的概率，也是分子热运动混乱或无序的程度。从统计学的角度来看，熵定律在热力学第一定律（能量守恒定律）的基础上，指出物体在自发状态下，会保持从概率小的状态向概率大的状态变化，从有序向无序变化，最终走向"热寂"。一个孤立的能源系统，若与外界不发生任何相互作用，即与外界没有任何的物质、能量与信息的交互，随着能源系统内一系列自发过程的进行，系统将不断朝着熵增的方向发展，虽然总能量守恒，但是能质逐步退化，直至系统熵值达到最大，系统相应地达到平衡态，过程不再进行。

2. 耗散结构及负熵理论

耗散结构理论指出保持系统的开放性和自组织性，并在远离平衡态的状况下，引入负熵流就可以使系统产生活力，使社会有序发展，创造出人类新的文明。因此，在人类历史中，科技总是不断进步，文明总是不断提升，整个社会系统始终从无序向有序发展。具体地，普里戈金于1969年提出的耗散结构理论，解释了麦克斯韦妖"有序化"的现象，并指出系统从无序状态过渡到这种耗散结构需要满足以下条件：系统开放，远离平衡态，以及系统具有自组织性。远离平衡态的开放系统与外界的能量和物质交换产生负熵流，使系统熵减少，形成有序结构。实际上，1929年，德西拉德就将熵的减少同获得的信息联系起来，即在对系统进行测量时会使系统发生熵减，测量引起的熵的减少会由系统信息的增加所补偿。随后，香农创立信息论，认为人的智能信息是负熵之源，宇宙中的信息就是一种熵。信息越多，表示熵越小。

2.2.2 熵视域下能源互联网的理论架构分析

首先，能源互联网的基础是能源系统，而能源系统的基本守则之一就是熵定律，即孤立系统熵增原理。实际上，社会系统各方面及其能源子系统在能源的获取、转换、利用等各个环节，都不同程度地存在熵增。热力学熵是用于表征一个能量系统无序程度的重要物理概念。克劳修斯提出经典热力学第二定律，表明孤立系统的熵会不断增大。也就是说，能源系统从供应到消费的过程，存在着能源的浪费及品位的降低，伴随着熵增，即 $\Delta S_{th} \geq 0$，公式如下：

$$S_{th,out} - S_{th,in} = \Delta S_{th} \tag{2-1}$$

因此，为降低熵增的速度，需要通过各种"提质增效"手段来优化生产方式及能源系统，尽可能地实现更加有序化。纵观人类能源发展史，基于物理机制及因果关系的能源系统的"提质增效"，需要长时间物理机制的建立和技术攻关，且受卡诺循环、传热温差等能量规律及物性材料的限制，以现有局部、单一技术实现进一步节能减排的空间已比较有限或代价昂贵（如常规工况的燃煤发电机组、空调制冷机组、汽车发动机系统、输配电系统的完善度已比较高）。同时，基于能量、质量及传热传质等机制驱动的物理模型，或已难以胜任具备随机性、大网络、强耦合、快响应的异质能源输入及输出的复杂能量系统的设计、运行及优化。但是，对于单纯的没有信息调控的热力学系统，其内部的有序化是由单一的热力学负熵流引起的，而信息流对系统内部有序化程度的影响，在传统的热力学理论中并没有给出答案。

其次，能源系统的运行将积累能够表征能源系统特性的大量数据，数据之间的相关关系则成为新一轮能源系统"提质增效"的关键。同时，"云大物移智链"等物联化、数字化理念和技术的发展，给能源系统、关键设备、能效过程及关键参数之间的相关关系的建立提供了有效手段，成为能源系统现阶段的重要工作方向，这就是能源互联网的基本理念之一，这也集中体现了信息熵的基本原理及其对能量流的作用机制。信息反馈控制对于系统的熵变有重要的影响，在相关研究中，首先通过测量装置建立控制系统与被控系统之间的关联，在此过程中得到的被控系统的状态信息量可以用两者之间的互信息来描述，在接下来的反馈控制过程中，控制系统利用得到的测量信息进行相应的反馈控制，整个过程可以降低系统的熵增。信息熵是用以对信息进行量化分析，解决不确定性问题的工具。香农借鉴热力学熵的概念，将信息中排除冗余信息的平均信息量定义为信息熵，信息熵是一个负值，即 $\Delta S_{in} \leqslant 0$，公式如下：

$$S_{in,out} - S_{in,in} = \Delta S_{in} \qquad (2\text{-}2)$$

信息熵的绝对值越大，表示该随机变量的离散程度越高，描述或反映该随机变量所需的信息量也就越大。

因此，能源互联网将以"互联网+"为手段，以智能化为基础，紧紧围绕构建绿色低碳、安全高效的现代能源体系，促进能源和信息深度融合，推动能源互联网新技术、新模式和新业态发展，推动能源领域供给侧结构性改革，支撑和推进能源革命，为实现我国从能源大国向能源强国转变和经济提质增效升级奠定坚实基础。能源互联网体系架构如图 2-2 所示，其中包含多能互补综合能源系统及其对应的数字孪生能源物联网（即信息物理能源互联网络）。一方面，多能互补综合能源系统借助能量梯级利用、换热网络优化、高效传热传质、多能互补等物理手段，实现能量系统物理层次的"提质增效"，降低熵增的速度；另一方面，数字孪生能源物联网依托能源的物联化、数字化、智慧化发展理念，通过"源、网、荷、储"等环节能源相关信息的感知、传输、挖掘等大数据技术，助力能量系统的有序化发展，实现能量系统信息层次的"提质增效"，降低能量系统的熵增速度（注：本节中的"数字孪生能源物联网"只是能源互联网在信息层次的引申含义；同时，本节也不严格界定能源互联网的范围，只抽象说明多能互补综合能源系统与数字孪生能源物联网的对应关系）。

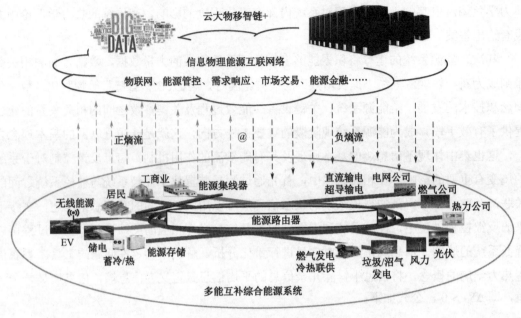

图 2-2 能源互联网体系架构

2.3 熵视域下的能源互联网提质增效机制

2.3.1 多能互补综合能源系统的热力学熵机制

多能互补综合能源系统一般涵盖煤电、光伏、风电、天然气、生物质能等多种异质能源的输入，以及冷、热、电、气、氢等多品位的输出。从热力学熵的视角看，多能互补综合能源系统中的能量在按时序向后演进的各阶段或环节，系统内外部都存在能量的不可逆损失（如因换热温差引起的传热损失、因转换效率引起的转换损失）。在热力学中，系统熵变可以分成熵流和熵产两部分：熵流部分是外界和被研究系统之间的物质和能量交换引起的系统熵的变化；熵产部分是由内部的非平衡过程引起的，如系统内部的化学反应、传热等非可逆过程。因此，多能互补综合能源系统的能流过程，也是一个能量价值不断贬低的热力学"熵增"过程，即 $\Delta S_{th} \geq 0$。而多能互补综合能源系统 ΔS_{th} 增速的降低，在于热力学完善度更高的能量过程或系统开发，如构建更高速率的传热传质过程、更节能的能源输配管网，采用更高效率的能量转换与提升技术、更匹配的能源存储与消费技术。

2.3.2 数字孪生能源物联网的信息熵机制

数字孪生能源物联网的构建，旨在利用能源大数据的信息熵，如多能互补综合能源系统伴随全生命周期海量的结构化数据（温度、压力、流量、电压、电流等）和非结构化数据（图像、音频、视频等）的生成。一方面，根据耗散结构理论，这些大数据经过感知、清洗、挖掘所形成的有用的信息流，可用于指导多能互补综合能源系统的能量流更合理分布，使能源系统更加有序化；另一方面，这些数据也存在不同程度的不确定性，如功率预测和负荷预测的不确定性、测量误差引起的不确定性、信息管理存在的不确定性。数字孪生能源物联网的目的就是采用系统化思维和信息化手段，以能源信息管控平台为抓手，实现能源系统的全景感知、数据驱动与智慧运行。其内涵是通过"云大物移智链"等数字化的理念、理论和技术，实现能源系统运行信息的感知、监测、预测、分析、优化、决策等，实现底层多能互补综合能源系统能量流的优化分配与重构，让能量流的流动更加有序化。因此，信息流的大数据挖掘，可以定性地看成一个增加能源系统价值的"负熵"过程，即 $\Delta S_{in} \leqslant 0$，可等价于多能互补综合能源系统热力学层次的"提质增效"。

2.3.3 熵视域下的能源互联网与信息物理融合系统

实际上，如图 2-3 所示，能源互联网可被看作多能互补综合能源系统与数字孪生能源物联网的整合，而能源的信息物理融合系统则可被理解为多能互补综合能源系统与数字孪生能源物联网的交集。当信息物理融合系统的能量流与信息流实现高度融合，且物理空间不断扩大时，在特定的能源系统时空尺度下，信息物理融合系统将与能源互联网统一。

因此，从熵的角度来看，尽管热力学熵和信息熵在宏观上还难以形成统一的数学范式及量化手段，但定性地看，能源互联网或信息物理融合系统的总熵增 ΔS_{tot} 是由物理系统——多能互补综合能源系统的热力学熵增 ΔS_{th} 和信息系统——数字孪生能源物联网的信息熵减 ΔS_{in} 共同构成的，公式如下：

$$\Delta S_{tot} = \Delta S_{th} + \Delta S_{in} \tag{2-3}$$

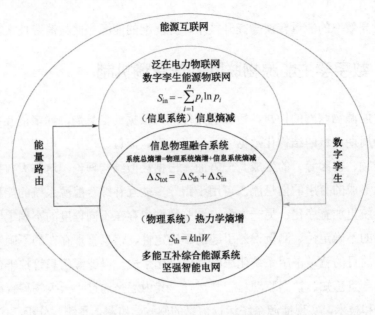

图 2-3 熵视域下能源互联网的理论架构

不过，信息流带来信息熵的负熵增程度，要小于其对应能源系统的热力学熵增程度，两者并不等价，原因就是信息流的感知、存储、挖掘等过程也需要付出一定的能源，即也伴随着能源系统的"熵增"，公式如下：

$$|\Delta S_{th}| \geqslant |\Delta S_{in}| \tag{2-4}$$

因此，能源系统（能源互联网或信息物理融合系统）的熵增符合热力学熵增规律，即

$$\Delta S_{th} + \Delta S_{in} = \Delta S_{tot} \geqslant 0 \tag{2-5}$$

以能源互联网的典型业态——新能源微电网为例，如图 2-4 所示，在微电网中，高比例可再生能源接入引起的不确定性，以及负荷需求的随机性必然存在，供需侧自发的能量匹配一般难以实现。从热力学熵的视角看，这种内在的无序性将导致系统不断地熵增。为了降低系统的熵增，就需要外界向系统"做功"。从信息熵及方法论的视角看，系统能量流对应的信息能够消除物理系统的不确定性，因此将信息作为一种"负熵"输入微电网的系统中，可以降低系统的熵增。具体地，在信息反馈系统中（数字孪生能源物联网），具有控制作用的内部有效信息可以引起热力系统熵产的减少，即内部反馈信息使得过程更接近可逆、更为有序。如果将不加反馈的系统当成参考系统，则在信息反馈系统中，熵产又分成两部分：参考熵产和信息反馈引起的熵减。如果信息毫无作用，则熵减为 0，系统退回到参考状态。如果信息为干扰信息，则会导致熵增，反馈后的系统势必会产生更多的熵，效

果还不如参考系统。只有当信息为有用信息时，才会使整个系统更为有序，才可以认为存在负熵产，最终降低系统的熵增。

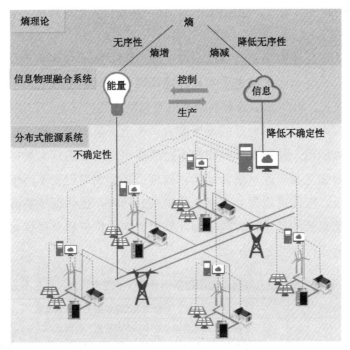

图 2-4　熵视域下能源互联网的典型业态（以新能源微电网为例，来源：天津大学李浩）

2.4　信息流改造能量流的赋能案例

从宏观角度来看，信息流改造能量流已成为当前能源互联网研究的一大趋势。对多能互补综合能源系统而言，需要解决系统内不同能源设备时空耦合复杂、冷热电气设备转化模型多样、多异质能源输入和多能源输出并存等问题；而对数字孪生能源物联网而言，需要研究供应侧多能流的优化分配及功率预测、网侧异质能流的灵活输运调控、储能侧设备的充释策略优化、需求侧负荷分析预测与需求侧响应等。

当然，信息流改造能量流的能源互联网生态的建立，也离不开"产、学、研、用、金、政"各方的共同努力。2016 年，三部委联合印发《关于推进"互联网+"智慧能源发展的指导意见》（发改能源[2016]392 号），提出了能源互联网两阶段推进、先期试点示范、后续推广应用的指导思想。同时，明确提出"推动能源与信息通信基础设施深度融合"，包括促进智能终端及接入设施的普及应用、加强支撑能源互联网的信息通信设施建设、推进信息系统与物理系统的高效集成与智能化调控、加强信息通信安全保障能力建设等信息流赋能能量流的内容。

2017年7月，国家能源局发文启动试点工作，首批55个能源互联网示范项目（以下简称首批示范项目）过审获批，进入实质性建设阶段。五年多以来，示范项目在面对技术成熟度、商业模式、机制体制等方面诸多困难与挑战的情况下，积极探索，大胆创新，取得了一些可喜成果，展现出良好的发展潜力。在全国范围内首次大规模开展全域多场景能源互联网试点示范，是国家探索能源革命战略实施路径的重大举措，对创造能源转型的中国方案、增强能源产业发展新动能、推进机制体制深刻变革产生了深刻影响。首批示范项目的建设，在促进能源互联网先行先试的同时，也体现了能源系统"源、网、荷、储"各环节信息流的贯通、释放能源互联网数字化价值和全局优化潜力的具体措施的落地，相关案例分析如表2-1所示。

表2-1 国家首批能源互联网示范项目案例分析（不完全统计、排名不分先后）

项目名称	信息流改造能量流的具体表现
"互联网+"在智能供热系统中的应用研究及工程示范	基于厂网一体化预测调节技术、数据挖掘的热网运行决策，构建智慧供热的"一站一优化曲线"：根据外界气象参数，拟合综合环境温度，分时段保持一网供水压力固定不变，首站根据预测综合环境温度进行分时调节，二网换热站根据"一站一优化曲线"进行实时调节，以实现按需供热
大规模源网荷友好互动系统示范工程	多资源参与电网资源配置的管理机制及技术：在实施负荷精准分类的基础上，利用有效的响应机制引导可调节负荷参与电网资源配置，将分散的海量可中断的负荷、储能资源集中起来，进行精准柔性负荷的实时控制，从单一"电源调度"转变为"电源调度""负荷调度""储能调度"相结合的新模式
基于电力大数据的能源公共服务建设与应用工程	通过"自主研发+开源优化"方式，构建"物理分布、逻辑统一、跨越协同"的企业级大数据平台，完成涵盖数据整合、数据存储、数据计算、数据分析、数据安全、平台服务的功能研发
基于云南能源大数据的智慧能源行业融合应用平台项目	以企业自有"能源云"平台为基础，将数据资源采集、汇聚、加工、清洗、转换、存储、分析，与公司所属业务流程紧密结合，以业务应用、大数据主题服务、数据融合共享等方式实现能源生产智能管控、智能化决策辅助和跨行业数据融合应用
广州市能源管理与辅助决策平台示范项目	基于对广州市能源基础数据的统一管理，监测广州市能源运行态势，实现能源预测预警、节能监察，辅助实施油气管道保护和能源信用管理，进而科学指导全市能源项目规划建设，营造行业自律市场环境

续表

项目名称	信息流改造能量流的具体表现
支持能源消费革命的城市-园区双级"互联网+"智慧能源示范项目	打造区域级智慧能源大数据云平台，集成有示范项目的核心能源应用业务，可实现示范区协同能量管理、新能源和储能灵活接入、需求侧主动响应、多能源灵活交易、能源互联网数据共享
面向特大城市电网能源互联网示范项目	基于数据挖掘与精准调节的生产设备有序控制技术；针对轮胎密炼工艺的密炼机单元设备，通过密炼机能耗数据的挖掘与分析，形成有序生产的电力调控策略，将无序生产设备控制为有序运行，在不影响正常生产的情况下平抑负荷曲线
浙江嘉兴城市能源互联网综合试点示范项目	构建的城市级综合能源服务平台，以全业务数据共享融通为目标，集成新能源规划、建设、运营等一站式清洁能源服务，全环节互联网+建筑节能服务，"一次都不跑"智慧用能服务，车、桩、网交互的绿色交通服务，打通综合能源产业链，提升清洁能源配置效率

由国家首批能源互联网示范项目可以看出，当前能源互联网信息流改造能量流的措施，已经涵盖智慧供热系统更精细的源荷预测，多资源共建的电网资源配置机制及技术，全业务数据共享的企业级、区域级及市域级能源大数据平台，能源生产过程智能管控及数据融合共享技术，基于数据挖掘与精准调节的能耗设备的有序控制技术等各个方面。

与此同时，智慧能源、数字能源、综合能源服务等能源互联网的相关业态层出不穷，能源、信息、服务深度融合的能源互联网的产业生态与理论体系不断趋于成熟。能源互联网底层多能互补综合能源系统能的梯级综合利用与上层信息流改造能量流的技术赋能，将在终端能源服务的全生命周期中不断完善，实现能源系统低碳高质量发展和经济社会的可持续发展。以能源互联网的典型业态——综合能源服务为例，2020年，全国综合能源服务行业市值已逾越万亿元大关，以"电力、热力、燃气、新能源"为代表的数千家国民经济的重要企业纷纷加入综合能源服务的生态圈，并逐步成为支撑国家"碳达峰、碳中和"目标的重要参与者。

2.5 能源互联网的产业生态架构

不同于熵视域下的能源互联网理论架构，能源互联网的产业生态架构如图2-5所示。

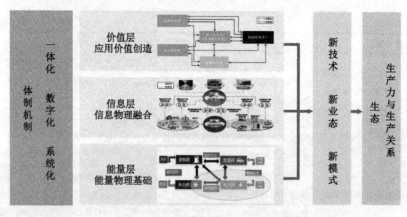

图 2-5　能源互联网的产业生态架构

1. 物理基础：多能协同能源网络（基础设施层）

以电力网络为主体骨架，融合气、热等网络，覆盖包含能源生产、能源传输、能源消费、能源存储、能源转换的整个能源链。能源互联网依赖高度可靠、安全的主体网架（电网、管网、路网），具备柔性、可扩展的能力，支持分布式能源（生产端、存储端、消费端）的即插即用。

2. 实现手段：信息物理融合系统（信息应用层）

建设信息物理系统大数据云平台，充分运用互联网思维，利用大数据、云计算、移动互联网等技术，实现计算、通信与物理系统的一体化，数据的实时协同，以及多种能源系统的信息共享，使信息流与能量流通过信息物理融合系统紧密耦合。智能电网在信息物理系统融合方面也做了很多基础性工作，实现了主要网络的信息流和电力流的有效结合。在能源互联网中，信息系统和物理系统将渗透到每个设备，并通过适当的共享方式使每个参与方均能获取需要的信息。信息流将贯穿于能源互联网的全生命周期，包括规划、设计、建设、运营、使用、监控、维护、资产管理和资产评估与交易。

3. 价值挖掘：创新能源运营模式（市场交易层）

创新能源运营模式，促进现代能源体系中跨行业的信息共享与业务交融，支持 B2B、B2C、C2B、C2C、O2O 等多种形态的商业模式，培育能源云服务、虚拟能源货币等新型商业模式。鼓励面向分布式能源的众筹、PPP 等灵活的投融资手段，促进能源的就地采集与高效利用。能源网、信息网、交通网融合发展，实现互联互通。倡导能源的"从厂到端"（F2C）模式，依靠能源互联网，去除无效的中间环节，打造高效的供应体系。开展现代能源体系基础设施的金融租赁业务，建立租赁物与二手设备的流通市场，发展售后回租、利润共享等新型商业模式。提供差异化的能源商品，并为灵活用能、辅助服务、能效管理、节能服务等新业务提供增值服务。

4．体制保障：政策优化兼顾公平（政策监管层）

通过现代能源体系的财政税收政策、市场产业政策和资源环境政策的优化组合，还原能源商品属性，使能源价格真正反映出环境和资源成本，进而引导经济结构调整，引领能源技术创新，降低能源强度和污染水平，实现可再生能源对常规能源的替代。

2.6 能源互联网的特征及愿景

2.6.1 能源互联网的特征

从产业生态的视角看，能源互联网本质上是一种全新的生态化的能源系统，它是信息通信技术和能源技术发展到一定程度后自然融合的必然产物。能源互联网具备如下主要特征。

（1）能源互联网与互联网都具备广泛互联的网络结构，服务范围广，安全可靠性高。互联网是由主干网、区域网、园区网等多层次网络通过路由器进行多重连接而形成的，其泛在、分层、密连的特征使得信息传输范围广，传输路径多样、可靠性高。能源互联网中的能源传输网络也具有泛在、多层次结构、不同能源子网间多重耦合的特征，能源流动范围大，服务充分，流动路径多样，安全可靠性高。

（2）能源互联网与互联网都采用标准的接口与协议，支持海量主体即插即用。互联网采用 RJ-45 等标准网络接口，设备只要具备上述接口即可物理接入网络；互联网采用统一的 TCP/IP，设备只要遵循相应的编/解码规则即可在网络上进行信息互传。能源互联网也将统一接口标准，能源设备只要采用标准接口即可低成本物理接入；能源互联网通过统一端口接纳和送出能量的标准，构建标准传输"协议"，支撑海量主体即插即用。

（3）能源互联网与互联网都通过"路由器"组网，实现能量/信息流双向快速变化。互联网通过路由器组网。路由器具备路由选择和信息暂存功能，通过路由选择使信息按既定方向传输，通过信息暂存解决传输过程中的暂时拥塞问题，以此支撑信息双向高速传输。正在研发的能源路由器是能源互联网组网的关键设备，具备传输路径选择和能量暂存功能，通过能源转换、分配技术控制能量传输路径，通过内部储能装置调整能量的暂时盈缺，支撑能量双向快速变化。

（4）能源互联网与互联网都注重能源/信息的双向流动，激发主体互动。互联网飞速发展的原因之一是信息由单向传输转变为双向流动，激发了用户的参与热情。能源互联网借能源传输双向化的机遇，在用户消费和生产能源的过程中，调动用户积极参与系统调节。通过加强信息双向传输，使用户及时传递需求信息，服务主体积极传递供应信息，促进供需互动。

（5）能源互联网与互联网都注重多系统间协同，形成协同效应。"互联网+"改造了大量传统行业，其势如破竹的原因在于打破了传统行业中存在的各种信息壁垒，促进各方资源共享、优势互补、相互协作，形成了协同效应，产生共赢。多能协同是能源互联网的重要特征，通过发挥不同能源品种的优势，实现余缺互济，形成协同效应，使得"1+1＞2"。

（6）能源互联网与互联网都通过打破信息不对称，实现高度市场化。互联网中海量信息高速传播，系统扁平、透明、参与主体地位对等、信息对称，需求与供应快速匹配，市场化竞争激烈。能源互联网各主体间信息广泛、高效传播，打破传统能源系统内部的信息壁垒，促进价值发现和广泛竞争。

（7）能源互联网与互联网都是广泛创新、高速发展的系统。互联网以客户为中心，充分挖掘用户信息，通过广泛创新，满足、优化甚至引导客户需求，实现持续高速发展。能源互联网同样以用户为中心，紧扣用户需求，通过各种技术、模式、业态创新，推动能源系统快速内生增长。

2.6.2 能源互联网的愿景

能源互联网构建的具备"共享"特征的能源生态网络，将打破能源系统的"泛在之墙"，使能源系统的各元素及参与者直接见面，减少"各方位能源和信息的不通畅"，如图2-6所示。

行业之墙：不同传统能源冷、热、电、气行业之间的交流壁垒，涉及能量的获取、转换与传输、使用等环节。

时间之墙：能量获取端能源的波动性和周期性与能量使用端用户负荷特征的不匹配性，也包括能量转换与传输过程中能量的延迟特性。

空间之墙：能量使用端的负荷分布与能量获取端能量的资源禀赋之间的不匹配性。

环节之墙：能量"源、网、荷、储"各环节存在的物理、信息、价值的同步规划与设计壁垒，阻碍能量使用与消费过程的全链条与全生命周期优化。

系统之墙：当局部能量系统实现优化时，局部系统之间未能互联互通，导致未能实现多能源系统的全局优化与多目标优化。

机制之墙：能量使用各环节、各行业之间缺乏合理机制，如"共建、共享、共治、共赢"机制、分布式能源的"能价机制"有待完善。

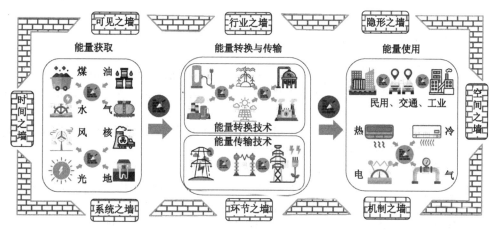

图2-6 能源互联网"破墙说"示意图

因此，能量获取端，倡导基于能量品位及时空特性的异质能源之间的多能互补；能量转换与传输端，倡导基于能量梯级利用的能量高效转换与传输和储能的集成优化；能量使用端，倡导基于需求侧响应与管理的能量综合利用与灵活调控。

2.7 参考文献

[1] 冯晟昊，王健，张恪渝，等. 基于CGE模型的全球能源互联网经济社会效益分析——以中国及其周边地区为例[J]. 全球能源互联网，2019，2(04):376-383.

[2] 王永真，张宁，关永刚，等. 当前能源互联网与智能电网研究选题的继承与拓展[J]. 电力系统自动化，2020，44(04):1-8.

[3] Wang Zhen, Liu Mingming, Guo Haitao. A strategic path for the goal of clean and low-carbon energy in China[J]. Natural Gas Industry, 2016(3): 305-311.

[4] Alte Midttun, Proadpran Boonprasurd Piccini. Facing the climate and digital challenge: European energy industry from boom to crisis and transformation[J]. Energy Policy, 2017(108): 330-343.

[5] 程耀华，张宁，康重庆，等. 低碳多能源系统的研究框架及展望[J]. 中国电机工程学报，2017，37(14):4060-4069+4285.

[6] 曹军威，杨洁，袁仲达，等. 电力电子装置智能化研究综述[J]. 电力建设，2017，38(05): 18-30.

[7] 杨挺，赵黎媛，王成山．人工智能在电力系统及综合能源系统中的应用综述[J]．电力系统自动化，2019，43(01): 2-14.

[8] Chao Feng, Xia Liao. An overview of "Energy + Internet" in China[J]. Journal of Cleaner Production, 2020(258): 120630.

[9] 慈松．能量信息化和互联网化管控技术及其在分布式电池储能系统中的应用[J]．中国电机工程学报，2015，35(14):3643-3648.

[10] 曾云．电力市场下基于信息熵理论的电价预测[D]．广州：广东工业大学，2019.

[11] 周璇，字学辉，闫军威．基于信息熵的建筑空调异常日用能模式检测方法[J]．建筑科学，2019，35(12):88-98.

[12] 田立亭，程林，李荣，等．基于加权有向图的园区综合能源系统多场景能效评价方法[J]．中国电机工程学报，2019，39(22):6471-6483.

[13] 吴殿法．大型燃煤发电机组广义能耗评价方法研究[D]．北京：华北电力大学，2019.

[14] 李浩．基于能量与信息耦合的分布式能源系统供需匹配提升机制研究[D]．天津：天津大学，2020.

[15] 金坚．大数据时代信息熵的价值评价研究[D]．长春：吉林大学，2019.

[16] 李彩良．基于熵理论的和谐社会评价与优化研究[D]．天津：天津大学，2009.

[17] 何焱洲，王成．基于信息熵的乡村生产空间系统演化及其可持续发展能力[J]．自然资源学报，2019，34(04):815-828.

[18] 许勤华．美国国家安全中的能源熵值及其启示意义[J]．人民论坛·学术前沿，2020(23):38-46.

[19] Wassim M Haddad. Condensed matter physics, hybrid energy and entropy principles, and the hybrid first and second laws of thermodynamics[J]. Communications in Nonlinear Science and Numerical Simulation, 2020, 83.

[20] 王永真，张靖，赵伟．能源互联网的"热响应"与"冷思考"[J]．能源，2019(09):61-65.

[21] 孙宏斌，郭庆来，潘昭光．能源互联网：理念、架构与前沿展望[J]．电力系统自动化，2015，19（39）：1-7.

[22] Jarzynski C. None quilibrium equality for free energy differenes [J]. Phys. Rev. Lett, 78, 2690 (1997).

[23] 甘中学，朱晓军，王成，等．泛能网——信息与能量耦合的能源互联网[J]．中国工程科学，2015，17(09):98-104.

[24] 宋永华，林今，胡泽春，等．能源局域网：物理架构、运行模式与市场机制[J]．中国电机工程学报，2016，36(21):5776-5787+6020.

[25] 汤奕，陈倩，李梦雅，等．电力信息物理融合系统环境中的网络攻击研究综述[J]．电力系统自动化，2016,40(17):59-69.

[26] 艾芊，郝然．多能互补、集成优化能源系统关键技术及挑战[J]．电力系统自动化，2018,42(04):2-10+46.

[27] 原凯，李敬如，宋毅，等．区域能源互联网综合评价技术综述与展望[J]．电力系统自动化，2019,43(14):41-52.

[28] 李浩，钟声远，王永真，等．基于能量与信息耦合的分布式能源系统配置优化方法[J]．中国电机工程学报，2020，40(17):9-16.

[29] 杨杰，郭逸豪，郭创新，等．考虑模型与数据双重驱动的电力信息物理系统动态安全防护研究综述[J]．电力系统保护与控制，2022，50(7):12.

[30] 杨挺,姜含,侯昱丞,等.基于计算负荷时-空双维迁移的互联多数据中心碳中和调控方法研究[J].中国电机工程学报,2022,42(1):13.

[31] 王永真,康利改,张靖,等.综合能源系统的发展历程、典型形态及未来趋势[J].太阳能学报,2021(08):84-95.

[32] 余晓丹,徐宪东,陈硕翼,等.综合能源系统与能源互联网简述[J].电工技术学报,2016,31(01):1-13.

[33] 严太山,程浩忠,曾平良,等.能源互联网体系架构及关键技术[J].电网技术,2016,40(01):105-113.

[34] 曾鸣,杨雍琦,刘敦楠,等.能源互联网"源-网-荷-储"协调优化运营模式及关键技术[J].电网技术,2016,40(01):114-124.

[35] 张涛,张福兴,张彦.面向能源互联网的能量管理系统研究[J].电网技术,2016,40(01):146-155.

[36] 姚建国,高志远,杨胜春.能源互联网的认识和展望[J].电力系统自动化,2015,39(23):9-14.

[37] 马钊,周孝信,尚宇炜,等.能源互联网概念、关键技术及发展模式探索[J].电网技术,2015,39(11):3014-3022.

[38] 孙宏斌,郭庆来,潘昭光.能源互联网：理念、架构与前沿展望[J].电力系统自动化,2015,39(19):1-8.

第 3 章

能源互联网的科学研究及产业发展

本章作者 李嘉宇（清华大学能源互联网创新研究院） / 韩　恺（北京理工大学）
宋　阔（北京理工大学） / 王永真（北京理工大学）

国家自然科学基金作为自选命题的基金项目，可充分反映我国科研工作者对能源领域的自由研究与探索，能够体现能源领域专家学者对我国能源转型的深刻思考、对能源发展方向的辨识，以及对关键理论和技术的预判。本章以国家自然科学基金共享服务网作为数据来源，以 LetPub、MedSci 基金项目查询系统作为辅助，对所有类别的国家自然科学基金项目进行数据整理及分析（时间跨度为 2010—2021 年）。结合 2021 年国家自然科学基金网站公布的"能源互联网"方向相关关键词，本章设置的搜索关键词有：冷热电、虚拟电厂、微能源网、多能互补、综合能源系统、能源路由器、能源互联网、区块链+能源、大数据+能源、消纳、多能流、多能源、能量管理系统、源网（源网荷储）等。按照"题目内含关键词"的方式进行搜索，不考虑正文内含的关键词。

3.1 能源互联网的科学研究概览

3.1.1 研究对象的设置

梳理能源互联网的特征及其典型形态，是确定能源互联网科学基金项目研究对象的基础。如前所述，学术界和产业界均存在一些与能源互联网相关的能源系统概念，如智能电网、自能源、泛能网、微能源网、信息物理系统和总能系统等。其中，能源互联网与智能电网有着极其密切的关系,但能源互联网的内涵和外延更加丰富,能源互联网具有以下特征。

(1)以电为核心,集成冷、热、气等能源,集中式与分布式并存,融合电力系统、交通系统及天然气系统,实现多种异质能量流的互补与综合利用。

(2)借助"互联网+"的系统化思维、信息化手段及市场化机制,进一步实现能源系统的全景感知、数据驱动及协同优化。

能源互联网借鉴了智能电网"物理层、信息层和价值层"的"分层"和"源、网、荷"的"分节"的概念框架。所谓能源互联网,就是在上述冷、热、电、气的物理实体上,一方面,通过信息物理融合和市场机制设计,追求突破物理层、信息层和价值层藩篱的深度交互,实现"能量流、信息流和价值流的高度融合";另一方面,通过协同设计、统一规划和集成优化,能源互联网追求打破"源、网、荷"各环节条块分割的壁垒,实现"源、网、荷"的协同优化。最终,建立能源与信息高度融合和全局优化的新型能源生态。

上述概念框架强调了能源互联网应是对前述各种能源系统业态的深度融合与概括。但能源互联网作为一个"新业态",仍处于高度发展和变化之中。因此,本节尝试将能源互联网及其相关领域的科学基金项目分为广义能源互联网基金项目和狭义能源互联网基金项目,以便统计分析。其中,广义能源互联网基金项目涉及"分层、分节"概念框架中的子领域,如冷热电、虚拟电厂、微能源网、多能互补、综合能源、能源路由器、能源互联网等;而狭义能源互联网基金项目涉及"分层"架构或"分节"架构的能源互联网内涵,即题目中包含"能源互联网"的基金项目。值得注意的是,本节"狭义"和"广义"能源互联网基金项目的分类只是为了从国家自然科学基金的统计角度去分析能源互联网的相关领域,并不是从概念角度辨识能源互联网及其相关概念。

3.1.2 能源互联网获批基金项目的逐年变化趋势分析

1. 能源互联网相关基金项目的数量变化

图 3-1 显示了 2010—2021 年能源互联网领域国家自然科学基金项目数量变化情况。可以发现,从 2010 年到 2021 年,广义能源互联网基金项目共获批 306 个,涵盖"源网""能源路由器""虚拟电厂""多能流""多能互补""消纳""能量管理系统""冷热电""微能源网""能源互联网""综合能源系统"等子领域。同时,能源互联网基金项目数量整体呈现逐年递增趋势。例如,除 2018 年外,广义能源互联网基金项目获批数量从 2010 年的 6 个

逐渐增加到2021年的45个；狭义能源互联网基金项目在2014年获批2个，在2017年和2021年达到峰值（7个），2018—2020年数量略微下降。可见，在能源革命和"互联网+"创新驱动等国家战略背景下，我国学术界逐渐掀起能源互联网的研究浪潮。在此期间，清华大学能源互联网创新研究院于2015年4月成立，是国内首家从事能源互联网研究的机构；同年，华北电力大学能源互联网研究中心成立；2016年，全球能源互联网研究院成立；2018年9月至11月，中国能源研究会、国际电气与电子工程师协会电力与能源学会（IEEE PES）和中国电机工程学会分别成立能源互联网专业委员会；2019年，国家电网有限公司能源互联网技术研究院成立；2020年，能源互联网协调委员会（Energy Internet Coordinating Committee，EICC）由国际电气与电子工程师协会电力与能源学会技术理事会正式批准成立；2021年，北京能源工业互联网研究院揭牌成立；2022年，山西省能源互联网产学研联盟正式成立。

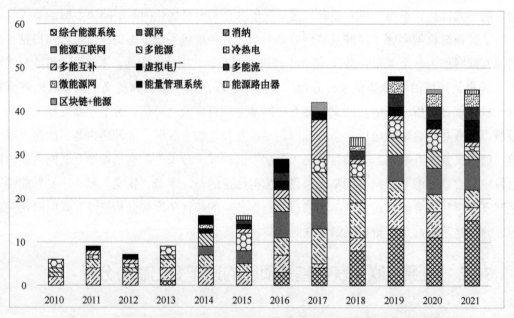

图3-1　2010—2021年能源互联网领域国家自然科学基金项目数量变化情况

同时，国家科技部重点研发计划中出现了与能源互联网相关的研究项目。例如，2018年的"智能电网技术与装备"重点专项中就包含"面向新型城镇的能源互联网关键技术及应用"项目；"可再生能源与氢能技术"重点专项公布了"大规模风/光互补制氢关键技术研究及示范"等能源互联网相关项目；此外，还有2020年的"能源互联网信息物理系统网络特征分析与控制"、2022年的"基于时变神经动力学算法的能源互联网系统能量管理建模与优化研究"等基金项目。通过分析上述项目内容可见,"智能电网"的选题已经体现出"能源互联网"的特征,两者已呈现高度交融的态势。另外,国家能源局2017年7月公布的首批55个"互联网+"智慧能源(能源互联网)示范项目中的部分项目已基本通过验收,如"支持能源消费革命的城市-园区双级'互联网+'智慧能源示范项目""面向特大城市电网能源互联网示范项目""'互联网+'在智能供热系统中的应用研究及工程示范""基于电力大数据的能源公共服务建设与应用工程""江苏大规模源网荷友好互动系统示范工程"等已通过国家能源局验收,意味着能源互联网或已进入以推广示范为导向的先行先试阶段。

能源互联网并非一个全新的概念,它建立在社会经济技术发展下能源系统的演化基础上,自下而上的能源互联网国家自然科学基金的资助研究反映出能源互联网选题继承与拓展的趋势。例如,就我国而言,早期已有广义能源互联网相关理念的基金资助项目。例如,2010年,以"冷热电"为关键词,上海交通大学获批"基于动态负荷预测的建筑冷热电联供系统动态特性研究"基金项目,探索了匹配建筑负荷特性的能源系统的设计及调控方法;2011年,以"多能互补"为关键词,昆明理工大学获批"多能互补型密集烤房供热系统热力性能及耦合运行特性研究"基金项目,研究了空气源热泵辅助供热的太阳能干燥系统等有关太阳能利用中的工程热物理问题;2013年,以"综合能源系统"为关键词,天津大学获批"基于扩展Energy Hub(能量枢纽)的综合能源系统通用建模、仿真及安全性分析理论研究"基金项目,提出了多种综合能源系统的通用模型;2014年,以"能源互联网"为关键词,清华大学获批"能源互联网建模、分析与优化理论研究"项目,进行了能源互联网关键设备"能源路由器"的相关理论研究;上海电力学院获批"分布式能源互联网协同优化方法与利益分配机制研究"项目,研究了以效率性、公平性和可持续性为原则的分布式能源资源优化配置。

2. 能源互联网相关基金项目的分类统计

图3-2统计了2010—2021年能源互联网领域获批基金项目的关键词分布情况。可以看出,以"综合能源系统""源网""消纳"和"能源互联网"为关键词的获批基金项目多达178个,这是近年能源互联网获批基金项目研究的热门领域。这一领域的研究由以"电"为主逐渐向"冷、热、电、气"交叉方向发展。另外,以"冷热电"为关键词的获批基金项目有25个,集中在"工程热物理与能源利用"学科,且以天然气冷热电联供系统的研究为代表。

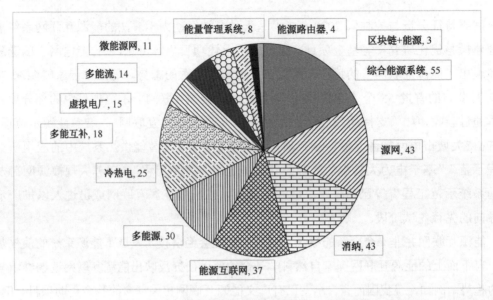

图 3-2　2010—2021 年能源互联网领域获批基金项目的关键词分布情况

同时，图 3-3 统计了题目中包含"能源互联网""综合能源系统"和"多能互补"的获批基金项目数及项目资助金额。

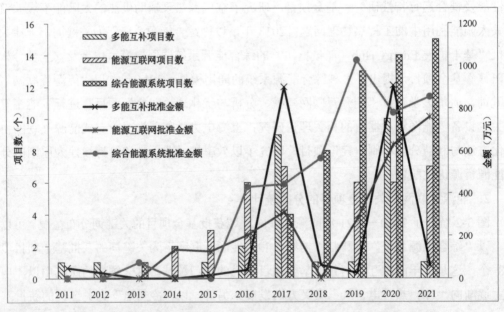

图 3-3　能源互联网领域获批基金项目数和项目资助金额的整体变化趋势

可以看出,"能源互联网"基金项目在 2014 年获批,晚于"综合能源系统"基金项目(2013 年),而"多能互补"基金项目早在 2011 年就获批。"综合能源系统"基金项目数从 2013 年的 1 个增长到 2021 年的 15 个。"多能互补"基金项目数从 2011 年的 1 个增长到 2017 年的 9 个,但在 2018—2021 年有所回落。可见,"能源互联网"与"综合能源系统"和"多能互补"的关系也相当密切,与"智能电网"一样,呈现相互交融的态势。按前述"分层、分节"概念框架,从物理层看,三者均涉及"源、网、荷"等环节,均是以提高能源综合利用率、降低能源使用成本及提高系统供能清洁性为目标的。不同的是,"能源互联网"强调能量流、信息流和价值流的高度融合与协调优化,而"综合能源系统"和"多能互补"可看作"能源互联网"的物理基础。"多能互补"更强调源侧两种以上一次能源的集成互补,"综合能源系统"则更强调荷侧冷、热、电、气等多能源的耦合供应。

3.1.3 能源互联网发展的驱动力分析

如图 3-2 所示,以"综合能源系统""消纳"和"源网"为关键词的能源互联网基金项目分别有 55 个、43 个、43 个,明显高于其他能源互联网基金项目,可以初步推断上述内容是能源互联网发展的主要驱动因素之一。从资源总量看,我国清洁能源资源丰富,水电、风电、太阳能发电技术可开发量分别超过 6.6 亿千瓦、35 亿千瓦、55 亿千瓦。然而,我国清洁能源资源与电力需求分布不均衡,风电、太阳能发电具有随机性、波动性。同时,受当地用电市场有限、跨区电网建设滞后、省间壁垒严重、市场交易机制不完善等诸多因素影响,"十一五"和"十二五"期间,我国可再生能源大规模发展的同时,出现了严重的"三弃问题"。因此,在此期间有不少可再生能源消纳的基金项目获批,相关技术也得以推广应用,加之市场化措施的应用,"十三五"期间,我国"三弃问题"有了一定改善。例如,2018 年,全国弃风率同比下降 5 个百分点,全国弃光率同比下降 2.8 个百分点,全国平均水能利用率达到 95%。但是,2018 年全国"三弃电量"仍超过 1000 亿千瓦时,可再生能源消纳问题依然严峻。在某种程度上,缺乏统筹规划和统一的电力市场,清洁能源发展与电网建设仍不够协调,是目前我国"三弃问题"得不到彻底解决的重要原因。因此,由智能电网出发,构建能源互联网,实现清洁能源跨区、跨国、跨洲甚至全球优化配置仍是未来的热点问题。

3.1.4 能源互联网基金项目的获批高校分布

图 3-4 整理了 2010—2021 年能源互联网相关领域获批基金项目最多的前 20 所高校(需

要说明的是，由于本书所采用的国家自然科学基金搜索引擎数据库在部分基金指标上存在缺项无法统计的情况，因此 3.1.4 节和 3.1.5 节涉及专项指标的统计信息与上下文数据略有差异）。由图 3-4 可以看出，能源互联网获批基金项目数量排在前 5 位的高校分别是华北电力大学、清华大学、天津大学、上海交通大学和西安交通大学，获批基金金额排在前 5 位的高校分别是天津大学、山东大学、清华大学、上海交通大学和华北电力大学。不难发现，上述高校都是拥有"电气科学与工程"和"工程热物理与能源利用"学科点的强校。上述高校在能源互联网领域的研究工作，反映了高校科研工作者对学术前沿的自由思考与敏锐观察、对能源变革必然趋向的充分理解，也体现出能源互联网正是以电为核心，热、冷、气等多种能源互补耦合的能源网络。

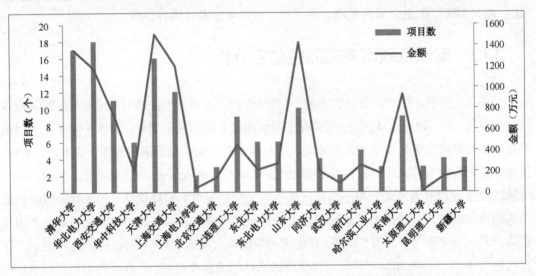

图 3-4 2010—2021 年能源互联网基金项目的获批高校分布

图 3-5 整理了 2010—2020 年能源互联网获批基金项目的一级学科分布（由于 2021 年部分基金项目未公布对应的所属学科类别，因此本部分的统计范围缩小到 2020 年）。其中，"电气科学与工程"学科高居榜首，项目数高达 103 个；其次是"工程热物理与能源利用"学科，项目数为 31 个；"自动化"学科排在第三，项目数为 22 个。可以看出，能源互联网"分层、分节"概念框架所包含的"物理层、信息层、价值层"及"源、网、荷"等环节，呈现出各学科百花齐放的态势。因此，以能源互联网为代表的能源转型，将有力推动能源产业从以化石能源为中心的产业集群，向以清洁能源和电力为中心的产业集群转变。届时，以能源互联网带动的能源上下游产业转型将不断升级，也必将推动不同学科的深度交叉。

因此，能源领域的科研工作者应跳出本专业的传统思维，勇于自我革命、创新突破，站在能源转型的大格局中思考问题，推动能源互联网相关技术的发展与应用。

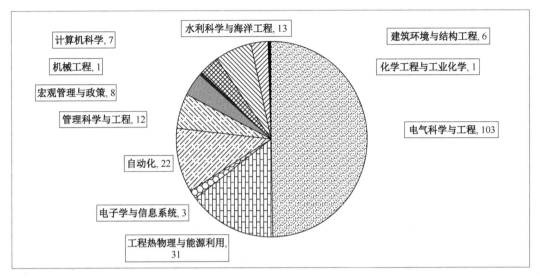

图 3-5　2010—2020 年能源互联网获批基金项目的一级学科分布

总体来看，全国获批能源互联网基金项目的高校和科研院所共有 82 家。其中，项目数排在前 7 位的高校获批基金项目数之和达到 93 个之多，占全国获批基金项目总数的 37%。其中，清华大学获批基金项目集中在"电气科学与工程""工程热物理与能源利用""计算机科学"学科，多涉及能源互联网的信息层和物理层架构；西安交通大学、上海交通大学、山东大学获批基金项目涉及的学科有"工程热物理与能源利用""电气科学与工程""自动化""化学工程与工业化学"等，反映出涉足能源互联网研究的学科多元化；天津大学则以"电气科学与工程"学科为主，"工程热物理与能源利用"学科获批一个重点项目；华北电力大学的"水利科学与海洋工程""管理科学与工程""电气科学与工程""宏观管理与政策"等学科都有获批基金项目，在能源互联网物理层、信息层及价值层方面的研究较为活跃；而大连理工大学则以"水利科学与海洋工程"学科为主，聚焦于多能互补能源系统及清洁能源消纳的研究。

3.1.5　能源互联网基金项目的获批类别分布

图 3-6 分析了 2010—2021 年能源互联网基金项目的获批类别分布。可以看出，获批的

能源互联网基金项目覆盖了面上项目、青年科学基金项目、重点基金项目、联合基金项目、国际（地区）合作与交流项目、地区科学基金项目、国家杰出青年科学基金项目、科学部主任基金项目/应急管理项目、海外及港澳学者合作研究基金项目等国家自然科学基金项目的多个类别。其中，能源互联网面上项目数量最多，高达 113 个；青年科学基金项目次之，为 93 个。深入分析可见，单项技术突破和多技术耦合集成在能源互联网研究中旗鼓相当，这反映出：一方面，高效清洁发电、先进输变/配电、大电网运行控制、储能等电力技术不断创新突破；另一方面，能源电力将与人工智能、大数据、物联网、5G 等现代信息通信技术和控制技术深度融合。上述特征都体现出"智能电网"向"能源互联网"的拓展。因此，面向不同时期的需求特征，不同单元技术处于不同的发展阶段，其技术特征和研究深度有所差异，设置不同的资助类别，面向不同类别的科研人员，相互补充，构成能源互联网国家自然科学基金资助体系。

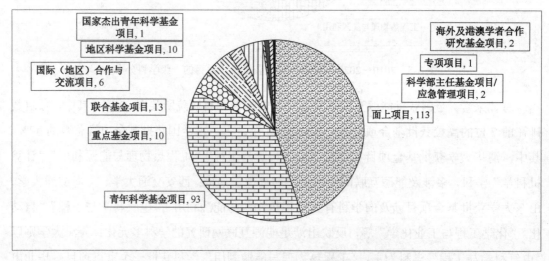

图 3-6　2010—2021 年能源互联网基金项目的获批类别分布

3.1.6　能源互联网与智能电网和微电网

就全球能源互联网而言，其本质是"智能电网+特高压电网+清洁能源"，是清洁能源大规模开发、大范围配置、高效利用的重要平台，能源互联网、智能电网和微电网则是其主要载体。图 3-7 显示了 2010—2021 年能源互联网相关基金项目、智能电网基金项目、微电网基金项目的获批数量。从总数上看，截至 2021 年底，能源互联网相关基金项目共有 306

个，智能电网基金项目共有 173 个，微电网基金项目共有 156 个，反映出能源互联网相关科学问题的基础和应用技术研究，已经成为国家自然科学基金重点支持的方向之一。随着新能源的大规模并网和对节能降耗、电能质量要求的不断提升，电网发展需要统筹协调集中式与分布式发电、传统能源与新能源、电力需求侧管理与多样化用电服务等，电网的灵活适应能力和互动性亟须提高。展望未来，随着我国电力需求增长和能源转型，现有电网受网架结构、短路电流、调节能力等制约，无法适应未来清洁能源大规模接入、大范围配置、灵活调节的需要，必须立足于长远发展，加快建设"目标清晰、布局科学、结构合理、智能高效"的中国能源互联网。

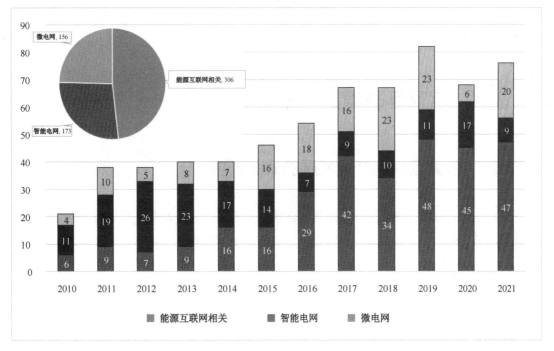

图 3-7 2010—2021 年能源互联网相关基金项目、智能电网基金项目、微电网基金项目的获批数量

从各类基金项目获批的时间上看，2008 年就资助了第一个微电网基金项目（清华大学曾嵘：微电网系统若干应用基础理论研究，重点实验室研究项目基金，电气科学与工程学科）；2009 年则同时资助了 3 个智能电网基金项目（① 天津大学王成山：智能电网工程科技中长期发展战略规划，联合基金，电气科学与工程学科；② 长沙理工大学童小娇：条件风险约束下智能电网的经济调度研究，数学天元基金，数学学科；③ 天津大学李斌：基于同步测量技术的城市智能电网自适应保护与控制，面上基金，电气科学与工程学科）。智能

电网基金项目在 2012 年达到最多的 26 个之后，项目数逐渐减少，到 2021 年减少至 9 个。能源互联网相关基金项目从 2012 年开始整体呈现逐年递增趋势。上述变化趋势反映出，能源互联网相关基金项目在电气科学与工程学科分布最多的主要原因之一是，电气科学与工程学科的不少学者已经在深入研究智能电网的过程中看到了互联网思维及技术在电网新一阶段发展中的必然介入，领悟到多能互补、多能融合是能源行业发展的必然趋势，且越来越深刻地意识到电网作为多种能源转换、互联的最理想传输和控制载体的基础性，进而积极投身并更多关注能源互联网相关科学、技术基础、政策等问题的研究，使自己的学术志趣从单一的电网拓展到冷热电耦合的能源互联网，进而在更多传统学科的创新发展和跨界融合方面起到了引领和带头作用，从而使更多学科领域的前沿研究方向中都增添了针对能源互联网相关问题的研究。

3.2 能源互联网的产业发展

3.2.1 能源互联网产业发展的政策环境

政策是国家为规范产业发展路线而制定的行动准则，具备较强的引导与支持作用，是推动能源互联网产业发展的最主要因素。近年来，国家发布了多项政策扶持能源互联网产业发展。2014—2021 年，国家各部委共发布 1317 项能源互联网相关政策，政策体系涵盖国际条约、宏观战略、法律法规、标准导则、部门规章及中央规范性文件，且相关内容正在进一步完善。图 3-8 梳理了 2014—2021 年我国能源互联网相关政策颁布数量。

分析图 3-8 可知，我国针对能源互联网所颁布的政策整体呈现"先增后减再增"的态势，并且政策颁布数量于 2019 年出现爆发式增长，由 2018 年的 58 项增长到 2019 年的 304 项。出现该现象的主要原因是，2016 年国家发展和改革委员会联合国家能源局及工业和信息化部共同发布了《关于推进"互联网+"智慧能源发展的指导意见》，将能源互联网的发展分为 2016—2018 年及 2019—2025 年两个阶段。意见中明确指出：第一阶段以推进能源互联网试点示范工作为重点，在能源互联网技术上力争达到国际先进水平，初步建成能源互联网技术标准体系；第二阶段重点推进能源互联网多元化、规模化发展，初步建成能源互联网产业体系，使之成为经济增长的重要驱动力。在国家政策的大力扶持下，我国能源互联网产业持续推进，并于 2019 年进入规模化发展阶段。伴随着能源互联网产业在全国各地"全面开花"，各部委又陆续颁布了多项政策，以进一步推动能源互联网产业及企业的发展，最终导致 2019 年的政策数量出现爆发式增长。在随后的两年内，能源互联网相关政策的颁布数量依然处于高位。

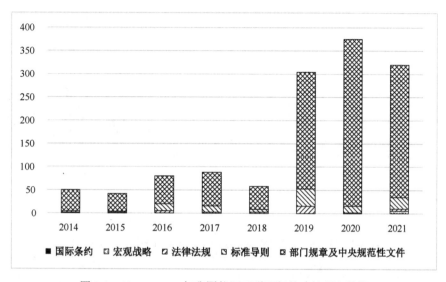

图 3-8 2014—2021 年我国能源互联网相关政策颁布数量

我国 2014—2021 年能源互联网政策文件涵盖了新能源汽车、能源安全、天然气、节能减排、价格政策、光伏发电、风力发电、农村能源等内容，几乎涉及能源行业的所有领域，如图 3-9 所示。对国家政策文件热词进行统计分析，可侧面反映出国家针对能源互联网行业的发展倾向（2014 年—光伏发电，2015 年—指导意见，2016 年—价格政策，2017 年—指导意见，2018 年—新能源汽车，2019 年—新能源汽车和能源安全，2020 年—新能源汽车，2021 年—节能减排）。可以看出，国家针对能源互联网行业的发展倾向与能源行业的宏观发展态势呈现出高度相关关系。例如，2018 年，新能源汽车产业蓝皮书发布，发展新能源汽车上升为国家层面战略；2021 年，国务院部署关于做好碳达峰和碳中和工作的意见，实现双碳目标正式上升为国家层面战略，进而推动各行业的节能减排行动。

针对狭义能源互联网，本书以"能源互联网"和"智慧能源"为关键词，对 2020 年和 2021 年的能源互联网政策进行了检索。检索结果表明，2020 年涉及相关概念的政策共计 5 项，2021 年共计 8 项，具体政策及其主要内容如表 3-1 和表 3-2 所示。

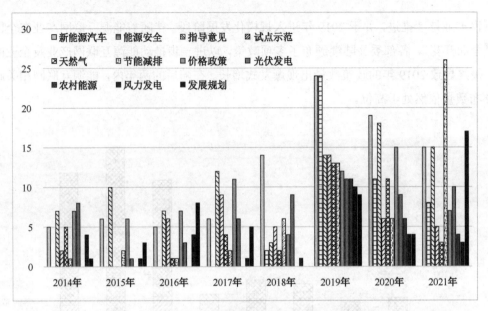

图 3-9 2014—2021 年我国能源互联网政策文件热词

表 3-1 狭义概念下的能源互联网及智慧能源政策（2020 年）

颁布时间	文件名称	主要内容
2020/1/17	关于印发《储能技术专业学科发展行动计划（2020—2024 年）》的通知	推动储能技术关键环节研究达到国际领先水平，形成一批重点技术规范和标准，有效推动能源革命和能源互联网发展
2020/6/22	关于印发《2020 年能源工作指导意见》的通知	继续做好"互联网+"智慧能源试点验收工作，加强国家能源研发中心日常管理和考核评价
2020/11/2	关于印发新能源汽车产业发展规划（2021—2035 年）的通知	依托"互联网+"智慧能源，提升智能化水平，积极推广智能有序慢充为主、应急快充为辅的居民区充电服务模式
2020/11/3	中共中央关于制定国民经济和社会发展第十四个五年规划和二〇三五年远景目标的建议	完善能源产供储销体系，加强国内油气勘探开发，加快油气储备设施建设，加快全国干线油气管道建设，建设智慧能源系统
2020/11/16	关于征集"十四五"能源发展意见建议的公告	智慧能源系统建设，涵盖能源数字化、智能化发展，智慧能源创新示范等

表 3-2 狭义概念下的能源互联网及智慧能源政策（2021 年）

颁布时间	文件名称	主要内容
2021/2/2	关于印发《国家高新区绿色发展专项行动实施方案》的通知	鼓励各国家高新区加快推进智能交通基础设施、智慧能源基础设施建设
2021/3/23	中华人民共和国国民经济和社会发展第十四个五年规划和 2035 年远景目标纲要	构建基于 5G 的应用场景和产业生态，在智能交通、智慧物流、智慧能源、智慧医疗等重点领域开展试点示范

续表

颁布时间	文件名称	主要内容
2021/4/19	关于印发《2021年能源工作指导意见》的通知	推动分布式能源、微电网、多能互补等智慧能源与智慧城市、园区协同发展
2021/5/25	关于加强县城绿色低碳建设的意见	推广综合智慧能源服务，加强配电网、储能、电动汽车充电桩等能源基础设施建设
2021/6/7	关于印发《工业互联网专项工作组2021年工作计划》的通知	高质量建设能源工业互联网与能源大数据专网，建成能源工业互联网专网统一在线监控平台，实现能源工业互联网平台连接3个部委、22家能源央企和46家地方国有企业
2021/7/15	关于加快推动新型储能发展的指导意见	依托大数据、云计算、人工智能、区块链等技术，结合体制机制综合创新，探索智慧能源、虚拟电厂等多种商业模式
2021/12/22	关于印发能源领域深化"放管服"改革优化营商环境实施意见的通知	对综合能源服务、智慧能源、储能等新产业和新业态，探索"监管沙盒"机制，在严守安全、环保规范标准的基础上，鼓励开展政策和机制创新
2021/12/29	关于印发《加快农村能源转型发展助力乡村振兴的实施意见》的通知	在经济发达的县域，加快建设智慧能源大数据平台，采用数字化方式采集农村能源数据

分析表3-1及表3-2的内容可以看出，在国家政策层面，明确提及能源互联网的政策数量较少，提及智慧能源的政策相对较多。直接提及能源互联网的政策多结合能源革命等宏观概念提出，面向对象为广义能源互联网；而提及智慧能源的政策多结合基建、系统、平台等概念提出，面向对象为狭义能源互联网。相关企业和单位准确感知到了国家能源互联网产业的发展趋势，一系列能源互联网、智慧能源相关研究机构相继成立，一系列针对能源互联网、智慧能源的相关科研工作也逐步开展。

3.2.2 能源互联网的产业行动

构建能源互联网不仅是能源技术的革新，也是一次能源生产、消费及政策体制的变革，更是对人类社会生活方式的一次根本性革命。2022年是党的二十大召开之年，是"十四五"规划实施的关键之年，也是能源互联网产业谱写高质量发展篇章的重要之年。当前，我国正处在能源革命的关键时期，李克强总理在政府工作报告中提出"能源生产与消费革命，关乎发展与民生，要大力发展风电、光伏发电、生物质能"，以及"互联网+"的概念，预示着我国能源行业发展将要进入一个全新的历史阶段。能源互联网的建设不是基于现有的能源生产、消费模式和能源体制，而是通过能源互联网的能源技术革命，推动能源生产、消费、体制变革和能源结构的调整。处在能源互联网发展的关键时期，能源及通信领域的头部企业率先开展了一系列能源互联网的相关行动与实践,为稳步推动能源互联网的建设与发展积极贡献了自身力量。

企业作为能源互联网市场的行动主体,是营造能源互联网环境的重要力量。基于对能源互联网含义的深刻认知,跨界融合已成为能源互联网企业不约而同的选择。一方面,能源企业采取各种方式跨界,包括从生产单一能源向供应多种能源转变,从提供化石能源向提供清洁可再生能源转变,从能源生产企业向能源服务企业转变,从单一类型能源服务企业向多功能的综合能源服务企业转变。另一方面,互联网企业通过"互联网+"通道向能源服务领域进军:打通能源生产到消费的全流程信息渠道,利用通信技术扩展能源互联范围;收集分析能源、设备、通道、消费的物联网数据并提高能源效率,利用大数据技术增加能源互联深度;准确预测负荷与气象变化,合理规划能源生产,精确设计能源路由,提高能源互联网智慧水平。

随着科学技术的不断进步,能源科技和数字化创新正在改变能源及相关产业的传统价值链,并引领能源互联网构建。能源互联网产业涵盖发电、输配电、智能储能、智能用电、能源交易和能源管理等诸多领域。随着能源网络的发展和需求侧消费者的广泛参与,能源产业链将发展成为以消费者用能需求为核心的新型市场生态网络,越来越多传统能源产业链之外的企业将进入这一新兴市场,渗透到传统能源服务以外的价值高地。

1. 电力行业的能源互联网行动

在发电行业方面,各家发电企业积极践行双碳目标,为构建互联网技术与能源产业深度融合的新兴业态积极贡献自身力量。以"五大四小"中的部分发电企业为例,2021年2月,中国华能集团与百度公司在华能总部签署合作备忘录,共同推动数字经济和能源电力产业深度融合。未来,双方将充分发挥各自优势,在信息技术、数字技术等方面开展多层次、多领域合作,在为社会提供能源行业数据服务方面实现数字化、网络化、智能化发展。同月,中国广核集团与中国联通签署《互联网+智慧能源战略合作框架协议》,双方在强化基础通信信息化业务服务保障合作外,将有效整合各自资源,在云计算、大数据、智能充电桩、储能梯级利用、基于互联网管控的闲散储能利用、云储能、智慧风力发电等方面开展深度合作。2021年6月18日,国家电力投资集团与正邦集团签订《"碳中和"综合智慧能源项目合作协议书》,双方就加快布局光伏、风电、综合智慧能源等产业初步达成战略合作意向。2021年10月,中国华电集团发布《中国华电综合能源服务业务行动计划》,明确自身综合智慧能源服务商的战略定位,将顺应能源互联网的发展趋势,逐步探索能源互联网领域。

在输配电行业方面，电网企业持续巩固自身输配电能力，拓展组合能源服务与电子商务，布局新型电力系统。以国家电网和南方电网两家头部企业为例，2019年1月，国家电网发布加快建设世界一流能源互联网企业的意见，推动电网与互联网深度融合，着力构建能源互联网、培育壮大发展新动能、创新能源互联网业态、扩大开放合作共享，打造能源互联网生态圈；同年3月，由南方电网牵头的支持能源消费革命的城市-园区双级"互联网+"智慧能源示范项目顺利通过国家能源局验收，项目的相关研究成果为持续推进我国配网智能化、提升能源信息化水平、促进能源互联网生态的形成和发展提供了重要支撑，未来将更有效地支撑粤港澳大湾区能源互联网创新发展。

在负荷侧方面，在能源互联网背景下，电动汽车作为一种分布式储能设备，将能够与电力系统更好地对接，从而优化系统运行，提高交通运输系统及整个经济社会的低碳化水平。以头部电动汽车运营商为例，2020年12月，比亚迪与中建科技在智慧能源、智慧园区、智慧城市、智慧工地等多个领域签署了战略合作协议，为构建城市绿色交通及能源互联网体系提供了重要的支撑作用；同月，蔚来与国网电动汽车有限公司签署了深度战略合作协议，双方将充分整合各自优势资源，开展充换电站共建、车网互动等合作，将通过聚合车辆充电负荷，参与电网辅助服务和清洁能源消纳，共同推广车网互动应用，进一步挖掘新能源汽车能源属性，打造负荷侧能源互联网发展的典型案例。

2. 油气行业的能源互联网行动

在油气行业方面，在油气体制改革、双碳战略目标约束下，油气企业横向积极拓展自身产业链条，纵向持续深化数字化转型，积极开辟综合能源与新兴能源市场。以"三桶油"中的部分企业为例，2021年9月，中海油与中国能建集团签订战略合作协议，双方将在新能源及综合智慧能源开发、基础设施建设、国际市场等领域加强合作，共同践行"碳达峰、碳中和"目标，推进能源互联网的多元化发展。2022年4月，中石油与国家电网签署战略合作协议，双方将在助力实现"双碳"目标上深化合作，推动新型电力系统构建；在新能源和充换电上深化合作，坚持规划先行，促进新能源大规模开发利用，积极服务绿色出行；在战略性新兴产业发展上深化合作，建设智慧能源系统，推动能源互联网发展。

以"五大城燃"中的部分企业为例，新奥能源早在2014年就确定了发展能源互联网业务模式，开始以"泛能网"为载体加速打造能源产业互联网运营平台，截至2021年已向超过200个园区提供泛能服务，使用泛能服务的企业数量超过7000家，在能源互联网市场中树立了较为良好的品牌形象；2020年9月，中国燃气与中国移动签署战略合作框架协议，双方将在能源互联网共建、基础通信服务、开放双方业务通道、布局"智慧厨房"、金融及分期服务、网络按需建设与优化等领域开展全面合作，携手推进通信行业与能源行业的创新融合发展；2021年11月，港华燃气正式改名为港华智慧能源有限公司，加速向综合智慧能源投资运营商转型，未来将致力于为用户提供以清洁能源投资运营、能源互联网和智慧增值服务为核心的综合智慧能源解决方案，为加速城燃行业进军能源互联网领域做出了贡献。

3. 通信及互联网行业的能源互联网行动

在通信及互联网行业方面，以云大物移智链为核心的新一代数字科技技术正与能源行业深度融合，为信息流改造能量流提供解决方案。以国内头部通信行业企业为例，2015年，由中国电信等企业主导的IEEE 1888标准成为全球能源互联网产业首个国际ISO/IEC标准，该标准可有效解决能源设备的"互联互通"问题，有效提升节能减排效率，为构建宽范围、跨专业的能源互联网奠定了重要基础；2018年，华为作为全球能源互联网发展合作组织理事会成员中唯一一家ICT领域提供商，在全球能源互联网大会上全面展示了信息通信技术与电力技术的深度融合，在助推全球能源体系的国内互联、洲内互联、洲际互联，助力全球能源互联网发展方面发挥了重要作用；2021年8月，中国联通与国网上海电力公司签署了数字化转型战略框架合作协议，双方将在5G新基建、物联网、大数据、新能源、"碳达峰与碳中和"等方面加强合作，共同打造电力数字化转型和智慧能源建设标杆，推动电网向能源互联网转型。

以国内头部互联网行业企业为例，2021年11月，百度与中国电科院签订能源互联网战略协议，百度将提供需求侧能源互联网统一建模、多能互补综合能源运行优化算法等来解决多能流网络的最优控制策略问题，进而支撑能源互联网的建设，助力将国家电网建设成为具有中国特色、国际领先的能源互联网企业，共同为推进新型数字基础设施建设和智慧能源互联网协同创新做出积极贡献；2022年7月，国家电力投资集团有限公司与阿里巴巴、京东集团签署战略合作协议，将在能源行业数字化转型、构建三网融合整体解决方案、加强战略机遇研究与技术创新合作等方面开展深度合作，共同探索县域能源互联网解决方案。

可以看出，随着数字化与能源的融合发展，"互联网+"智慧能源、储能、区块链、综合能源服务等一大批能源新技术、新业态、新模式正在蓬勃兴起。在以能源互联网为代表的产业互联网时代，信息化正在开启与5G技术发展相契合的以数据深度挖掘和融合应用为主要特征的智能化阶段。以5G技术为代表的先进信息通信技术在能源互联网行业具有广阔的应用前景，将创造能源与信息共享互济、融合创新的新业态。

3.3 参考文献

[1] 李立涅，饶宏，许爱东，等. 我国能源技术革命体系战略研究[J]. 中国工程科学，2018，20(03): 1-8.
[2] 相晨曦. 能源"不可能三角"中的权衡抉择[J]. 价格理论与实践，2018(04): 46-50.
[3] 王毅，张宁，康重庆，等. 能源互联网中能量枢纽的优化规划与运行研究综述及展望[J]. 中国电机工程学报，2015，35(22): 5669-5681.
[4] 赵军，王妍，王丹，等. 能源互联网研究进展：定义、指标与研究方法[J]. 电力系统及其自动化学报，2018，10: 1-12.
[5] 艾芊，郝然. 多能互补、集成优化能源系统关键技术及挑战[J]. 电力系统自动化，2018，42(4): 2-10+46.
[6] 孙宏斌，郭庆来，潘昭光，等. 能源互联网：驱动力、评述与展望[J]. 电网技术，2015，39(11): 3005-3013.
[7] 董朝阳，赵俊华，文福拴，等. 从智能电网到能源互联网：基本概念与研究框架[J]. 电力系统自动化，2014，38(15): 1-11.
[8] 曹军威，孟坤，王继业，等. 能源互联网与能源路由器[J]. 中国科学：信息科学，2014，44(06): 714-727.
[9] 余晓丹，徐宪东，陈硕翼，等. 综合能源系统与能源互联网简述[J]. 电工技术学报，2016，31(01): 1-13.
[10] 曾鸣，杨雍琦，李源非，等. 能源互联网背景下新能源电力系统运营模式及关键技术初探[J]. 中国电机工程学报，2016，36(03): 681-691.
[11] 关永刚，罗安. 国家自然科学基金电气科学与工程学科研究方向与关键词修订[J]. 中国电机工程学报，2019，39(01): 126-129.
[12] PAZOUKI S, HAGHIFAM M, MOSER A. Uncertainty modeling in optimal operation of energy hub in presence of wind, storage and demand response[J]. International Journal of Electrical Power & Energy Systems, 2014, 61: 335-345.
[13] 孙秋野，胡旌伟，张化光. 能源互联网中自能源的建模与应用[J]. 中国科学：信息科学，2018，48(10): 1409-1429.
[14] 甘中学，朱晓军，王成，等. 泛能网——信息与能量耦合的能源互联网[J]. 中国工程科学，2015，17(09): 98-104.
[15] 加鹤萍，丁一，宋永华，等. 信息物理深度融合背景下综合能源系统可靠性分析评述[J]. 电网技术，2019，43(01): 1-11.
[16] 金红光，张国强，高林，等. 总能系统理论研究进展与展望[J]. 机械工程学报，2009，45(3):39-48.
[17] 韩董铎，余贻鑫. 未来的智能电网就是能源互联网[J]. 中国战略新兴产业，2014(22): 44-45.
[18] 高峰，曾嵘，屈鲁，等. 能源互联网概念与特征辨识研究[J]. 中国电力，2018，51(08): 10-16.
[19] 国家能源互联网发展白皮书 2018[R]. 北京，2019.
[20] 涂方亮，吴静怡. ANFIS 实现依据人数变化来预测建筑负荷[J]. 土木建筑与环境工程，2012(S2): 99-102.

[21] 李超. 密集烤房太阳能、热泵、排湿余热多能互补供热系统耦合方式研究[D]. 昆明：昆明理工大学，2013.

[22] 王伟亮，王丹，贾宏杰，等. 能源互联网背景下的典型区域综合能源系统稳态分析研究综述[J]. 中国电机工程学报，2016，36(12): 3292-3306.

[23] 卢胤龙，韩明新，任洪波，等. 多能互补分布式能源系统优化设计研究进展[J]. 上海电力学院学报，2018，34(03): 229-235.

[24] 杨锦成，骆建波，康丽惠，等. 区域能源互联网构架下的综合能源服务[J]. 上海节能，2017(03): 137-146.

[25] 康重庆，王毅，张靖，等. 国家能源互联网发展指标体系与态势分析[J]. 电信科学，2019，35(06): 2-14.

[26] 杨锦春. 能源互联网：资源配置与产业优化研究[D]. 上海：上海社会科学院，2019.

[27] 闵剑，屈鲁. 能源互联网在我国的发展趋势和商业机会分析[J]. 科技和产业，2017，17(08): 64-69.

[28] 王守凯，刘达. 能源互联网背景下电网公司供电服务商业模式创新研究[J]. 陕西电力，2016，44(08): 47-50.

[29] 刘甲男，杜彦洁，孟宪义. 利用"互联网思维"推动"能源互联网"发展[C]. 2015电力行业信息化年会论文集，2015: 401-402.

[30] 吴力波. 面向大数据的能源互联网产业发展[J]. 中国电力企业管理，2015(17): 12-13.

[31] 刘强，白玉竹，范爱军. 全球能源互联网的产业效应分析[J]. 山东社会科学，2017(08): 162-168.

[32] 王铁辰. 能源互联网产业有望"井喷"式发展[J]. 能源研究与利用，2016(05): 9-10.

[33] 曾鸣. 能源互联网的发展路径[J]. 中国电力企业管理，2016(25): 48-53.

第 4 章

综合智慧能源科技成果一览

本章作者 王　伟（东南大学）　　/　李智行（北京理工大学）　　/　韩艺博（北京理工大学）
王永真（北京理工大学）　　/　柳　琦（北京理工大学）

科技成果是指通过科学研究与技术开发所产生的具有实用价值的成果，是人们在科学技术活动中通过复杂的智力劳动所得出的具有某种被公认的学术或经济价值的知识产品。科技成果是申报国家、地方及行业科技奖项的重要材料，是科研人员在职称晋升时对其科研能力和研发水平进行评定的重要依据，是对科研项目研发目标的完成情况进行评判的重要依据。因此，本章列举了我国综合智慧能源领域近几年科技成果的典型案例，数据来源为"中国科技项目创新成果鉴定意见数据库（知网版）"，排名不分先后。

4.1 能源互联网

4.1.1 大型城市能源互联网资源共享协同关键技术与示范工程[1]

该项目针对城市能源资源分散、特性各异、主体众多、难以高效利用的难题，提出了基于云边协同的大型城市能源互联网体系架构和实现原理，在边端提出了基于类发电机／储能模型的分布式资源集群等值建模方法，在云端发明了基于线性映射的信息伪装技术，突破了多主体异质能源资源集群的规范化建模与私有信息保护难题；开发了"互联网+"智

---

[1] 孙宏斌，大型城市能源互联网资源共享协同关键技术与示范工程. 广东省，南方电网广东电网公司，2020-04-27.

慧能源服务平台，聚合了广州市约 992MW 分布式资源，为构建城市级资源开放共享的能源互联网业态奠定了基础。针对跨电力和通信领域的能源资源共享协同难题，发明了通信基站备用电池的数字化重构与互联网化管控技术，电池系统有效容量增加近 30%，最大电压差异减少 38%，配变负载率降低 6%；提出了数学上严格的储能互补约束松弛技术，优化调度求解效率提升 2 个数量级；构建了基于共享商业合同管理模式的四网融合新业态，实现了电网、通信、用户、政府多方共赢。针对跨电力和交通领域的能源资源共享协同难题，提出了考虑交通和电力双重约束的电动汽车集群有序充电技术，示范点削减配变负荷峰谷差 20%~30%；研制了集成 60kW 大功率直流充电桩、5G 基站等多种功能的智慧灯杆；研发了涵盖 202 家运营商、超 2.7 万个充电桩的统一管理平台，促进了电力和交通业融合。针对跨电力和工业用户的能源资源共享协同难题，提出了含复杂逻辑约束的工业负荷灵活性建模技术，发明了基于物联网的工业负荷有序错峰控制方法，在不影响正常工艺流程的情况下削减示范用户峰值负荷达 30%；探索了共建储能等新型商业模式，促进了电力与工业用户融合。

4.1.2 城市能源互联网中储能规划布局与协调运行关键技术及应用[1]

该项目聚焦城市能源互联网中物理层架构及区域（园区）级范围，以典型特大型国际化城市上海为研究背景，开展城市典型区域能源互联网中多类型分布式储能系统规划布局方法、含多元异质储能的区域能源互联网动态建模与优化调度方法、城市能源互联网综合评估框架体系和综合评估方法研究。项目创新包括：

（1）提出了城市典型区域能源互联网中多类型分布式储能系统规划布局方法，开发了多类型储能系统多点规划与优化配置平台；提出了储能系统多应用功能下的多目标运行与切换控制方法，实现了区域能源互联网中分布式储能优化布局与高效汇聚。

（2）提出了城市典型区域能源互联网中含多元异质储能的多能流动态优化调度方法，分别针对多能互补型和光储充型典型区域能源互联网，制定了基于能量集线器的区域能源互联网动态气-电多能流优化调度方法和光储充一体化电站多能流能量协同调度策略，实现了区域能源互联网中分布式储能系统与其他能源系统的高效协调运行。

（3）提出了城市能源互联网综合评估方法和适应特大型国际化大都市特点的城市能源

---

[1] 时珊珊. 城市能源互联网中储能规划布局与协调运行关键技术及应用. 上海市，国家电网上海市电力公司，2020-02-22.

互联网综合评估框架体系，构建了考虑需求侧管理的区域能源互联网多维度评价指标模型，为定量评价城市能源互联网提供了科学依据。

4.1.3 商业建筑虚拟电厂构建与运行关键技术及应用[1]

该项目针对如何有效聚合闲散能源资源，并像常规电厂一样与系统侧互联互通、参与电网调峰调频的问题开展研究。项目主要技术创新如下：

（1）首创了基于柔性负荷调节潜力特性库的多维发电属性提取技术，构建了基于特征属性模糊相似度的发电因子抽象模型，突破了柔性负荷统一封装建模难题；提出了面向不同目标的虚拟电厂动态定制技术，首创了基于高维模型表达技术的虚拟电厂外特性参数动态辨识方法，实现外特性参数每 5min 动态更新一次。

（2）构建了商业建筑虚拟电厂内部资源多维度协调优化控制新模式，提出了日前日内协调优化控制模型及海量资源"分层分组+本地自治"协调优化控制方法，攻克了虚拟电厂内部资源精准有序控制难题，黄浦区虚拟电厂实现发电出力控制误差小于±10%，机组爬坡率大于 10%/min，全容量发电持续时间不低于 2h。

（3）设计了虚拟电厂市场运营架构，制定了商业建筑虚拟电厂信息交互技术规范，解决了虚拟电厂信息交互一致性问题；提出了虚拟电厂内部发电资源分层分类采集方法和配置技术，降低传感采集建设成本 25%。

（4）首创了信息间隙决策理论、自适应鲁棒优化和随机规划相结合的不确定处理技术，准确描述了多种不确定因素的波动特性，提高了虚拟电厂的健壮性和经济性；提出了虚拟电厂中长期-日前-实时多时间尺度协调调度策略，虚拟电厂累计发电量达 455MWh。

该项目建成了世界首座商业建筑虚拟电厂——黄浦区商业建筑虚拟电厂，接入楼宇 130 幢，发电容量达 59.6MW，并推广应用至天津等地，经济效益显著。

4.1.4 面向能源互联网的电动汽车柔性智能充电关键技术及应用[2]

该项目主要创新如下：

---

[1] 高赐威,商业建筑虚拟电厂构建与运行关键技术及应用.上海市,国家电网上海市电力公司,2020-01-15.
[2] 冯冬涵,面向能源互联网的电动汽车柔性智能充电关键技术及应用．上海市，国家电网上海市电力公司，2019-04-25.

（1）在多充电终端场景下群充群控充电功率柔性自动分配技术方面，发明了多充电终端场景下多智能体的群充群控功率柔性自动分配策略和方法，对车辆群进行有序充电调度及控制，实现了充电功率柔性分配与动态调整，减小了规模化电动汽车接入对电网的冲击。

（2）在泛在物联网环境下的电动汽车智能充电服务技术方面，提出了基于泛在物联网基础设施的电动汽车智能充电服务技术，通过前端和服务器端协同，实现价格引导下电动汽车有序充电和充电设施远程智能诊断及预警，提升了基础设施的利用率和安全可靠性。

（3）在电网友好的风/光-储-充一体化电站应用关键技术方面，提出了基于储能状态多重反馈及等效电阻功率缺额动态补偿的风/光-储-充一体化电站能量协同调度策略，实现了一体化电站的经济稳定运行，提高了对新能源发电的消纳水平。

（4）在快速充电设备新型散热方案及结构工艺、环境适应性设计方面，开发了一种基于热管内外循环双风冷散热的新型充电设备，解决了充电设备长期户外运行积灰严重、故障率高、维护频繁的问题，防护等级达到 IP65。

4.1.5 面向能源互联网的综合能源复杂网络协同规划理论及应用[1]

该项目形成了以关注终端用能用户为根本，分级逐层递进进化的核心思想，以系统论、信息论与复杂适应理论为基础搭建了"三层两中心"的能源互联网规划体系，充分兼顾分布式能源比重提升及泛在物联网发展的必然趋势。在该体系中搭建了适应能源互联网的规划架构，架构分为能元细胞、功能单元、运营单元三层。能元细胞层贴合终端用户侧能源构成，适用于最小的用能单元；功能单元层的划分在满足城市规划功能的基础上提出对能源利用目标的约束，其由若干能元细胞组合而成，将城市发展需求与能源保障有机结合，在规划层面实现管控职能；运营单元层的划分以城市能源运营及服务为根本目标，兼顾能源体制改革与分布式用能的发展趋势，是城市能源产业发展及能源利用效率提升的产业保障。体系搭建中应用了系统论、信息论、生物进化论、热力学等基础理论，充分借鉴了复杂适应理论、复杂网络动力学的核心思想，采用分形创新理论、S 理论、PDCA 等管理创新思想做整合，完善了能源集线器方法，形成了一个相对完整的闭环体系。

---

[1] 张永浩, 面向能源互联网的综合能源复杂网络协同规划理论及应用. 北京市, 北京中恒博瑞数字电力科技有限公司, 2018-12-01.

4.2 综合能源

4.2.1 适应多元需求的用户侧综合能源接入设计、优化控制技术及工程应用[1]

该项目构建了用户侧综合能源中分布式电源、电热耦合网络、电动汽车等多源-多网-多荷的不确定性区间模型，提出了考虑用户差异化源荷互补特性和以用户内外部成本最低为目标的综合能源系统接入方案优化方法，设计了综合能源多元用户典型用能方案库，解决了用户侧综合能源建设及接入电网的方案优选难题，与以往的接入设计方案相比，降低接入投资12%，减少建设成本18%，为区域能源优化控制和平台管理奠定了基础。该项目提出了覆盖用户特性非层次聚类分析、暂态特性曲线参数识别、BP神经网络特性自适应的电/气/热多元用户经济高效运行控制方法，研制了国内首套集采集、识别、控制功能于一体的用户侧综合能源网关等系列装置，攻克了多类型综合能源用户运行方式差异大的控制难题，实现了用户"零"干预，与传统能源管理方案相比，提高能源管理效率80%以上，提高用户综合能源利用效率11%以上，为用户侧综合能源高效管理提供了技术支撑。该项目提出了适应不同能源品质、不同用户参与互动概率、不同经济性和安全性需求的区域"能源网络-用户"双层控制方法，研发了面向用户侧综合能源多目标分层分区优化运行、区域能源交易服务、电/气/热多元用户经济运行最优等多功能全链条管理云平台，解决了"非契约"用户大规模参与互动的优化运行难题，用户参与度达到25%以上，非契约用户节约用能成本7%，实现了区域综合能源高效运营。

4.2.2 基于分布式低碳能源站的综合能源系统互联互济高效利用技术与应用[2]

该项目围绕基于分布式低碳能源站的综合能源系统规划设计、运行模式、互动特性、

---

[1] 迟福建, 适应多元需求的用户侧综合能源接入设计、优化控制技术及工程应用. 天津市, 国网天津市电力公司, 2020-08-06.

[2] 刘运龙, 基于分布式低碳能源站的综合能源系统互联互济高效利用技术与应用. 上海市, 国家电网上海市电力公司, 2020-01-18.

市场交易机制进行探索和实践，系统地解决了分布式低碳能源系统经济、高效利用的关键技术难题，取得了一系列重大创新成果。

（1）提出了基于分布式低碳能源站的综合能源系统规划理论，攻克了区域多能源站互联互济选址定容与全年逐时配置等关键技术，解决了工程前期供需匹配优化难题。

（2）提出了基于分布式控制的能源站互联互济优化运行方法，攻克了区域多分布式能源站的逐时运行调控优化技术，开发了首台能源站多能网络协同运行控制装置，解决了能源利用效率和供能可靠性不高等问题。

（3）提出了能源站参与电网需求响应的等值负荷建模方法，攻克了能源站及其负荷动态聚合技术，开发了多空间尺度能源互联互济实验验证平台，增强了综合能源系统负荷弹性和新能源消纳能力。

（4）开创性地提出了综合能源服务商与终端用户/电网双边竞价的高效供给互动技术架构，突破了面向电热联合市场的能源交易模式和竞价响应机制，实现了多主体效益提升，为能源市场的有序开放提供了技术支撑。

4.2.3　分布式综合能源系统规划与运行优化技术及其应用[1]

（1）该项目提出了分布式综合能源系统多目标规划方法，研发了规划平台；提出了考虑区域热网互联的多区域综合能源系统协调规划方法，率先研发了国内外领先的分布式综合能源系统规划平台，支持10种以上规划方案的并行解算。

（2）该项目开发了综合能源系统混合时间尺度运行优化体系，研发了调度平台；提出了多能流混合时间分辨率建模方法和多能流混合指令周期调度方法，解决了调度计划中能量流状态与实际状态存在较大误差的问题；研发了分布式综合能源系统能量管理平台，支持能源网络节点数大于1500个的多能系统优化调度。

（3）该项目提出了基于区间-鲁棒规划联合决策的综合能源系统日前调度方法。通过区间规划-鲁棒优化联合决策方法的保守性参数调整，实现了在±30%不确定度环境下的最优运行决策，经济性提高5%以上。

（4）该项目提出了综合能源市场交易的混合博弈模型及多层分布式求解算法。基于主

---

[1] 顾伟. 分布式综合能源系统规划与运行优化技术及其应用. 江苏省，国网江苏省电力有限公司电力科学研究院，2019-02-21.

从-多人的多利益主体混合博弈模型填补了国内多能市场博弈模型的空白，提出的多级解耦分布式高效求解算法使求解速度提高了一个数量级。

4.2.4 以电为主的综合能源供给智能量测体系研究与应用[1]

该项目针对能源供给方式的变革，提出了以电为主的综合能源供给智能量测体系（Smart Metering Infrastructure，SMI），研究了适合特大型城市的超大规模高级量测体系和双向互动智能用电服务架构，有助于"互联网+"智慧能源的实现。

该项目建立了以电为主的综合能源供给智能量测体系，支持电、水、气、热多类型能源一体化信息采集，实现以客户为中心、市场响应迅速、计量公正准确、数据安全高效、双向灵活互动、服务便捷高效，构建了以综合能源网络与能源用户能量流、信息流、业务流实时互动的新型供用能关系，能满足能源企业各层面、各专业对用能信息的迫切需求。

该项目研究制定了智能电能表、采集终端等计量装置的标准和规范；研发了计量生产自动化系统，能满足电能表、低压电流互感器、采集终端等计量设备大规模集中自动化检定／检测需求；构建了以智能电能表管控为核心的计量资产全寿命周期管理体系，全面提升了计量标准化、自动化、智能化和集约化水平。

该项目提出了面向对象数据交换协议，采用一套协议体系实现通信网络全贯通，进而适应各种通信方式、各类信息的采集与交互；创建了全程可控的立体安全防御体系，确定了用电信息采集系统的五个边界，根据各边界数据流情况采取边界防护手段，确保数据安全和用户隐私；通过多协议快速适配、海量数据接入与处理、服务状态精细监控三方面对采集主站进行构架升级，实现采集主站高效、可靠运行，满足百万级用户海量数据接入与处理；以闭环管理理念为指导，规范和固化相关运维管理流程，完善用电信息采集系统运维内控管理机制，提升用电信息采集系统运维服务质量和管理水平。

该项目开发了灵活互动的业务应用架构，实现了能量流、信息流、业务流的双向交互，创建了以客户为中心的企业顾客共同体；基于智能电表数据深化应用构建高质量电力供应与服务，进一步提升营销业务、智能用电业务、综合业务等的水平，为主要利益相关方提供数据增值服务。

---

[1] 王迎秋.以电为主的综合能源供给智能量测体系研究与应用.天津市,国网天津市电力公司,2018-06-15.

4.2.5 面向智慧城市的综合能源数据分析平台构建与应用[1]

该项目针对综合能源数据来源广泛，结构复杂，且与用户、时间、空间信息关系紧密的特点，从综合能源使用行为细粒度分析、多尺度时空综合能源分析预测、综合能源大数据分析平台构建及可视化信息服务应用等方面开展研究，主要成果如下：

（1）系统地提出了面向大规模综合能源数据，基于联合隐变量分解的多因素能源使用特性细粒度分析框架，综合考虑了多种因素和用户信息属性，采用联合矩阵分解法对用户进行了建模。经过验证，该方法能明显提升用户用能特性分析准确性。

（2）构建了将时间维度与空间维度相结合的多尺度综合能源需求分析与预测模型，提出了一种面向智慧城市的综合能源需求分析与预测方法。

（3）以多元融合、应用服务化和模式创新为主线，打通电力行业与政府和其他行业的数据通道，搭建了面向大规模综合能源数据存储与计算的高性能综合能源数据分析平台，利用 GIS 技术实现配电网分析和用户用电特性分析的可视化，把 GIS 分析功能与配电网专业分析功能相结合，提升了综合能源管理的智慧化水平和实际应用效果。

（4）已建成完整的综合能源数据分析平台，支持 PB 级数据存储，实时计算的数据处理速率大于 10 万条／秒，实现了业务应用从"搬数据"向"搬计算"的转变，综合能源数据分析由"非实时"向"准实时"模式的突破。平台采用规范化的综合能源数据公共服务接口，支持接入 18 个以上综合能源及经济社会类型数据。

（5）实现了多尺度、细粒度的综合能源数据分析方法，在真实数据上的预测准确率提升了 12%。平台提供 12 个以上综合能源信息应用服务场景，如用能特性分析、综合能源需求预测、能源看经济、企业开工率和居民智慧用能互动等。

4.3 多能互补

4.3.1 大规模新能源消纳的多能互补研究及应用[2]

该项目在分析西北地区社会经济现状及发展规划、电力系统现状及发展规划、各类能

---

[1] 王扬，面向智慧城市的综合能源数据分析平台构建及应用. 天津市，国网天津市电力公司，2017-02-26.
[2] 白俊光，大规模新能源消纳的多能互补研究及应用. 陕西省，中国电建集团西北勘测设计研究院有限公司，2019-02-21.

源资源特点的基础上，深入研究各类电源发电特性，建立了风光电发电出力特性指标体系，剖析了多能互补形式，结合不同区域（含典型区域）、不同类型多能互补实例，系统地研究分析了各类多能互补容量配置方法及其步骤、主要模型、评价标准等，并研究分析了西北地区各省区电网内和送端平台多能互补电源配置方案，进而优化新能源项目开发布局，为促进西北地区可再生能源发展和电量消纳提出措施和建议，并为其他地区提供新的思路和借鉴模式。该项目研究成果主要分为理论研究与实际应用两方面。在理论研究方面，在综合光伏、风电发电出力特点的基础上，从随机性、波动性、间歇性等方面，系统地提出了一套风光电发电出力特性指标体系；结合能源基地电力外送发展需求、各类电源发电特性、风光电大规模发展等，构建了一套能源基地风光火和风光火蓄外送电源配置计算方法，提出了水风光互补容量配比和基于新能源大规模并网的水电扩机及设计增容规模分析方法；提出了能源基地多能互补规划和送端基地抽水蓄能电站选点规划的布局思路；发明了一种风电或光电发电出力特性评价方法和出力特征监测装置。在实际应用方面，以西北五省及典型地区为例，研究分析了促进可再生能源发展的风电、光伏发电、水电、抽水蓄能、火电等各类电源的合理配置方案，优化了新能源项目布局及开发时序，并提出了促进西北地区可再生能源发展的政策性建议。

4.3.2 多能互补微网高品质与高效供能关键技术及工程应用[1]

该项目针对多能互补微网高效与优质供能问题开展研究，取得了以下重大成果：提出了分布式能源并网逆变器自同步功率控制、虚拟转矩/励磁调节和虚拟阻抗重塑等并网模式下的优质供电技术，研制了具有虚拟同步功能的多类型分布式能源并网与控制装备，解决了可再生能源高频次波动下装备级自适应电能质量保障问题；提出了基于虚拟同步机的微网并网至离网无缝切换及离网控制技术，实现了微网并/离网运行模式的无缝、平滑切换，并/离网切换控制的暂态时间小于10ms；提出了多微网动态组网技术，研制了具备自适应组网功能的微电网即插即用装置，实现了多微网的自适应动态重构；发展了集多能流分频调控、广域储能协调控制、多微网局域调配于一体的分布式能源高比例消纳技术，研制了具有源、储、荷实时匹配功能的多能互补微网能源路由器，大幅提升了分布式能源的就地消纳比例；发展了微网多能流集成母线统一建模理论和方法，提出了集多能源联合优化、多微网协同互济于一体的多能互补微网综合能效提升与调控技术，开发了多能互补微

---

[1] 庄剑，多能互补微网高品质与高效供能关键技术及工程应用. 天津市，国网天津市电力公司电力科学研究院，2018-02-03.

网能量优化调度系统,为多能互补微网的高效运行提供了有力的技术支撑。

4.3.3 基于大数据的多能互补分布式能源系统及工程应用[1]

该项目根据地理气象历史数据,基于大数据分析得到当地多能互补分布式能源系统的优化能源构成,以及不同时期最优的能源结构,为多能互补分布式能源系统的设计与建设提供科学的指导意见。在分布式能源系统中,通过智能化数据传感与采集网络,对能源站中设备核心参数进行实时监控,并将数据发送至大数据分析平台,通过在线分析,进行远程故障诊断,快速确定故障发生位置,实现对系统核心设备的全寿期、全区域覆盖管理;进一步可实现多区域多能互补分布式能源系统信息与数据的互联互通,以及统一调控,可在更大范围内实现统一的多能互补区域自治,降低运维成本,提高受控区域内的能源调控能力和水平。基于系统的自适应动态规划算法,通过对历史数据的滚动分析与自我训练,不断调整调控模型及相关参数,提高对于下一个时间周期内多能互补中各种能源供需关系的预测精度;基于地理气象数据,可预测下一个时间周期内气象条件对于多能互补系统的影响,结合调控模型与能源供需关系,生成优化的调控方案;基于用户耗能耗电的数据,挖掘其使用习惯,可以住户为单位建立、优化其个性化电、热、冷、气等调控模型;以用户耗能耗电的超立方体数据集为基础,既可以实现对于单住户电、热、冷、气等不同能源组合的精准分析与策略调控,通过分析和汇总,还可以实现对于区域级供能供热的精准预测与总体策略控制;基于历史数据分析,挖掘用户的异常行为,作为信息警示或者对该用户进行供能供电调控的依据。在多能互补分布式能源系统中使用主动式中温储能技术,为系统性能调整提供重要手段,这是解决多能互补分布式能源系统中能量源不确定性与无秩序性的关键支撑技术之一。通过系统集成优化,节能率大于30%。将常温空气无焰燃烧、富氧燃烧、催化燃烧技术,应用在多能互补分布式能源系统燃气锅炉中,强化传热,提高燃烧效率及系统能源利用效率,降低 NO_X 和其他污染物排放。

4.3.4 多能互补独立供热技术与系统研究[2]

该项目针对集中供热工程投资大、能耗高、占地广、响应慢等缺点,提供了一种分散

---

[1] 林其钊,基于大数据的多能互补分布式能源系统及工程应用. 安徽省,中国科学技术大学,2016-12-01.
[2] 高文学,多能互补独立供热技术与系统研究. 天津市,中国市政工程华北设计研究总院有限公司,2018-01-26.

供热、供能灵活、启停迅速、配置多样、满足用户用热需求的多能源协同清洁供热的高效利用技术途径。该项目依托燃气、太阳能和/或空气能等清洁能源，围绕可再生能源协同供热技术应用，建设符合地理气候分区特点的一体化协同智能供热平台，实现热源侧配置优化、智能匹配，用户侧协同高效、经济舒适，使系统能源综合利用效率提升至世界先进水平，有力推进我国可再生能源规模化发展和智慧化清洁供暖进程。

多能互补清洁供热集成化系统构建与智能控制技术：构建达到国际先进水平的多能互补清洁供热集成化系统，提出创新性试验方法，针对中国用户用热特点，研究供暖负荷特性、热水用量需求、地区气象条件、太阳辐射资源等对控制策略的影响，建立耦合太阳能和/或空气能和/或燃气的一体化智能供热模型，设计相应控制单元，实现热源侧和用户侧基于负荷智能匹配的协同控制和高效稳定供热，解决了我国清洁供热进程中严重制约其发展的集成化程度低、用户体验差的瓶颈问题。

多能互补清洁供热系统需求应对式设计与模块化配置优化技术：开发多能互补协同供热模式，基于系统核心装置和典型用户运行条件，创新性提出系统优化配置模块化控制函数和运行控制指标，获得系统全年最优运行模式与指标，实现符合我国用热特性的系统需求应对式设计和模块化配置优化，使清洁供热系统资源、环境效益提升至国际先进水平，解决了多能互补清洁供热系统应用过程中面临的供需配置不平衡、能源利用率低的突出问题。

多能互补清洁供热应用运行测评技术与智能化测控设备：针对不同运行工况、能源组合方式及运行控制策略，首次提出多能互补供热系统能效测试指标和试验方法，形成国家测试标准；建立系统节能、环保和技术经济性评价指标与测评模型，创新性实现系统跨产品种类和气象条件的综合性能评价；开发国际领先的系统智能化测控设备，实现自诊断远程智能测控；填补了我国多能互补供热系统的检测技术空白，解决了检测无标准可循及技术经济性和节能环保评价滞后的难题。

4.3.5 海岛兆瓦级多能互补分布式微网技术研究与示范[1]

该项目针对海岛区域供能要求，因地制宜地开展以太阳能光伏为主，多种可再生能源

---

[1] 舒杰，海岛兆瓦级多能互补分布式微网技术研究与示范．广东省，中国科学院广州能源研究所，2014-11-13.

发电、燃气/油发电、蓄能等构成的兆瓦级多能互补分布式微网集成化关键技术研究。通过兆瓦级应用示范工程建设及系统运行分析，深入研究并掌握基于可再生能源的分布式发电微网安全、可靠、高效、经济运行的关键技术，为分布式发电微网发电技术的商业化应用提供科学根据、工程实施经验，推动可再生能源的大规模应用。

性能指标：建成稳定运行的大型海岛多能源互补分布式微网示范电站，总装机容量为 2.05MW；太阳能发电系统采用晶硅和非晶硅电池，组件转换效率分别为 14%、5%，光伏发电总量为 1MW；风机发电量为 50kW，风力发电整体效率不低于 25%；研发双向变流器，开发 100kVA、500kVA 产品样机；可再生能源贡献率不低于 70%，发电成本（按 20 年周期计）为 1.778 元；在佛山三水基地建立了 150kW 风、光、柴、储微网实验平台（风—30kW、光—20kW、柴—100kW、储—150kWh）。

第 5 章

综合智慧能源典型工程——国内案例

本章作者 李 健（北京理工大学） / 朱晨光（平高集团有限公司） / 韩俊涛（北京理工大学）

本章将近些年国内综合智慧能源的典型工程归纳为园区级综合能源系统、新能源微电网与智慧能源、源网荷储友好互动与多能互补示范项目进行展示。其中，园区级综合能源系统是指利用先进的物理信息技术和创新管理模式，整合一定区域内煤炭、石油、天然气、电能、热能等多种能源，实现多种异质能源子系统之间的协调规划、优化运行、协同管理、交互响应和互补互济；新能源微电网是指利用风、光、生物质、天然气等多种能源，通过能量存储和优化配置实现本地能源生产与用能负荷基本平衡，以电为中心，通过冷、热、电等多能融合，实现可再生能源的充分消纳，构建智慧型能源综合利用局域网；源网荷储友好互动一般面向电力系统，是指电源、电网、负荷和储能之间通过源源互补、源网协调、网荷互动、网储互动和源荷互动等多种交互形式，更经济、高效和安全地提高电力系统功率动态平衡能力；多能互补是按照不同资源条件和用能对象，采取多种能源互相补充，以缓解能源供需矛盾，合理保护和利用自然资源，同时获得较好的环境效益的用能方式。

5.1 园区级综合能源系统

5.1.1 苏州同里园区综合能源系统示范项目[1]

苏州同里园区综合能源系统示范项目按照"能源供应清洁化、能源消费电气化、能源

---

[1] https://www.sohu.com/a/286722352_806100

利用高效化、能源配置智慧化、能源服务多元化"的建设思路，集聚能源领域先进的技术和理念，整体打造一个多能互补、智慧配置的能源微网，也是一个独具特色的绿色低碳园区。同里园区综合能源系统自 2018 年 10 月投运启用以来，已安全运行 1300 余天。运行指标表明，园区清洁能源消纳率达 100%，清洁能源日均发电量为 4600 kWh（含区外引入），直流负荷占比过半；储能系统年累计参与协调控制 480 余次，年累计放电量为 760 万 kWh；充电桩年累计充电次数为 1980 余次，年累计充电量为 7.72 万 kWh。

该项目位于同里古镇北侧约 800m，总体结构如图 5-1 所示，包含光伏发电系统、斯特林光热发电系统、风力发电系统、地源热泵/冰蓄冷及混合式储能系统。其中，园区内清洁能源装机总量为 900 kW，引入区外光伏发电约 2 MW，地源热泵/冰蓄冷为 2200 kW，配置预制舱混合式储能 1.2 MWh、梯级利用电池储能 2 MWh。该项目充分利用园区内外的清洁能源，实现了区域能源清洁供应和就地消纳；通过风、光、储、地热等多种能源互济互补，提高了能源的总体利用效率。智慧能源领域的一系列新技术在该项目中得到了成功应用，对该领域工程科技的未来发展发挥了重要引领作用。下面简要介绍该项目中的几项代表性技术。

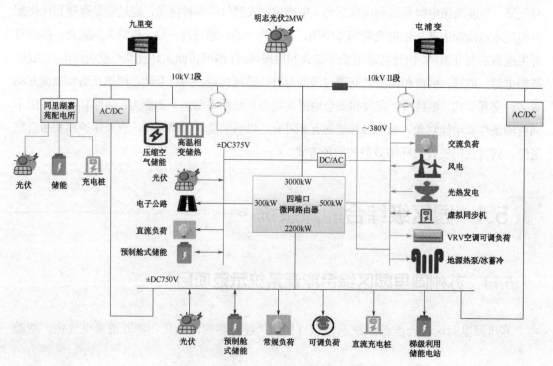

图 5-1　同里园区综合能源系统总体结构

1. 多能流能源交换与路由技术

微网路由器是能源网络的核心。微网路由器架起了多电压等级、交直流混合系统之间的桥梁，能够灵活、精确地控制微网间功率的双向流动，可实现多种电压等级与交直流电源间的自由变换。同里园区共有两台微网路由器，两者互为备用、互联互通。微网路由器有两个交流电端口和两个直流电端口，四个端口可进可出，可随意对接转换。网内实现智能控制，任何一个端口出现故障都不影响其他端口的正常工作，输出电压稳定，故障率低。该园区装设的微网路由器是目前世界上应用于工程实践容量最大的电力电子变压器，可打破不同能源边界，减少能源转换层级，实现冷热电互联互通和自由交换。微网路由器的应用使区域内供电可靠性达到99.9999%，综合能效提升6%。

2. 绿色交通与低碳建筑

在园区内建设多功能绿色充换电站、"三合一"电子公路及负荷侧虚拟同步机等。创新应用新能源技术及新型智能终端，将汽车、公路、路灯、充电桩等交通领域各类元素与新能源技术相融合，构建智慧绿色交通服务模式。同时，在园区北侧的同里湖嘉苑小区，融合清洁能源、储能和家庭微网路由器等技术，开展被动式建筑的智能改造，打造超低能耗的低碳建筑。

园区内的"三合一"电子公路集光伏发电、无线充电、无人驾驶于一体，采用路面光伏发电、动态无线充电等技术，为无人驾驶车辆进行动态充电。电子公路充电长度为370m，是目前世界上充电距离最长的公路，共铺设有178个无线充电线圈，动态充电效率达87%，静态充电效率达92%，同时具有一定的融雪化冰功能，促进了车、路、交通环境的智能协同。

被动式节能建筑引入德国被动式建筑理念，具有良好的保温气密性。建筑融合清洁能源、储能和家庭微网路由器等多项技术，实现了建筑的低能耗和低碳排放。被动式建筑内建有户用微网系统，该系统通过微型能源路由器接入分布式光伏、电动汽车双向充电桩和户用储能设备，在用电安全可靠的前提下实现自发自用，进而减少对外部电网的依赖，同时能够通过储能设备进行灵活调节，实现能量的双向传输，最大限度消纳清洁能源，降低建筑能耗。

3. 源网荷储智能互动

源网荷储协调控制系统能够调配园区内储能、充电桩等各类可调节的资源，连接和控制能源的各个元素，实现源网荷储多环节和冷热电多能源的协调互补与控制，进而实现区域能源"安全、可靠、经济、高效、绿色"的自治运行目标；同时，该系统还具备与大电网友好互动的能力,具备与上级电网"需求响应、主动孤网、应急支撑"的三种互动能力,可实现对大电网的应急支撑及削峰、错峰、填谷等功能,有助于构建"源端低碳、网端优化、荷端节能、储端互动"的运行新格局。

5.1.2 泰州海陵新能源产业园智慧能源工程示范项目[1]

泰州海陵新能源产业园智慧能源工程示范项目位于江苏省泰州市海陵区,是港华零碳园区智慧能源生态平台首批项目之一,覆盖当地医疗、工业等多个行业的近万家企业。该项目以新能源产业园为起点,建设屋顶分布式光伏,结合储能、节能、充换电等应用,依托港华智慧能源生态平台,通过综合能源规划设计服务选择经济适用的综合能源方案,配套数字化服务共同打造智慧新能源产业园。泰州海陵新能源产业园智慧能源工程以"双碳"目标相关政策为指导,坚持统筹规划、协调发展,市场主导、政策引导,因地制宜、多元发展的原则,按照"清洁低碳、安全高效、智能共享、产业生态"的规划理念,逐步实现能源系统升级、交通系统升级、产业升级,构建能源互联网。通过建设智慧能源生态平台,实现了规划区工业、居民、交通供用能系统的智慧高效运行。

图 5-2 为泰州海陵新能源产业园智慧能源工程示范项目全景图,园区采用统一规划、分期建设的实施方案,设立短期目标、中期目标和长期目标。项目短期需要实现分布式光伏、清洁供冷、能源站、重卡换电、充电桩、工业节能的建设及改造,同时扩大绿色植物种植面积,增强园区固碳能力;至 2025 年,将能源总体消耗中的清洁能源利用比例提高至 65%,新建绿色建筑率达到 100%。项目中期需要实现分散式风电建设和燃气的高效利用,提升燃气、冷、热、电多种能源的利用效率,降低管网输配损失。长期目标是零碳建筑、氢能利用及光伏建筑一体化的建设,依托智慧生态平台实现碳交易、碳管理和碳捕捉技术的应用;至 2050 年,区域能源生产与消费数据接入智慧生态平台率达到 100%,能源总体消耗中清洁能源利用比例达到 100%,绿色植物种植面积达到园区总面积的 20%。

泰州海陵新能源产业园智慧能源工程示范项目主要包括以下创新性技术:综合能源规划设计服务、绿色低碳综合能源供能体系、能源需求侧的新能源技术应用、"能源互联网+"的多能交互网络和多元化的增值服务。

---

[1] http://www.taizhou.gov.cn/art/2020/10/13/art_24_2820597.html

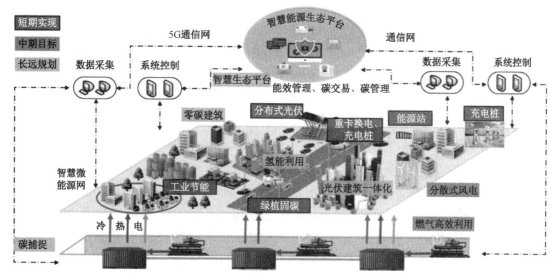

图 5-2 泰州海陵新能源产业园智慧能源工程示范项目全景图

1. 综合能源规划设计服务

科学合理的能源规划对城市低碳发展至关重要,港华依托智慧能源生态平台,借助互联网解决综合能源规划中存在的关键问题,进而推进城市能源规划的发展。港华智慧能源生态平台中的综合能源规划设计服务能够依据规划区域现有资源条件及规划区域用能需求,自动快速生成综合能源规划方案,指导具体能源项目按最合理的方式建设,直至形成投资规模适度、节能减排效果明显的互联互通区域能源系统。

2. 绿色低碳综合能源供能体系

泰州市处在我国第三类太阳能资源区域,太阳能资源丰富,且规划区内工业厂房较多,可充分利用闲置屋顶,建设分布式光伏,实现绿色电力的就地消纳。在能源供给侧,打破传统单一能源独立供应的壁垒,以高效燃气利用、光伏发电、氢能利用、燃料电池利用等措施,建设绿色低碳综合能源供能体系。充分利用区内外清洁能源,实现区域能源清洁供应和就地消纳,推动区域微能源网自发自用和能量平衡。同时,运用储能装置抑制分布式能源的间歇性、波动性,提升电网接纳新能源的能力,实现削峰填谷和需求侧管理,降低用能成本。

3. 能源需求侧的新能源技术应用

在能源用户侧,将工业园区、商业建筑群、居民社区等具有一定规模、用能特点相近的零散负荷,整合为一个或多个大容量、可调控的负荷聚合体,以负荷聚合体的形式进行需求侧能效管理,并大力发展新能源车辆及附属设施,实现源网荷储弹性互动,提升能源设施利用率。新能源车辆的发展依赖智能充换电服务网络的建设,该网络通过智能电网、物联网、交通网的信息融合,实现对电动车辆用户跨区域、全覆盖的服务,全面支持充换电路线,满足电动车辆用户的需求,有利于发展绿色低碳的交通服务。

4. "能源互联网+"的多能交互网络

以智慧能源生态平台为支撑,使规划区以天然气管网、热力网、智慧电网为主的能源网与以物联网、交通网、电力网为主的信息网实现数据的互联互通。通过多能耦合,一方面,可实现能源综合开发利用的高效化;另一方面,通过将电能转换为热、冷、氢能、新能源车辆储能等,实现可再生能源的消纳。通过能源信息融合,借助电力电子、信息通信和互联网等技术的控制与信息的实时共享,实现能源共享和供需匹配,从而实现能源的最优化与智能化利用。

5. 多元化的增值服务

多元化的增值服务可为能碳监管部门提供安全可靠的能源数据基础系统,搭建城市能源体系化监管平台。通过平台的监管与分析功能,可帮助政府部门实时了解所辖园区及企业安全生产和排放情况。通过平台的优化功能,可规划能源与碳排放路径,制定有针对性的碳管方案。依托先进的计量、通信、控制及预测等技术,提供对多种分布式能源进行协调优化的能力,使分布式能源客户能够参与碳交易、绿电交易及电力辅助服务等市场,从而助力电力系统的绿色转型和稳定发展。

5.1.3 广州从化明珠工业园多元互动示范项目[1]

广州从化明珠工业园多元互动示范项目选址在一个传统园区,通过多能流综合规划、多元互动、协调控制与智能调度,提高一次能源综合利用效率和可再生能源就地消纳率,打造园区内可靠、清洁、高效的综合能源系统。明珠工业园是国家重点研发计划项目的配套示范工程,依靠科研项目突破了"规划设计""互动机制""协调控制""智能调度"等关键技术,进一步研发了"一体化规划系统""多参与主体互动模拟系统""多能协调控制系统"与"综合能量管理系统"等核心技术,并设计了"多方共赢的园区多主体互动机制",进而实现了"源、网、荷、储"集成部署、调度控制系统集成部署、投资效益分析、综合

---

[1] https://www.meteringchina.com/index.php/News/news/newsid/215

评价指标体系等示范工程落地应用。

该示范项目包括分布式屋顶光伏、天然气冷热电三联供机组、生物质发电机组、储能系统、园区综合能量管理系统及分布式用户负荷监控终端和用户能量管理子站等，如图5-3所示。其中，可再生能源装机容量超过46 MW，为充分就地消纳可再生能源，挖掘园区内可再生能源的供应潜能，将可再生能源发电与储能系统搭配使用。鳌头能源站配置的天然气冷热电三联供机组装机容量为2×14.4 MW，供热能力约为52 t/h，可为园区提供丰富的冷、热、电资源。三联供机组具有热负荷、电负荷供给同步性高的特点，而用户侧热能、电能的相互替代关系，也增大了通过多能协同提高园区能源自给率的可能性。潭口生物质电厂发电机组装机容量为2×12 MW，可有效提高园区能源自给率，降低能源供应成本，减少碳排放。

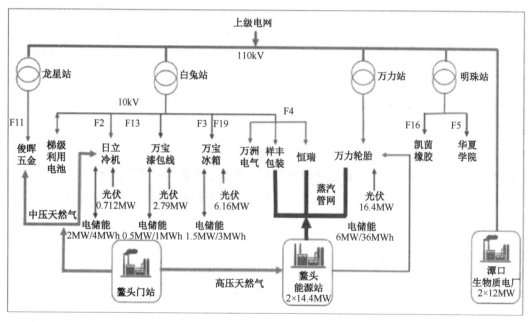

图5-3 广州从化明珠工业园多元互动示范项目总体结构

园区集聚了大量企业，具有参与主体多、负荷特性多样的特点，为园区的有序能源供应带来了机遇。广州供电局深入分析了各用户的用能特点，有针对性地对相关用能单位进行了改造，如配置储能系统、优化负荷特性等，建立了一套多能协同的智能调度系统，促进光伏发电和天然气冷热电三联供等清洁能源的充分消纳，并协助企业进行综合能源优化管理，实现了"源、网、荷、储"的有效互动；此外，还将园区整体作为灵活可调的虚拟电厂，与上级电网进行协调互动，提高了园区接入电网的友好性。2018年，明珠工业园用电总量为2.82亿kWh，可再生能源和清洁能源上网电量为2.11亿kWh，外购电比例为25.19%，一次能源综合利用效率超过80%。

5.1.4 福耀智慧能源示范项目[1]

为顺应电力体制改革，推动互联网、大数据、人工智能和实体经济深度融合，大幅降低企业用能成本，华润电力与福耀集团在能源领域展开战略合作，联合打造福耀智慧能源示范项目。

该项目利用企业厂房屋顶，将太阳能转换成电能，实现清洁供能；窑炉产生的烟气进入余热锅炉，产生蒸汽推动汽轮发电机发电，剩余热量供给空调制冷，热水供企业生活区使用。通过福耀智慧能源平台进行能源综合规划及多元互动，提供能源数据在线监测、最大需量管理、能源优化管理、产线对标管理等应用，提高综合能源利用效率，优化企业能源管理。

该项目已建成13.5MW光伏发电系统、6MW余热发电机组和1个智慧能源平台。项目投产后，不仅每年可为福耀集团提供5800万kWh绿色清洁能源，还实现了横向电、气、热、可再生能源等"多能互补"，纵向"源、网、荷、储"各环节高度协调，切实推进了生产和消费双向互动，提高了企业能源利用效率，降低了企业用能成本。

该项目受到政府部门和行业协会的广泛关注，获得亚洲能源协会颁发的2018年度亚洲能源大奖最佳智能电网奖，目前已由福耀企业级向福耀集团级推广。该项目实现了多项创新：① 首期13.5MW屋顶光伏项目于2017年12月28日投产，实现了"当年立项、当年备案、当年建设、当年投产"的综合能源项目建设新模式；② 实现了横向电、气、热、可再生能源等"多能互补"，将清洁能源占比提升至15%；③ 实现了工业余热多级回收利用，提高了能源利用率；④ 智慧能源平台与公司生产管理系统深度交互，实现了能源供给和消费双向互动，支撑福耀工业4.0转型升级。

---

[1] https://www.cr-power.com/news/gsdt/news2/201801/t20180109_447437.html

5.2 新能源微电网与智慧能源

5.2.1 广州大型城市智慧能源工程示范项目[1]

广州大型城市智慧能源工程是广东电网广州供电公司牵头建成的世界首个大型城市能源互联网工程，通过整合能源互联局域网及其他各种社会资源，实现了资源的合理分配利用，支撑了城市内部能源绿色转型需求。该工程将最新能源互联网技术和业态模式应用于城市典型能源用户（新型城镇、工业园区、大型用户、电动汽车、运营商），解决了特大城市面临的不同类型的用能问题。

广州大型城市智慧能源工程通过"1+3+3"建设（即1个"互联网+"智慧能源综合服务平台、3个智慧园区、3个创新业态），实现了基于互联网价值发现、电动汽车、灵活资源及综合能源服务4个业态模式，因地制宜、点面结合，将广州市打造成为"高效、绿色、共享、创新"能源互联网智慧城市的目标，同时实现了"综合能源高效利用、绿色低碳持续发展、灵活资源协调共享、业态创新多方共赢"4个核心目标。

图 5-4 是广州大型城市智慧能源工程总体架构，整个工程以全面支撑广州特色需求为出发点，进行能源互联网工程建设，升级并延伸能源服务。广州大型城市智慧能源工程建设从物理层、信息层、应用层三个方面展开。物理层建设包括各智慧能源工程应用，信息层建设包括搭建"互联网+"智慧能源综合服务平台，应用层建设包括电动汽车业态模式、灵活资源业态模式和综合能源服务业态模式。下面简要介绍该工程中具有代表性的几项技术及其应用效果。

1. 数字化储能

通过采用软件定义数字电池能量交换机系统、电池巡检云平台和能量调度云平台对基站备用电池进行数字化、信息化和虚拟化改造，该工程实现了通过信息互联网对大规模基站备用电池资源进行自动巡检和能量调度，并且提高了闲置电池资产利用效率，降低了运维成本，解决了现有通信基站大量备用电池闲置，资源利用率低的问题。

---

[1] https://news.bjx.com.cn/html/20200601/1077533.shtml

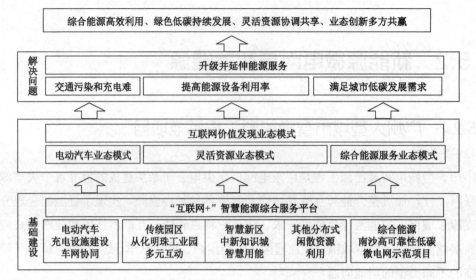

图 5-4　广州大型城市智慧能源工程总体架构

该工程选取广州市白云区、天河区和从化区的直供电通信基站，首创基于中国铁塔基站备用储能电池资源的兆瓦时级云储能系统，将 100 个通信基站中的备用电池系统经数字化改造，组成分布式电池管理系统，实现了电池单体毫秒级重构、故障电池单体微秒级在线检测和自动隔离，从根本上消除了电池系统短板效应，有助于打通行业间资源条块分割的壁垒，开创基于能源互联网共享经济模式的数字储能服务。

2. 智慧灯杆

智慧灯杆是广州智慧能源工程建设的重要内容。天河南二路工程是广州首个投产的智慧灯杆工程。智慧灯杆将监控摄像头、道路指示牌、基站等整合至灯杆上，较大程度上节省了空间。整合后，天河南二路的道路杆件由原来的 52 杆缩减至 35 杆，道路环境明显改善。智慧灯杆集智慧照明、视频监控、信息发布、充电等十多种智慧化功能于一体，实现了"一杆多用"。

3. 电力、电信、广电、互联网多元资源融合

该工程作为能源互联网建设示范项目，基础建设包括智能输变配设施、智能运营中心、储能电站、绿色建筑、智能楼宇等。在工程建设的智能电网区域，供电可靠性为 99.9999%，用户平均停电时间小于 2 分钟。在该工程中，通过利用低压电缆、复合光缆代替原电力传输电缆，实现了光缆与电缆同步铺设入户。广州供电公司通过与中国电信、中国移动、中国联通三大运营商合作，在满足用户智能用电需求的同时，还为电信网、广播电视网、互联网的信号传输提供了便捷通道，推动了电网、电信网、广电网和互联网的深度融合。该项目通过信息物理融合有力推动广州智慧城市的建设，落实灵活资源协调共享、绿色低碳持续发展的目标。

4."互联网+"智慧能源综合服务平台

"互联网+"智慧能源综合服务平台具备整合、集成内部资源并将各类分布式资源纳入调度平台管控的功能，可为电网及园区、用户等提供并发式能量管理服务。对于已具备能量管理系统的园区、用户，平台可以与之进行数据交互及共享，下发虚拟电厂调度指令，为园区、用户提供数据等增值服务。对于不具备能量管理系统的园区、用户，平台可以为园区、用户提供能量管理辅助决策，帮助用户挖掘运行经济效益，节省成本。对于电网，平台可以通过对分布式资源进行统一管理和控制，为电网调度提供调节能力和模型，发挥虚拟电厂提升电网运行经济性和安全性的作用。

5.2.2　上海电力大学临港新校区智能微电网示范项目[1]

上海电力大学临港新校区智能微电网示范项目由国网节能服务有限公司投资，由国网节能设计研究院设计施工，于2018年4月开工，9月20日试运行，12月18日通过验收。该项目建设了10栋公寓楼空气源热泵辅助太阳能热水系统、约2MW光伏发电系统、300kW风力发电系统、1套混合储能系统（150kW×2h铅炭电池、100kW×2h磷酸铁锂电池及100kW×10s超级电容）、49kW光电一体化充电站及一体化智慧路灯。该项目通过智慧能源管控系统，实现了建筑能效管理、综合节能管理和"源、网、荷、储、充"协同运行。

（1）分布式光伏发电系统：分布于全校21栋建筑屋面及一个光电一体化充电站车棚棚顶，总装机容量为2061kW。光伏组件采用单晶硅、多晶硅、BHPV、PERC、切半、叠片等多种形式，在供应清洁电力的同时，为学校师生免费提供研究新能源技术的场所。

（2）风力发电系统：采用一台300kW水平轴永磁直驱风力发电机组，与光伏发电系统、储能系统组成微电网系统。

（3）储能系统：系统配置有100kW×2h磷酸铁锂电池、150kW×2h铅炭电池和100kW×10s超级电容。这三种储能设备与学校的不间断电源相连，一并接入微电网系统。

（4）太阳能+空气源热泵热水系统：分布于10栋公寓楼屋面，为了提高能效，每栋楼采用空气源热泵与太阳能集热器组合形式，33台空气源热泵满负荷运行，晴好天气充分利

---

[1] https://www.sohu.com/a/273331230_742793

用太阳能，全天可供应热水800余吨，满足全校10000余名师生的生活热水使用需求。

（5）智能微电网系统：通过采用光伏、风力等发电及储能技术，智能变压器等智能变配电设备，结合电力需求侧管理和电能质量控制等技术，构建智能微电网系统，实现用电信息自动采集、供电故障快速响应、综合节能管理、智慧办公互动、新能源接入管理。在切断外部电源的情况下，微电网内的重要设备可离网运行1~2h。

（6）智慧能源管控系统：系统主要监测风电、光伏、储能、太阳能+空气源热泵热水系统的运行情况，实现与智能微电网、智能热网、校园照明智能控制系统及校园微电网系统的信息集成及数据共享，满足学校对新能源发电、园区用电、园区供水等综合能源资源的动态实时监控与管理，通过数据分析与挖掘，实现各种节能控制系统综合管控，它是整个项目的智慧大脑。

5.2.3　宁夏嘉泽红寺堡新能源智能微电网示范项目[1]

宁夏嘉泽红寺堡新能源智能微电网示范项目以"风光燃储多元化、冷热电三联供、并网孤岛皆稳定"为目标，坚持"因地制宜、创新机制、多能互补、自成一体、技术先进、典型示范、易于推广"的基本原则，集超低风速智能风力发电机组、硅片太阳能电池组、HCPV高倍聚光电池板、微燃气轮机分布式发电电源和复合储能（钒液流电池和超级电容）单元于一体，通过暂态温控技术和动态温控系统，形成以可再生能源为主的高效一体化分布式能源系统；通过集成分布式能源及智能一体化电力能源控制技术，形成先进、高效的能源体系，与公共电网进行双向互动，可以灵活参与电力市场交易。

该项目包括：3台GW115/2000kW低风速智能风机、315kWp多晶硅屋顶光伏、30kWp地面双轴跟踪光伏、30kWp聚光光伏、1台64kW微燃机、125kW×5h钒液流储能电池、100kW×20s超级电容系统、1台交流充电桩、1台直流充电桩。暂态温控技术和动态温控系统是该项目的两项核心技术。

5.2.4　广州南沙高可靠性智能低碳微电网示范项目[2]

广州南沙是我国国家级新区、自贸试验区和粤港澳大湾区综合服务功能核心区，同时

---

[1] http://www.jzne.net.cn/fdpro.asp?classid=722
[2] https://news.bjx.com.cn/html/20180822/922519.shtml

处于台风等自然灾害多发区域,对供电可靠性和供电质量要求很高。广州南沙高可靠性智能低碳微电网示范项目拥有一套强大的自动控制系统,当检测到外电网发生故障时,能迅速与外电网解列,自动由外电网切换为微电网供电,保障重要用户不间断供电,并在灾后快速恢复重要负荷供电。作为典型的并网型新能源微电网,它可实现50ms内非计划性并网转孤网无缝切换、4种并网/孤网运行方式(并网模式、孤网模式、并转孤、孤转并)智能切换、孤网运行一周、黑启动等核心目标。该项目构建了一个结构灵活、10kV与0.4kV混合的综合能源微电网系统,采用光伏等当地清洁能源部分替代外电,除了降低示范区域对外电的依赖性,提高极端天气下、外电中断情况下区域供电的保障能力,还可提高可再生能源的消纳能力及区域内部能源的利用效率,实现了100%清洁能源就地消纳,并网运行时可再生能源利用削减的峰值负荷超过50%,有效降低了碳排放。此外,该项目在供能可靠性和运行经济性等方面具有较好的示范作用。

5.3 源网荷储友好互动与多能互补

5.3.1 江苏大规模源网荷友好互动系统示范工程[1]

江苏大规模源网荷友好互动系统示范工程是国家能源局公布的首批55个能源互联网示范项目之一,其建设思路如图5-5所示。该项目由国网江苏省电力有限公司申报,于2016年8月启动,目标是变革电网互动模式,将传统单一的"源随荷动"模式转变为"源随荷动、荷随网动"的友好互动模式,建立全时间尺度的大规模源网荷友好互动技术体系,项目于次年5月6日正式通过验收。

在技术方面,该项目主要面向应急场景和非应急场景,首创了应急场景下的负荷精准控制技术及非应急场景下的柔性调控和需求主动响应技术。在应急场景下,优先采用负荷精准控制技术,实现刚性控制;在非应急场景下,采用柔性控制方式和需求主动响应控制方式,实现大规模分散式负荷柔性调控。该项目具备从毫秒级到日前的多时间尺度、可灵活调用的负荷资源及其调控方式,通过在不同应用场景下的互补互济,最大限度提升对江苏全省电力负荷的管控能力。

---

[1] http://www.chinasmartgrid.com.cn/news/20190627/633062.shtml

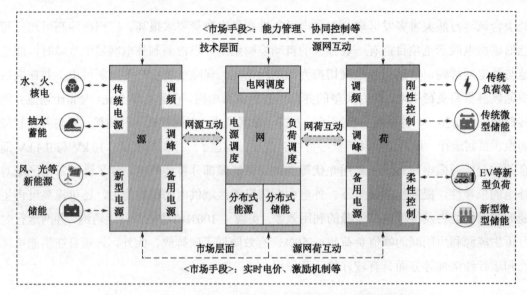

图 5-5 江苏大规模源网荷友好互动系统示范工程的建设思路

在机制建设方面，江苏省电力有限公司调动多方力量参与该项目建设，实现了政府、电网公司、电力用户等各参与主体的协同配合，建立了灵活多元的大规模源网荷友好互动机制和商业模式，完成了能源互联网商业模式由集中向分散的转变，实现了交易主体多元化、交易商品多样化、交易信息透明化与交易方式自主化。

在软件建设方面，该项目构建了大规模源网荷负荷精准控制子系统，将大电网故障应急处理时间从分钟级缩短至毫秒级，保障了受端电网大规模区外来电的安全性，促进了清洁能源消纳。建设的空调削峰子系统和需求响应子系统可实现分钟级到日内时间尺度的负荷调节，避免了电网为应对短暂尖峰负荷而增加发电容量，有效平抑了光伏发电、风电的波动性，助力能源结构绿色转型。

在硬件建设方面，面向应急场景研制了智能网荷互动终端，可统计本终端可切负荷总量并上传至对应的控制子站，执行切负荷命令，不仅可满足电网快速切负荷的控制要求，还具有快速通信能力和丰富的接口。面向非应急场景研制了开发需求响应终端，可对现场接入设备进行工况和能耗的实时监控，实时计算接入设备的响应能力，并分析现场设备的运行状态；根据电网需求，自动构建匹配的响应策略，以进行多模式调节与响应，从而实现实时工况分析、策略智能构建及动态调节。

2017 年 5 月 24 日，江苏省电力有限公司进行了锦苏直流实切验证试验，有 233 个用户参与验证。结果表明，江苏精准切负荷系统动作的准确率达 100%，在 245ms 内切除了全部签约用户，负荷共计25.5万kW，与华东频控系统一起填补了因锦苏特高压直流闭锁造成的有功功率缺失，验证了大规模源网荷友好互动系统保障大电网安全的有效性。2018年2月16日至18日，基于需求响应辅助决策子系统，江苏省电力有限公司组织了国内最大规模的"填谷"需求响应，3日内累计提升低谷用电负荷928万kW，促进新能源消纳7424万kWh。2018年7月30日14时至15时，江苏省电力有限公司成功实施了年度首次"削峰"需求响应，实际减少用电负荷402万kW，创造了削减负荷的历史新纪录。这些验证试验充分证明了大规模源网荷友好互动系统示范工程建设的成功。

5.3.2 辽宁丹东"互联网+"在智能供热系统中的应用研究及工程示范项目[1]

辽宁丹东"互联网+"在智能供热系统中的应用研究及工程示范项目是国家能源局首批"互联网+"智慧能源示范项目之一，由华电集团公司牵头，华电电力科学研究院（以下简称"华电电科院"）供热技术部提供技术支持，丹东金山热电有限公司、华电邹城热力有限公司为落地单位。该项目包含丹东公司智能热网信息化平台、知春园"一站一优化曲线"换热站、新型抽凝系统、吸收式热泵及电蓄热梯级耦合等示范工程，如图5-6所示。

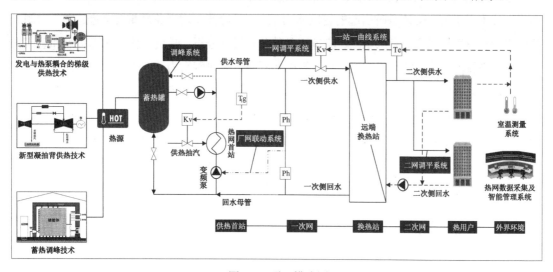

图5-6 项目模式图

---

[1] https://news.bjx.com.cn/html/20190328/971626.shtml

丹东金山热电有限公司共有两台 30 万 kW 热电联产机组，设计的最大供热面积是 1350 万平方米。华电电科院对丹东金山热电机组进行了一系列关键技术开发和改造：对 1 号机组进行了热泵余热回收技术改造，回收循环水余热，热泵设在热网回水之后进首站之前，先对回水进行加热，通过这项发电与热泵耦合的梯级供热技术，可回收机组循环水排水余热 131 MW，用于满足丹东市基础热负荷；2 号机组采用新型抽凝技术，将中低压缸间的阀门关死，在阀门边加开一个冷却旁路，低压缸不进汽，将原本供低压缸的蒸汽直接变成采暖蒸汽抽出来，低压缸无冷端损失，同时显著提升供热能力。经过一系列技术改造后，丹东金山热电有限公司的最大供热能力提升至 1800 万平方米。此外，全工况抽汽集成技术是一种耦合采暖抽汽、工业抽汽、再热蒸汽抽汽等多种抽汽方式的全工况抽汽高效集成技术，将其融合到采暖供热系统中，并结合辅助电力调峰政策，制定供热机组经济性全工况运行策略，便可实现梯级高效供热。借助热泵余热回收、新型抽凝技术、全工况抽汽集成技术、蓄热调峰技术和耦合系统经济性运行策略等，实现了丹东金山热电有限公司的"热电机组冷端近零损失"。

同时，该项目开展了智能热网建设，在电厂侧有"网源一体化调控模块"，在热力公司侧的调度中心有"智能控制策略"，在电厂侧和热力公司侧之外还有"智能热网综合管理平台信息系统"。网源一体化调控模块包括"一站一优化曲线"智能调节技术、管网水力平衡技术、基于数据挖掘的热网运行决策、厂网一体化预测调节、监控中心智能化升级等。其中，管网水力平衡技术用于解决变流量时引起的管网水力工况差、冷热不均现象严重等问题；基于网源一体的水力计算数学模型，对水压图、流量等参数分布进行分析，解决了管网水力失调和管网振荡现象，确保供热末端的房屋室温达标。智能热网建设使热网水力工况变好，换热站实现了无人值守，运行数据可实时上传至热网监控中心，结合优化曲线对换热站进行动态实时调整，热网运行调整变得快捷、高效、精准。在保证用户室温稳定的前提下，提高了热网运行效率，节约了成本，实现了企业美誉度与用户满意度的共赢。此外，还通过"智能热网综合管理平台信息系统"将收费系统、营销系统、能耗分析系统、运行管理系统、客服系统等集成在一起，推进了供热系统的信息物理集成，实现了远程在线监控、节能诊断与智能调节。

5.3.3 河南郑州智慧供热[1]

郑州热力集团有限公司（以下简称"郑州热力"）近些年一直积极实施智慧供热，推动

---

[1] https://www.henandaily.cn/content/2021/1027/328947.html

供热智慧化蜕变。从2010年起,郑州热力陆续对所有热源、热网、热力站进行全面的自动化设备改造,开发出热网监控系统,实现了热网的实时监测和调节控制。郑州热力以热网监控系统为起点,不断加大信息化建设力度,累计投资超过2亿元,打造了多个信息化线上平台;自主研发了集热网监控、管理于一体的热网调度系统,包括针对用户热线、故障报修、工单处理等功能的客户服务系统和针对新户申请、变更、缴费等功能的经营收费系统。在"互联网+"背景下,郑州热力信息化平台建设快速推进,构筑了郑州市智慧供热的雏形。

2017年,郑州热力与浙江大学合作开发了郑州市"智慧供热"系统,随后又与阿里巴巴合作开发了"城市大脑"系统,着手打造智能化、集成化的智慧供热体系。"智慧供热"系统脱胎于"智慧城市"概念,结合郑州热力已有的信息化硬件设施和浙江大学的理论成果,致力于建立郑州市供热系统仿真模型,通过实时负荷预测和逻辑分析,给出用户能量平衡调控策略,实现供热系统"自感知、自适应、自调节",构建智慧供热仿真分析与调度控制平台。"城市大脑"系统依托在线化、数据化、智能化等新技术,以热力智能数据中台为枢纽,基于领导驾驶舱数据可视化展示,集成智能客服、智能调度、智能营收三大部门核心诉求,打造智能化、一体化、可扩展的热力大脑综合平台。经过多年建设,"智慧供热"和"城市大脑"系统已初步成形并逐渐融合。

郑州市城市供热系统不断建设完善,实现主城区集中供热全覆盖,形成全国唯一的城市供热系统"一城一网"供热格局。郑州热力率先推行多热源联网运行模式,四大"引热入郑"长输管网、九座燃气锅炉房共同发力,支撑起郑州市清洁供热发展热源布局。面对热需求超出管网承载能力的状况,不仅引入了吸收式热泵大温差机组、分布式变频技术等项目,还逐步采用了管道机器人、锅炉房智能VR、管网堵漏技术、换热器保温措施、供热气温监测、故障影响度判定、热源考核机制、二次网调节策略等新兴技术和措施。

郑州热力创新性地提出以长输供热管网充当蓄热罐的新理念,成为长输管网蓄热技术的开端。得益于公司"引热入郑"工程建设布局,三大热电厂全部自城市外围引入市区供热,同时批量建设配套的长输供热管网,先后建设了四条大管径、长距离的输热管网。2020年投运的裕中二期长输管网长33.9km,是全国最大管径的供热管网。一边是大幅波动的电厂供热量,另一边是长距离输热管网硬件基础,"长输管网蓄热"将两者完美融合。经过3个月的蓄热试验,调度中心技术团队和分公司运行人员摸清了管网蓄热技术的操作细节和运行效果。实践证明,蓄热操作起到了削峰填谷的作用,各大电厂调峰波动的状况得到了有效改善。

5.3.4　海西州多能互补集成优化示范项目[1]

海西州多能互补集成优化示范项目是我国首批多能互补集成优化示范工程中第一个正式开工建设的项目，于2019年9月全部建成并上网发电。该项目装机总量为70万kW，包含20万kW光伏、40万kW风电、5万kW光热发电和5万kW储能系统。

相比于传统的新能源项目，该项目采用"新能源+"模式，以光伏、光热、风电为主要开发电源，以光热储能系统、蓄电池储能电站为调节电源，开展多种电力组合，有效改善风电和光伏不稳定、不可调的缺陷，彻底解决用电高峰期和低谷期电力输出不平衡的问题。该项目按照统一设计、分步实施、整体集成的路线，对风电、光伏、光热的新能源组合开展实时柔性控制，构建"互联网+"智慧能源系统，实现智能调控，提升系统运行灵活性，降低出力波动性，提升整体效率。

塔式太阳能热发电系统的基本形式是利用独立跟踪太阳的定日镜群，将阳光聚集到固定在塔顶部的接收器上，加热吸热器中的传热介质（二元熔盐）到565℃左右后存入高温蓄热罐，然后用泵送入蒸汽发生器加热水产生蒸汽，利用蒸汽驱动汽轮机组发电，传热介质可循环使用。5万kW储能系统采用高能量转换效率电池储能模块设计技术、大型储能电站的系统集成技术、动力电池高效低成本梯级利用技术、大型储能电站的功率协调控制与能量管理技术，充分利用光热、电储能和热储能的调节作用，有效降低系统建设成本和弃风、弃光率，提高供电可靠性。

该项目基于生产模拟仿真，构建"风电—光伏—光热—储电—储热—调度—负荷"优化互补系统，提升系统运行灵活性，降低出力波动性，实现了弃风率小于5%、对外输电通道容量小于发电容量40%的目标。该项目年发电量约为12.625亿kWh，可满足青海省城乡居民半年的用电量；每年可节约标准煤约40.15万吨，有效减少了碳排放和大气污染。

---

[1] http://jiangsu.china.com.cn/html/finance/zh/10637979_1.html

第 6 章

综合智慧能源典型工程——国外案例

本章作者 李姚旺（清华大学） / 王江江（华北电力大学（保定）） / 王永真（北京理工大学）

促进可再生能源消纳、提升能源系统整体能效、让能源系统更加"智能"是世界各国追求的目标。放眼国际，自 20 世纪 70 年代以来，以分布式能源技术和节能技术、合同能源管理为代表的新技术、新模式融合式服务逐步涌现，世界各国在综合智慧能源领域已开展了诸多探索与实践。其中，德国、日本、美国和丹麦是综合智慧能源领域的先行者，目前已开展了大量相关理论研究和研发示范，取得了一系列令人瞩目的研究和应用成果。本章选取德国、日本、美国和丹麦的一些典型综合智慧能源应用案例进行介绍，以反映近些年不同国家和政府对综合智慧能源领域的关注方向与应用进展。

6.1 德国

德国是较早进行综合智慧能源实践探索的国家之一，其综合智慧能源发展侧重于通过对能源系统全环节的数字化改造，促进可再生能源开发利用，进而推动能源结构转型和能效提升。早在 2008 年，德国联邦经济部和科技部即在"E-Energy：以信息通信技术为基础的未来能源系统"项目手册中号召进行"能源互联网"系统理念和整体思路研究。随后，围绕"低碳+去核"的能源转型目标，德国联邦经济部与环境部推出了为期 4 年的 E-Energy 计划。该计划被称为德国能源转型的第一阶段探索。该阶段旨在以信息通信技术为基础，搭建信息网络，实现能源数据的实时交互和反馈，使电力生产者和消费者（个人用户和工业用户）根据信息进行决策和交易，从而形成广泛参与的电力交易市场。经过申报和竞标，

E-Energy 计划共选取了 6 个示范项目，总投资额为 1.4 亿欧元。E-Energy 计划结束后，德国联邦经济部和能源部于 2016 年开启了能源转型的第二阶段探索——为期 4 年的"能源转型数字化"智慧能源展示（SINTEG）计划，该计划在 5 个大型示范区域开启试点项目研究，共有超 300 家企业参与，投入资金预计为 5 亿欧元。其中包括 eTelligence 项目、Moma 项目、RegModHarz 项目、Smart Watts 项目、E-DeMa 项目、WindNODE 项目、C/sells 智能电网工程、欧瑞府零碳园区综合能源工程等。

6.1.1 eTelligence 项目

eTelligence 项目选择在人口较少、风能资源丰富、负荷种类较为单一的库克斯港进行，其建设内容如图 6-1 所示。该项目侧重于探索用户侧资源的相应作用，同时考虑了电、热两种能源形式。该项目的供能端包括热电联供机组（1kW～1MW）、光伏发电站、风电站（MW 级）、生物质能（1MW），负载端则由数个冷库（每个约 500kW）、废水处理设施（约 1MW）和超过 2000 个家庭用户组成。研究人员选择了 650 个家庭用户进行统计分析。家庭用户在该项目中被要求安装电力测量设备，并实行分时电价。电力测量设备包括 Landis+Gyr、QNE、ITF Fröschl、EasyMeter 四种，全部集成或外置通信模块。测量信息通过网关设备收集至服务器。用户可以通过 Apple iPod Touch 应用、eTelligence 网页或每月用户报告查看能源数据。所有反馈方法都提供与其他同等规模的家庭的能耗比较。在 Apple iPod Touch 应用中，用户可以查看过去 7 天的能源消耗、费用及二氧化碳排放，并提供实时能耗功率信息。网页则方便用户查看较长一段时间内的能耗信息，并提供能耗分析工具。

eTelligence 项目的主要措施包括设定电价和增加虚拟电厂两方面。为了激励用户改变自身用能行为，该项目中使用的分时电价套餐比一般套餐有着更大的峰谷电价差。电价方案分为两种：电价方案 1 同时提供"奖励时间"和"惩罚时间"，"奖励时间"是指当风电较多时，电价低至 0.00～0.80 欧元/kWh。"惩罚时间"是指当风电较少时，电价会比一般时间更贵。电价方案 2 提供峰谷时间段及电价。其中，阈值为用户自身历史用电量的 80%。同时，为了更好地实现发电和需求管理，该项目开发了一套虚拟电厂系统。其运行方式如下：首先，提前一天预测负荷，制订电力系统的调度计划；之后，将调度计划作为指令发送给电力市场；最后，在出现偏差时，利用可调节的发电设备调节输出功率，或者引导用户调整用电量。为了实现以上功能，将虚拟电厂的控制器与本地已有的能源系统的控制设备相连。示范结果显示：虚拟电厂使冷库的用电成本降低了 6%～8%，并且降低了 15% 的不平衡电量的购买需求。

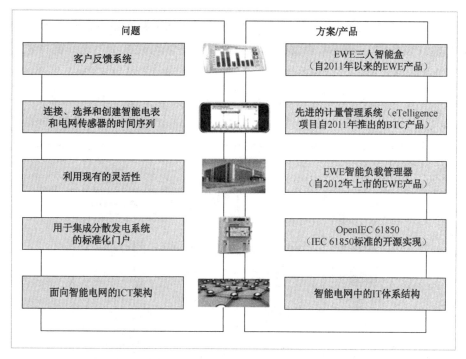

图 6-1　eTelligence 项目建设内容

6.1.2　RegModHarz 项目

RegModHarz 项目开展于德国的哈慈山区,其发电侧包括 2 个光伏发电站、2 个风电站、1 个生物质能发电站,共 86MW 发电能力。RegModHarz 项目是第一阶段 E-Energy 计划中的 6 个重点项目之一。该项目生产计划由日前市场和日内市场决定。RegModHarz 项目的目标是对分散风力、太阳能、生物质能等可再生能源发电设备与抽水蓄能水电站进行协调,令可再生能源联合循环利用达到最优。其核心示范内容是在用电侧整合了储能设施、电动汽车、可再生能源和智能家用电器的虚拟电厂,包含了诸多更贴近现实生活的能源需求元素,可称为能源互联网的雏形。

RegModHarz 项目采取的主要措施包括:① 建立了家庭能源管理系统,家电能够"即插即用"到此系统上,系统可根据电价决策家电的运行状态,也可以根据用户的负荷追踪可再生能源的发电量变化,实现负荷和新能源发电的双向互动;② 配电网中安装了 10 个电源管理单元,用以监测关键节点的电压和频率等运行指标,定位电网的薄弱环节;③ 光伏、风机、生物质能发电、电动汽车和储能装置共同构成了虚拟电厂,参与电力市场交易。

RegModHarz 项目的典型成果包括：① 设计开发了基于 Java 的开源软件平台 OGEMA，对外接的电气设备实行标准化的数据结构和设备服务，可独立于生产商支持建筑自动化和能效管理，能够实现负荷设备在信息传输方面的"即插即用"，OGEMA 平台体系架构如图 6-2 所示；② 虚拟电厂直接参与电力交易，丰富了配电网系统的调节控制手段，为分布式能源系统参与市场调节提供了参考；③ 基于哈慈地区水电和储能设备的灵活调节能力，很好地平抑了风机、光伏等功率输出的波动性和不稳定性，使得该区域具备 100%清洁能源供能的可能性。

图 6-2　OGEMA 平台体系架构

6.1.3　Smart Watts 项目

Smart Watts 项目是第一阶段 E-Energy 计划 6 个重点项目中的最后一个。共有 250 个家庭参与了位于亚琛的 Smart Watts 项目，其目标是运用高端成熟的 ICT 技术，来追踪电力从生产到消耗价值链中的每一步，进而向用户传达其所用的电力来源，以及用户所用电器的电力消耗水平。用户通过智能电表来获知实时变化的电价，根据电价高低来调整家庭用电方案和电动车充电方案。用户可以自由选择自己的电价套餐，套餐中的电价是分时电价。通过智能插座获取数据，用户不仅可以在电子设备上查看每个用电设备用了多少电，还可以查看用了多少钱的电；也可以通过应用程序控制家电开关，通过设定参数让程序自动决定家电的运行。实际试验的数据结果表明：在价格最低的时段，负荷上升了 10%；在价格最高的时段，负荷下降了 5%。

Smart Watts 项目还设计了 EEBUS。针对智能家电中各个电气设备之间存在多种通信标准的问题，EEBUS 作为一个通信的翻译器应运而生，能够将现行的通信标准翻译给售电商、电网、发电商、用户、家用电器商等（图 6-3）。

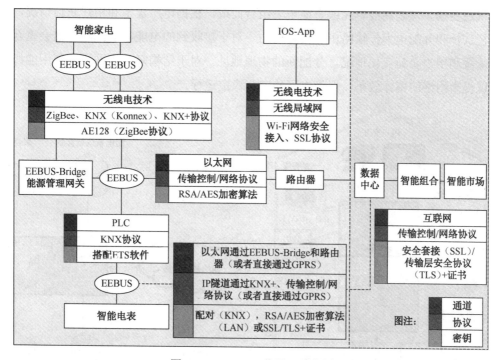

图 6-3　EEBUS 工作原理示意图

6.1.4　E-DeMa 项目

E-DeMa 项目选址于莱茵-鲁尔区的米尔海姆和克雷菲尔德，侧重于差异化电力负荷密度下的分布式能源社区建设（图 6-4）。该项目将用户、发电商、售电商、设备运营商等多个角色整合到一个系统中，并进行虚拟的电力交易，交易内容包括电量和备用容量。E-DeMa 项目共有 700 个用户参与，其中 13 个用户安装了微型热电联产装置。从 2008 年 11 月到 2013 年 3 月，E-DeMa 项目开发和测试了相关解决方案。所有参与该项目的家庭都安装了带有通信模块和家用 PC 接口的智能电表。通过互联网，用户可收到有关何时消耗电力最便宜的信息。此外，还有大约 100 个家庭获得了智能洗衣机、烘干机或洗碗机，这些设备可自动根据最便宜的电价来确定其运行时间。拥有 CCHP 装置的参与者也能够提供他们自发电的电力并将其馈入电网。因此，消费者成为积极的市场参与者。

E-DeMa 项目的核心是通过智能能源路由器来实现电力管理，其既可以实现用电智能监控和需求响应，也可以调度分布式电力给电网或社区的其他电力用户。智能能源路由器由光伏逆变器、家庭储能单元或智能电表组合而成，根据电厂发电和用户负荷情况，以最佳路径选择和分配电力传输路由并传输电力。对于接收到的电能，能源路由器会重新计算网络承载和用户负荷变化情况，分配新的物理地址。对于结构复杂的网络，使用能源路由器可以提高网络的整体效率，保障电网的安全稳定运行。

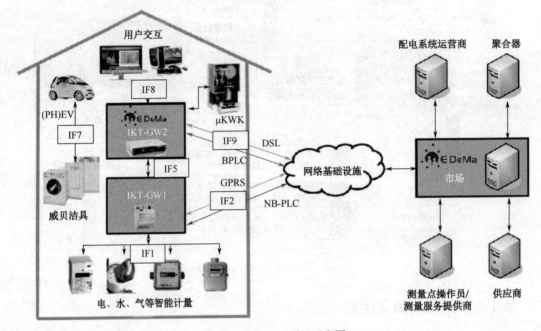

图 6-4　E-DeMa 项目示意图

6.1.5　C/sells 智能电网工程

C/sells 是德国首个跨区域的、可投入使用的智能电网工程，该工程由 50 个不同行业的合作伙伴共同参与，它们分别来自运营商、制造商、能源服务商、科研机构及电网调度等领域。该工程主要用于解决德国能源转型中出现的电力市场多元化和市场主体多样性等问题。在"C/sells"这个名称中，"C"代表：在未来的能源系统中，自主行动的个体在区域网络中如细胞一般相互作用，电力的使用和供应与热、气供应共同被优化，充分利用细胞内和细胞之间的灵活性。"sells"代表：在虚拟平台中，不同的参与者能够自主且同时行动。这带来了一种新的价值供应方式和商业模式。

C/sells 智能电网工程是德国 SINTEG 计划中的重要建设内容。该工程以实现能源安全、经济、环境兼容和可持续发展为目标,并协调高比例的可再生能源供应。该工程涉及巴登-符腾堡、巴伐利亚和黑森三个联邦州,并将它们划分成 30 多个电力生产示范区。该工程建立了一个由众多较小的电力生产者(如某个地区、城区或居民家庭住宅)构成的电力系统,通过物联网技术和数字化基础设施使电力生产者相互连接,构成灵活的蜂窝能量系统,该系统能够实现在自身生产电力富余或匮乏情况下的自动互联和互相补给。

C/sells 智能电网工程为德国全面推出智能电网奠定了基础,一方面,通过将能源网络整体划分为众多的细胞结构,实现了分布式能源、生产者与消费者之间的良性互动,有效化解了电网日益复杂化的问题;另一方面,利用数字化基础设施将不同基础元素连接起来,保证信息和能源的安全流动与互通,并通过电、热等多能互补实现细胞结构内的局部优化。此外,灵活的蜂窝组网方式实现了能源互济和综合优化,提升了整体运行效率。

6.2 日本

日本综合智慧能源的侧重点在于区域综合能源系统的建设,从技术革新、推广新能源、改变能源消费结构三个方面切入,以提高能源效率,推动能源节约。在日本,现有的分布式能源系统大多以单体用户为供能对象,用户负荷单一、波动性强,供需互动难以有效实现。为解决上述问题,近年来,日本各大能源商开始尝试突破现有分布式能源系统的供能边界,将同一区域范围内多个相邻的用户纳入统一供能体系,通过构建区域能源互联网实现能源的共享与交易。结合日本政府对氢能产业发展的大力推动,日本将形成以区域能源互联网建设为着力点,以氢能开发利用为驱动力的能源互联网发展新模式。日本分布式能源互联网的应用实践主要由东京燃气、大阪燃气等几大能源公司推动。此外,2011 年,日本开始推广"数字电网"(Digital Grid)战略规划,实现了能源网和信息网的深度融合。

6.2.1 大阪市岩崎智慧能源网络项目

大阪市岩崎地区拥有京瓷大阪体育场、永旺百货等大型用能设施,存在冷、热、电等多元化供能需求。因此,该地区早在 1996 年便建有岩崎能源中心,对区域内 13 家用户进行供热、供冷、供电。岩崎能源中心在 2013 年升级改造并引入热电联产系统,构建了区域

"能源主站+分站"的协同互补架构。升级后的系统能够有效满足用户的多元化用能需求,确立了智慧能源网络的基本形态。

岩崎智慧能源网络项目的突出贡献在于提出了"能源分站面向社区,能源主站全域统筹,主站与分站间协同互补"的供能方式,在区域层面构建了高效的能源利用体系。整个能源网络由1个主站和3个分站协同实现能源供应。其中,主站配有燃气直燃机、余热回收型吸收式制冷机、电制冷机、热水锅炉等。分站1位于ICC大楼内,设置有燃气内燃机和余热回收型吸收式制冷机,其产生的余热除自身使用外,也可交换至主站。分站2位于地铁站附近,设置有燃气直燃机和燃气锅炉。分站3位于hu+g博物馆内,设置有余热回收型吸收式制冷机,其热源来自大楼内热电联产系统产生的余热及太阳能,剩余部分可以交换至主站。大阪市岩崎智慧能源网络架构如图6-5所示。

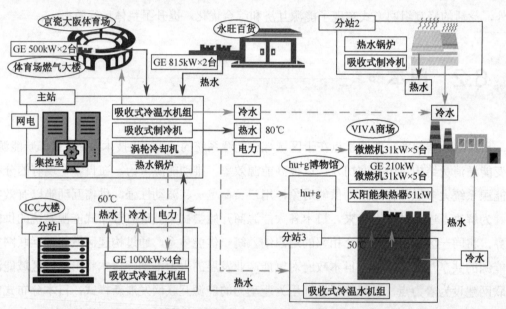

图6-5 大阪市岩崎智慧能源网络架构

6.2.2 千住混合功能区能源互联网项目

千住混合功能区能源互联网项目是日本产业经济省的示范项目,于2011年开始运行,区域范围内主要有东京燃气公司的千住技术中心和荒川区立养老院。

千住混合功能区能源互联网系统架构如图6-6所示。该项目包含光伏发电、太阳能集热器等多种可再生能源利用设备,通过热网和电网实现能量双向传输,依靠区域能源中心对各种能源进行综合调度和智能管控,以满足终端用户的多种能源需求。能源中心可利用多种热源,通过控制系统设置热源利用次序:太阳能集热器优先,热电联产余热次之。同时,在技术中心和养老院间构建了联络热网,为热力资源的互补协调奠定了基础。示范结果表明:通过构建上述能源互联网,区域全年节能 13.6%,减排 35.8%,节能减排效果显著。

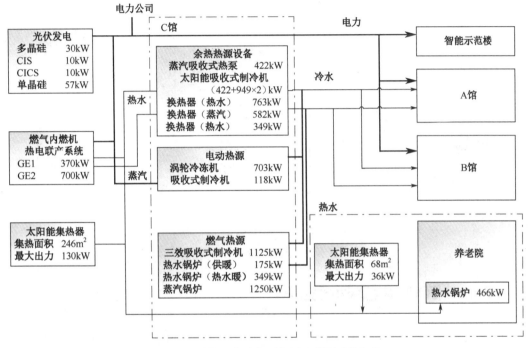

图 6-6　千住混合功能区能源互联网系统架构

6.2.3　东京丰洲码头区域智慧能源网络项目

东京燃气集团以其 2020 愿景为导向,从 2014 年开始在新开发的丰洲码头地区构建智慧能源网络（图 6-7）。在设置兼具能源供应与防灾提升功能的智慧能源中心的同时,利用 ICT 技术导入了可对设备进行实时最优控制的 SENEMS 系统,为区域内 4 个地块提供电、热等综合能源服务。具体而言,能源中心配置有 7MW 大型高效燃气内燃机组、利用燃气压差的压差发电机（560kW）、余热回收型吸收式制冷机（2000RT）、电动制冷机（4000RT）、蒸汽锅炉,还设置有电力自营线路、强抗灾性中压燃气管网。燃气内燃机组额定发电效率高达 49%,与其他分布式能源协同,大约可提供区域电力峰值的 45%;同时,发电余热可在区域内融通。此外,热源系统还具有 BCP 对应功能,即使在停电时也可满足 45%的峰值热需求。根据预测,引入上述智慧能源网络,可以实现年二氧化碳减排 3400 吨,减排率约为 40%。

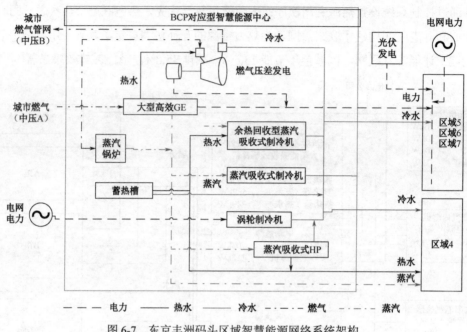

图 6-7 东京丰洲码头区域智慧能源网络系统架构

6.2.4 NEDO 微电网示范工程

日本的新能源综合开发机构 NEDO(新能源与工业技术发展组织)一直支持微电网的研究和示范工程。NEDO 在青森县、爱知县和京都县建立了多个微电网示范工程,包括:Hachinohe 微电网展示项目、Aichi 微电网展示项目、Kyoto 微电网展示项目和 Sendai 微电网展示项目。

Hachinohe 微电网展示项目主要研究可再生能源发电对微电网控制的影响,项目中的分布式电源包括光伏、小型风力机和生物质能发电。Aichi 微电网展示项目主要研究分布式电源输出功率对负荷功率变化的跟踪能力,项目中的分布式电源包括各种不同的燃料电池。Kyoto 微电网展示项目中的分布式电源既包括各种可再生能源发电,也包括各种燃料电池,目标是研究建立在通信基础上的能源管理系统。Sendai 微电网展示项目则包括不同类型的分布式电源和不同类型的负荷(直流负荷和交流负荷),并且采用了一些保证负荷侧供电质量的装置。

青森县的微电网示范工程规模较大,包括为市政厅、4 所中小学、供水管理局供电

（图 6-8）。该项目全部采用可再生能源进行供电和供热，控制目标是将 6 分钟内的供需不平衡控制在 3%以内。该控制目标在测试过程中得到实现，系统孤网运行一周，表现良好。

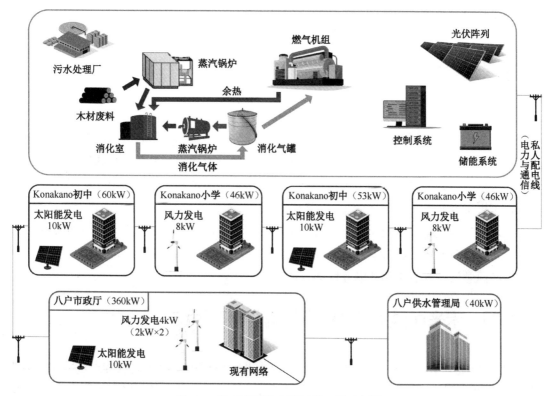

图 6-8　日本青森微电网示范工程示意图

6.2.5　基于纯氢燃料电池的日本东京奥运会选手村项目

日本东京奥运会选手村中全面引入了纯氢燃料电池。2020 年东京奥运会选手村中的 5000 多户住宅全部采用一种利用氢能的燃料电池，该街区的商业设施也采用纯氢燃料电池。这是日本首次在新式街区大范围推广使用氢能源。东京奥运会选手村建于一个约 13 公顷的填海造地的地块上，它正对着东京的地标建筑——东京湾彩虹桥。

这种燃料电池是松下公司为家庭开发的燃料电池 ENE-FARM，它利用天然气制取氢气，然后用氢气发电和供暖。据介绍，这种燃料电池的能源利用效率很高。虽然一套燃料电池设备成本约为 100 万日元（1 日元约合 0.06 元人民币），远高于 40 万日元的传统家用燃气设备，但它平均每年能为住户节省约 6 万日元的电费、燃气费等。而该街区的商业设施采用的是纯氢燃料电池，和家庭版的燃料电池使用天然气制氢不同，它的燃料是由加氢站等输送的纯氢，发电功率更大，更适合商业设施使用。按照规划，东京奥运会选手村及相关商业设施等，将来会成为一个规划入住人口达 1.2 万人的全新街区。

6.3 美国

美国是发展综合智慧能源的先驱国家之一，其立足于电网，借鉴互联网开放对等的理念和体系架构，对能源网络关键设备、功能形态、运行方式进行变革，形成能源系统互动融合、关联主体即插即用的新型能源网络。美国学者杰里米·里夫金指出，能源互联网应具有以可再生能源为主要一次能源、支持超大规模分布式发电系统与分布式储能系统接入、基于互联网技术实现广域能源共享、支持交通系统由燃油汽车向电动汽车转变四大特征。近年来，受经济发展、能源安全、环保减排等多重因素驱动，美国以智能电网为基础，不断推进能源领域技术进步和能源互联网发展。

6.3.1 未来可再生电力能源传输与管理系统

未来可再生电力能源传输与管理（Future Renewable Electric Energy Delivery and Management，FREEDM）系统于 2008 年得到美国国家科学基金会资助，研究中心设在美国北卡罗来纳州立大学。FREEDM 系统的理念是在电力电子、高速数字通信和分布式控制技术的支撑下，建立智慧型革命性电网架构来消纳大量分布式能源。类比于互联网，FREEDM 系统的三大特色技术为配电系统"即插即用"接口、能源路由器和基于开放标准的 FREEDM 操作系统。图 6-9 展示了 FREEDM 系统基本架构。

该项目所提出的能源互联网主要面向高渗透率分布式电源并网，主要特点是通过固态变压器接入中压配电网的多种负荷、储能设备及电源，可实现即插即用、故障快速检测和处理、配电网智能化管理。

该项目在能源互联网框架的基础上，围绕宽禁带电力电子、电动交通、现代电力系统、可再生能源系统进行了广泛的研究，完成了 100 多项发明、50 多项专利和 200 多篇论文，并创立了 10 家创业公司。

综合智慧能源典型工程——国外案例 第 6 章

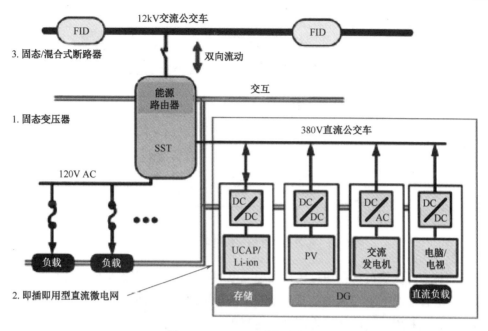

图 6-9 FREEDM 系统基本架构

6.3.2 布鲁克林能源区块链项目

美国布鲁克林能源区块链项目是基于纽约布鲁克林的一个微电网能源市场建设而成的。该项目的参与者分布在布鲁克林的三个不同的配电网中,主要包括本地消费者和生产消费者,以及周边地区的参与者。该项目在电力交易的基础上,进一步融合热交易。面对不断增长的可再生能源,该项目通过系统地引入社区微电网,整合本地与周边地区的可再生能源,建立起微电网系统。此外,通过将区块链技术应用于能源市场中,实现了电网系统与可再生能源供应之间的协调平衡,提高了电力供应的安全性。

布鲁克林能源区块链项目的拓扑结构如图 6-10 所示,包括由电网基础设施组成的物理层和虚拟层,两者共同组成了虚拟能源市场平台。当所有的能量流发生在电网基础设施上时,相关信息便在虚拟层上同步传输,消费和发电数据从参与者的智能电表传输至自身的区块链账户。根据能源发用数据信息可创建购买请求订单,基于智能合约的能源市场能够进行买卖订单匹配,一旦匹配完成便可进行交易,并向区块链添加一个包括当前市场信息的新区块,已进行的交易信息也会通过相关代理的区块链账户予以发送。

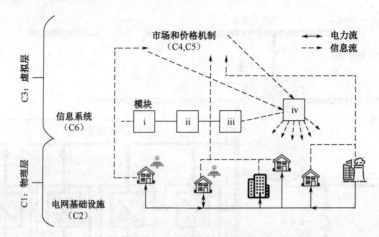

图6-10 布鲁克林能源区块链项目的拓扑结构

布鲁克林能源区块链项目通过建设物理微电网和虚拟能源市场平台，使社区成员可以在该市场中进行能源 P2P 交易。该项目证明了基于区块链的信息系统可以有效控制微电网能源市场。通过利用区块链技术将可再生能源和当地能源市场紧密结合，一方面促进了可再生能源的规模发展，另一方面发展了清洁能源电力交易的新模式，为利用市场机制促进绿色能源消纳和提供智慧能源服务提供了可借鉴的模板。

6.3.3 OPOWER

OPOWER 是美国一家为公用事业公司提供家庭能源管理服务的企业，OPOWER 目前最引人注意的地方就是其能够提供用户与其邻里之间的用能对比报告，并能提供能效小贴士。目前，该公司已通过 11 家公用事业公司签下 500 万个住宅用户的新单，累计已通过 75 家公用事业公司为 1500 万个家庭服务。

OPOWER 通过云平台、大数据和用户行为分析技术搭建了 OPOWER6 平台（图 6-11）为相关的公用事业公司提供综合能源解决方案，减少其能源消费开支，OPOWER 正在通过这种全新的方式改变家庭能源管理服务。OPOWER6 平台主要由三个部分组成：数据分析引擎、自动处理引擎、信息传输引擎。其中，数据分析引擎通过对多维度数据的分析，可以高效地识别用户、计量数据及系统运行情况；自动处理引擎可以把大量数据转换为对用户有用的信息，其与数据分析引擎结合，可以实现实时的用户状态划分、行为调整及相应的行为触发信号，从而为用户提供个性化用能服务；信息传输引擎可以把为用户提供的用能指导方案通过电子邮件、短信、网页、手机等多种渠道告知用户。

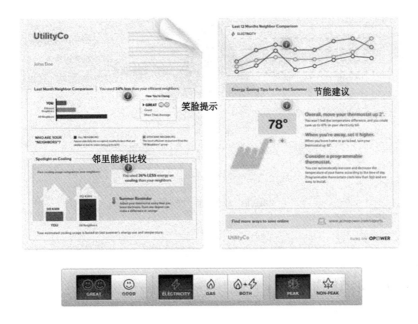

图 6-11 OPOWER6 平台

6.3.4 SolarCity

SolarCity 是美国的一家光伏公司，在美国光伏产业扶持政策下（ITC 法案和 MACRS 政策），通过吸引资本市场中的税务投资基金投资屋顶光伏发电系统，一方面使得投资人实现税收减免，另一方面通过出租或出售电力获得收入。SolarCity 运作模式如图 6-12 所示。

2016 年特斯拉收购 SolarCity，经过几年发展已经形成了闭环可持续能源系统：针对家庭用户，推出了 Solar Roof 太阳能发电屋顶和 Powerwall 储能设备；针对企业客户，推出了 Powerpack、Megapack 和微网一体化等产品，在分布式能源和储能行业走在了世界前列。2019 年该公司发布的第三代 Solar Roof 更是成为特斯拉光伏产业拐点型产品，BIPV（光伏建筑一体化）兼具发电和建材属性，不仅更美观，安装时间大大缩短，经济性也显著增强，成本降低了 40%。BIPV 未来有望成为特斯拉新的经济增长点。

此外，美国的主要屋顶光伏开发商都开通了电商平台。用户通过网络即可实现登记需求、提交订单、选择产品、测算成本及申请融资等功能。项目建成后，还可以通过网络平台远程监控系统状态。通过引入 B2C 模式，开发商提升了用户体验，抓住了屋顶资源，并降低了营销和运营成本。

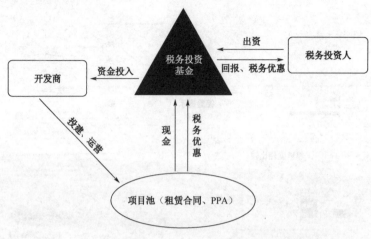

图 6-12　SolarCity 运作模式

6.3.5　加利福尼亚州里士满凯撒医院微电网项目

加利福尼亚州的里士满凯撒医院是一家非营利性医疗机构，该院的微电网项目是加利福尼亚州唯一一个在医院开发的可再生能源微电网项目（图 6-13）。该项目在停车场顶部安装了 250 kW 光伏太阳能板，还配备了 1MW 电池储能系统，每年可为医院减少 36.5 万 kWh 用电量。

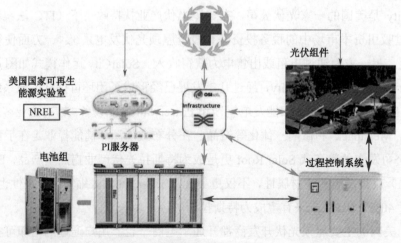

图 6-13　里士满凯撒医院微电网项目示意图

其中，电池储能系统既能减少碳排放，又能在极端天气或自然灾害导致的意外情况下保证电力供给，保障设备正常运行。该项目的目标就是为 50 个紧急护理病床提供关键技术支持，使其在电网停止供电的情况下也能继续为病人服务 3 小时。

6.4 丹麦

丹麦是世界上较早使用以区域供暖为主的区域能源手段来解决能源问题的国家，目前正在积极推动向具有综合能源特性和以灵活性交易为互联手段的区域能源互联网的转型。

6.4.1 电力灵活性交易平台 FLECH 在 iPower 和 Ecogrid 2.0 中的开发及示范

iPower 作为丹麦智慧电力领域最大的创新和研究战略平台，几乎涵盖了丹麦所有电力相关企业、高校和科研机构。如图 6-14 所示的针对负荷侧的灵活性交易平台 FLECH（Flexibility Clearing House）是其在 2011—2016 年期间的主要成果之一。该平台主要用于解决丹麦在当前电力市场形势下各利益主体之间（输配电公司、灵活性聚合商等）因信息不对等而无法对灵活性进行合理发掘和优化利用的问题。作为信息交互和灵活性交易的载体，平台自身的功能主要包括市场清算、合同管理、服务结算等。目前，该平台及相关工具正被另一大型示范项目 Ecogrid 2.0（2016—2019 年）拓展开发，并用于丹麦 Bornholm 岛基于灵活性市场的区域电力系统运行。在此期间，有近 2000 个电力用户通过两大聚合商参与灵活性市场，并为配电网和输电网解决阻塞管理、功率平衡等问题。

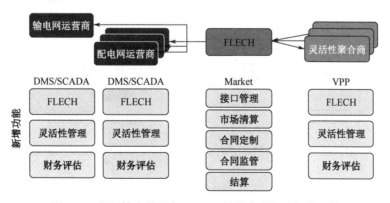

图 6-14 灵活性交易平台 FLECH 的基本功能及相关工具

6.4.2　Energylab Nordhavn 项目中的城区能源互联网

北港（Nordhavn）作为丹麦首都哥本哈根的老港口区，目前正被改造成一个至少拥有 4 万名居民的新型城市社区。由丹麦能源技术发展和示范基金会（Danish Energy Technology Development and Demonstration Programme，EUDP）出资 1100 万欧元所支持的 Energylab Nordhavn 项目（2015—2019 年）正在北港地区示范构建以电热互联为主体的城区能源互联网工程。Energylab Nordhavn 项目中的电热系统互动设计示意图如图 6-15 所示，该项目沿用了 FLECH 的理念，并将其拓展到热力系统，使该区域内的热力公司（District Heating Operator，DHO）也可参与受益。系统中的灵活性来源包括大型热电联产设备、各类热泵、大型电力储能（Battery Storage，BS）与热力储能（Thermal Storage，TS）设备、电动汽车（Electric Vehicle，EV）、智能楼宇、为低温区域供暖系统提供二次升温的直接加热设备（Direct Electric Heater，DEH），以及具有储能功能的电加热器（Electric Storage Heater，ESH）等。在灵活性产品方面，该项目截至目前已经为区域内的 4 个灵活性需求方设计了以电热负荷联合调度为代表的 9 类智慧能源网络服务（Smart Network Services，SNS）产品，用于优化和协调区域内部电网、热网、灵活性设备、传统电热负荷，以及各相关利益主体之间的运作。

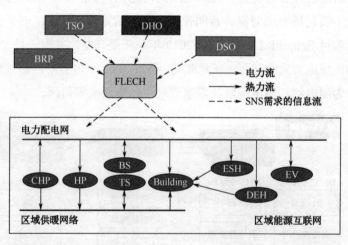

图 6-15　EnergyLab Nordhavn 项目中的电热系统互动设计示意图

6.5 参考文献

[1] 任洪波，杨涛，吴琼，等. 日本分布式能源互联网应用现状及其对中国的启示[J]. 中外能源，2017，22(12):15-23.

[2] 尹晨晖，杨德昌，耿光飞，等. 德国能源互联网项目总结及其对我国的启示[J]. 电网技术，2015（11）：3040-3049.

[3] https://smartgrid.epri.com/doc/eTelligence%20Project%20Summary.pdf.

[4] https://www.digitale-technologien.de/DT/Redaktion/DE/Downloads/Factsheets/factsheet-etelligence.pdf;jsessionid=DC503F48D57AA50EAFA4DC45F97703BB?__blob=publicationFile&v=2.

[5] https://www.iosb.fraunhofer.de/servlet/is/14593/Energy%20systems_eTelligence.pdf?command=downloadContent&filename=Energy%20systems_eTelligence.pdf.

[6] eTelligence final report: New energy sources require a new approach. https://docplayer.net/8635972-Etelligence-final-report.html.

[7] 周杰. 日本分布式能源互联网的市场创新：从"DR"到"VPP"[C]// 智慧能源产业创新发展报告（2018），2018:73-91+463-464.

[8] Su W C, Huang A Q. 美国的能源互联网与电力市场[J]. 科学通报，2016，61: 1210‐1221.

[9] "长三角能源互联网发展战略研究"项目组. 长三角能源互联网发展战略研究报告[R]. 2017.10. https:// www.freedm.ncsu.edu/annual-report/.

[10] https://solar.in-en.com/html/solar-2290057.shtml.

[11] http://www.tanjiaoyi.com/article-29227-2.html.

[12] 尤石，宋鹏翔. 丹麦区域能源互联网发展综述[J]. 供用电，2017，12: 6-11.

第 7 章

综合能源系统规划方法及工具

本章作者 景 锐（厦门大学） / 林 健（厦门大学） / 王永真（北京理工大学）
谢胤喆（中国电力工程顾问集团华东电力设计院有限公司）

能源系统的安全可靠、低碳环保与经济运行是全社会关注的焦点。综合能源系统是一种可整体性统筹各类型能源的生产、传输、分配、转换、储存及消费等环节的系统，是能源互联及物联的基础架构。综合能源系统通过多种能源系统耦合、多环节贯通及能量梯级利用，可实现能源系统用能效率的显著提升，同时可促进可再生能源的消纳与利用，为能源系统的低碳转型提供了一条有效途径。综合能源系统的规划有别于传统能源系统（如电、热、冷、气）的独立规划与运营，不仅需要打破行业壁垒，还需要突破技术、政策及市场限制，通过多能源的统筹协调与集成优化，实现能量互传互济与梯级利用，进而高效地消纳可再生能源，最终促进综合能源系统整体提质增效。由于综合能源系统时间跨度和空间范围大，对不同问题和场景的适用性也不尽相同，同时系统内部存在多环节复杂交织的问题，使得综合能源系统规划成为当前学术界和工业界的一个热点问题。

7.1 综合能源系统规划的类型

当前，我国各地的综合能源系统规划形式多样，标准不一。综合能源系统规划的官方标准尚未出台，因此暂无明确的规范性要求。国家能源局 2021 年能源领域拟立项行业标准制修订计划项目中包含《工业园区综合能源供能系统规划技术导则》，但目前尚未公布进展。该导则的征求意见提出，该文件适用于 110 kV 及以下电压等级的工业园区综合能源供能系统规划工作，主要技术内容包括：工业园区综合能源供能系统规划术语与定义、总体要求、资源禀赋及能源供给现状、多能负荷预测、规划技术原则、设备选型、投资估算及评价等。本书将综合能源系统规划分为勾勒蓝图型、指导建设型、测算指标型和政企谈判型。

7.1.1 勾勒蓝图型

多数园区在发展过程中都会响应国家部委的号召，为自身确定一个创建目标。以目前热门的绿色低碳概念为例，有由环境保护部、商务部、科技部牵头开展的国家生态工业示范园区，由国家发展和改革委员会、财政部牵头开展的循环化改造示范园区，由工业和信息化部、国家发展和改革委员会牵头的低碳工业园区，由生态环境部牵头开展的近零碳排放园区等。虽然分管部委不同，具体要求也不同，但其所配套的综合能源系统规划都要重点论述绿色能源构建路径，主要内容包括以下四点。

（1）低碳能源供应体系。基于可再生能源资源和大电网系统构建以"风、光、水、储、氢"为核心的供能体系，通过能源供应及消费的框架测算说明低碳属性。

（2）绿色低碳建筑标准。结合绿色低碳建筑标准推动园区用能端的节能减排，提出用电、采暖、通风、碳汇等方面的具体措施。

（3）绿电配套产业方案。基于园区的资源禀赋，论述绿电交通、绿电制氢配套产业等内容，提出富余绿电渗透到产业末端、实现清洁能源替代的应用场景。

（4）智慧能源管理系统。结合园区能源系统的特点，提出能源管理平台的建设需求，以及实现园区内能源信息集控、设备节能精细管理、能源设备优化运行等功能的策略。

7.1.2 指导建设型

新建园区在特定的发展阶段，也会基于综合能源的业务需求提出可指导具体建设的综合能源系统规划。例如，在园区内配套建设一座多联供集中式能源站，兼顾供电、供热、水处理、压缩空气等需求。此类综合能源系统规划主要包括以下内容。

（1）多元负荷整体预测。基于园区的整体规划，分析中远期的用能需求；结合园区招商引资的项目安排，分析园区近期的能源需求；分析园区内各类设施的负荷特性并得出综合能源系统内多种能源的典型需求曲线。

（2）综合供能潜力摸排。深入研究天然气、余热、可再生能源的利用潜力，优化能源需求侧和供给侧配比关系，测算各类能源品种的缺口及建设综合供能站的需求。

（3）能源优化配置方案。综合考虑方案的经济性、技术可行性、碳排放等因素，设定单一或综合指标为目标，通过仿真获取综合能源系统的优化配置方案。

（4）站址管廊预留要求。结合能源配置方案及负荷分布情况，提出区域内能源站选址、综合管廊/综合管线的路径，以及综合能源融合应用场景在园区内空间布局的安排。

7.1.3 测算指标型

部分园区在发展过程中面临能耗、污染物排放、碳排放等指标约束，需要通过综合能源系统规划来摸清家底，分析节能减排的潜力，上报能源消费强度、能源消费总量、污染物排放等行政指标。有的园区还需要上报未来能源设施的投资总额，测算投资强度。此类综合能源系统规划主要包括如下内容。

（1）能源结构现状分析。根据已掌握的园区能源消费统计情况，参考《综合能耗计算通则》（GB/T 2589—2020），测算园区能源消费总量，分析能源消费结构及存在的问题，形成园区能源消费现状的全景图。

（2）清洁能源可开发量测算。根据地区的资源禀赋情况，测算光伏、风电、余热、地热、水电、生物质能等各类清洁能源的发展潜力，形成园区资源禀赋的全景图。

（3）综合能源系统配置方案。综合考虑园区未来的能源消费、目前的能源结构及本地的清洁能源可开发量，设定规划目标，通过仿真获取综合能源系统配置方案。

（4）规划优化指标评估。根据规划仿真结果，测算规划区内的能源消费强度、能源消费总量、碳排放总量、碳排放强度、污染物排放目标、绿电比例、综合能源利用率、节能量、投资总额、投资强度等量化指标。

7.1.4 政企谈判型

有些综合能源系统规划是由计划参与园区投资建设的企业发起的。此类规划需要呈现项目方的开发运营思路，帮助政府全面了解开发计划，有利于项目方与园区政府、园内用户等各利益方的博弈平衡。此类综合能源系统规划主要包括如下内容。

（1）综合能源系统建设方案。根据负荷预测、资源摸排和投资方诉求，通过优化仿真或者多方案比选给出综合能源系统建设方案。

（2）项目投资整体匡算。根据综合能源系统的推荐方案，采用单位造价法整体匡算项目总投资。

（3）商业模式推广建议。综合考虑园区综合能源系统的多方诉求，提出能源系统的投资建设方式、运营团队组建方式、能源服务产品类型、能源销售价格等建议。

（4）经济社会效益分析。根据项目整体投资额、能源销售价格及能源消费总量等边界条件测算项目的整体收益率，同时分析对政府税收的贡献、对产业的带动效果，以及土地升值、促进就业等社会效益。

7.2 综合能源系统规划思路

综合能源系统规划设计的具体流程如下：首先，拟定规划的总体目标；然后，收集能源价格和政策、气象和负荷等数据；接着，按照能量耦合和传输物理规则构建优化模型并求解，确定不同目标下的最优方案，包括能源供给类型组合、能源输配网络形式、设备系统架构等；最后，对比分析不同目标下的最优方案，优中选优，确定最终方案。

7.2.1 确立目标

首先需要明确综合能源系统规划的总体目标，如项目的初投资最小、项目投资与运行总成本最小、项目可再生能源利用率最高、项目碳排放最少、项目安全性最高等。不同的目标将直接导致系统设计与运行决策的差别，因此，需要在规划开始阶段明确综合能源系统规划的总体目标。

7.2.2 能耗分析

能耗分析是开展综合能源系统规划设计的基础。能耗分析通常包括建筑、园区、城市及国家4个空间尺度，常见的能源需求类型有电、热、冷和气等，一般需要分析年、月、日、时4个时间尺度的典型负荷值。比较常用的能耗分析方法有空间能耗密度法，对于工业企业还可叠加产品单耗法。同时，还可采用一些能耗模拟工具软件，如在全球广泛使用的建筑能耗模拟软件EnergyPlus、能源系统动态仿真软件TRNSYS，以及清华大学开发的建筑环境及暖通空调系统模拟优化软件DeST等，为综合能源系统规划提供能耗需求的数据基础。

7.2.3 资源评估

面向综合能源系统的资源评估主要包括可利用自然资源的评估与已有能源基础设施的评估。其中，可利用自然资源的评估又包括风能资源评估、太阳能资源评估、地热能资源评估、水源热能资源评估等；已有能源基础设施的评估则主要涉及现有电网、天然气供给、现有终端冷热管网等方面。以风能资源与太阳能资源评估为例，通常要综合考虑规划实际需求、用户使用习惯及信息的可获得性，采用二维地图形式，首先锁定地理范围，进行风电和光伏发电的装机容量概算、典型日和全年 8760h 出力曲线计算，然后进行电能转化计算，最后生成典型曲线。常用的光伏资源评估软件有瑞士日内瓦大学开发的 PVsyst 和美国可再生能源实验室开发的 PVwatts 等。

7.2.4 建模求解

建模求解是综合能源系统规划的核心环节。面向用户侧的综合能源系统规划通常统筹考虑电、热、冷和气 4 个能源品类的供需匹配，实现对光伏、风电、燃气发电、热电联产、冷热电三联供、电锅炉、燃气锅炉、热泵、压缩式制冷、吸收式制冷、燃料电池、电转气（Power-to-Gas，P2G）、电储能、压缩空气储能、冰蓄冷、水蓄冷/热、固体蓄热、相变蓄热和储气罐、电动汽车及 V2G（Vehicle-to-Gird）等能源技术，以及电网、热力管网和燃气管网三类能源网络建设扩容方案的统筹优化求解。相比于宏观尺度（如城市、省份、国家等）的能源规划而言，面向用户侧的综合能源系统规划更细致一些，也更复杂一些。以电力需求为例，它包括终端用电需求和多种能源转换设备产生的电力需求。与以往将所有电力需求视为常量不同，在进行面向用户侧的综合能源系统规划时，只有终端用电需求是常量，电力供应的技术组合、装机容量及出力情况都可能是变量，主要涉及电网供电（外部输入）、分布式光伏、风电、燃气发电、燃气热电联产、燃气冷热电三联供、需求响应及电储能等技术。

7.2.5 方案比选

不同的综合能源系统规划目标将形成一系列不同的系统方案，然而，在实际项目中最终只能选择一个方案，因此需要对不同的方案进行比选。可先计算每个系统方案在技术、经济和环境等不同维度的多个性能指标，然后给每个指标赋权重，将多个性能指标融合成一个最终指标进行排序。还可采用多目标优化方法，借助优化模型得到一系列不同优化目标下的最优系统方案，通常这一系列系统方案以帕累托前沿（Pareto Frontier）的形式呈现，决策者可进一步应用多指标综合决策方法，从处于帕累托前沿上的一系列系统方案中"优中选优"，进而确定最终方案。

7.3 综合能源系统规划工具

目前，国内外众多学者对综合能源系统规划展开了一系列研究，开发了大量非商业研究型软件和商业软件。这两类软件各有千秋，非商业研究型软件通常在功能上更加丰富和先进，而商业软件则在实际工程中更易使用。为方便相关人员掌握行业发展动态，本节对目前国内外常用的综合能源系统规划工具进行了梳理[1][2]，将常用工具名称以词云图的形式展示，如图 7-1 所示，各工具的详细信息汇总见附录 E。

图 7-1 国内外常用的综合能源系统规划工具

7.3.1 国外软件

1. DER-CAM

DER-CAM（Distributed Energy Resource Customer Adoption Model）是由美国劳伦斯伯克利国家实验室主要负责开发的一款采用经济性和环境友好度两个主要因素作为衡量标

---

[1] 谢珊，贾跃龙，白雪涛，等. 城市能源系统规划设计及能耗分析工具综述[J]. 全球能源互联网，2021，4(02):163-177.
[2] 张宁，吴潇雨，卢静，等. 综合能源系统规划方法与工具[J]. 电气时代，2020(08):24-27.

准,对分布式能源系统设计与运行策略进行优化的平台软件。DER-CAM 有两个版本:系统规划版本和运行分析版本。前者针对规划阶段的项目进行可行性分析,通过收集不同设备的运行数据和初投资数据,结合项目特定用能需求和建设环境,得到一个最优的分布式能源系统规划方案。而后者并不考虑分布式能源系统的初投资,只考虑能源系统的运行维护成本,采用更高分辨率的时间步长,针对已经建成的分布式能源系统,更加精确地为能源系统提供最佳运行策略。该软件能以成本最低为优化目标,给出最具成本效益的发电和储存设备组合;也能以碳排放量最小为优化目标,得出最小碳排放量的分布式能源技术组合。该软件的用户界面十分友好,可以方便地与 MATLAB、Vensim 等软件进行交互,其基于数学优化建立的模型能可靠地应用于涉及大量决策变量的情况,做出准确且最优的分布式能源投资和运行决策。

2. HOMER

该软件由 HOMER Energy 公司设计开发,是一款符合全球通用标准的微电网设计优化软件。其核心的多能源混合优化模型最初由美国国家可再生能源实验室(NREL)开发设计,并在商业化后不断优化完善。HOMER 的主要功能包括系统仿真模拟运算、系统设计和运行策略优化方案分析及能源系统敏感性分析,目前其被广泛应用于分析离网的能源系统。该软件涵盖的能源类型包括太阳能发电、生物质能发电、传统水力发电、河流水力发电、电力公用电网、风电、燃气轮机和燃料电池等,分析的负荷类型包括热、电和氢。该软件可以测算不同方案的可行性和经济效益,可以分析净现值成本达到最低的能源系统规划策略,提供详细的技术报告,清晰地展示计算的结果及方案的优劣,从而为区域内的多能耦合系统规划设计提供指导。

3. eTransport

该平台由挪威研究委员会和 11 家挪威能源公司资助开发,所针对的系统模型为线性模型。该平台能在满足电力、天然气、空间供暖和自来水供暖的预定排放需求的同时,最大限度地降低 IES 总成本,并为能源运输部门提供可替代的供能方案。eTransport 包括多种能源类型、能源转换方式及能源运输方式,同时考虑能源基础设施的拓扑结构和不同投资选择的技术经济特性。该平台包含运行模型(能源系统模型)和投资模型,运行模型采用线性规划(Linear Programming,LP)和混合整数规划(Mixed Integer Linear Programming,MILP)相结合的方式,而投资模型借助 C++进行动态规划(Dynamic Programming,DP)。除包含较为全面的建模模块这一特点之外,该平台在算法上还考虑了传输距离和备选位置等地理细节,隐式处理了不同能源类型之间的竞争。在该平台中,运输方式不仅包括线路、电缆、管道等连续运输，还包括船舶、公路、铁路等离散运输。针对工业部门排放方面的建模，eTransport 有着更加深入细致的研究，如可以提供二氧化碳的储存和排放模块。

4. TRNSYS

TRNSYS 是一个准稳态仿真平台，其最初开发目的是热力系统仿真，从 1975 年开始广泛使用，目前由美国的威斯康星大学、法国的建筑科学和技术中心与德国的太阳能技术中心共同维护。该平台被广泛应用于太阳能系统（光热和光伏系统）、低能耗建筑和暖通空调系统、可再生能源系统、热电联产、燃料电池等领域。TRNSYS 提供了非常灵活的基于图形的软件环境，具有模块化结构，可以用来建模和模拟任何瞬态系统的行为。该平台由两部分组成，分别是引擎和组件库。引擎用于读取和处理输入文件，迭代求解系统，确定收敛性并绘制系统变量，提供实用程序，确定热物理性质，完成矩阵求逆，执行线性回归，以及对外部数据文件进行插值。组件库可以为系统提供建模组件，从泵到多区域建筑物，从风力涡轮机到电解器，从气象数据处理器到经济学例程等，用户可以修改现有组件或编写自己的组件。TRNSYS 将整个能源系统分解成单个组件，通过模拟各个组件的性能来模拟系统性能，并具有添加数学工具、附加组件，以及在必要时与其他模拟程序交互的能力。该平台能提供详细的动态运行仿真数据，这是其独特的优势。该平台具有模块源代码开放、搭建系统方便灵活、输出数据简单直接、兼容性强、用户编写的终端程序可以独立运行等特点，但它并不提供优化工具。

5. 西门子综合能源规划仿真平台

西门子开发的综合能源规划仿真平台源于其分布式能源系统设计软件，已在实际项目中得到应用。该工具旨在解决综合能源系统的设计优化问题。在项目给定的具体输入条件及约束条件下，针对特定目标确定优化的技术路线、具体技术选型、容量匹配和优化的能源生产运行方式。该工具的特点是对设计及运行进行全局优化，其原理是基于给定的各种能源负荷及可获得的所有能源资源，提出所有可能的技术路线，包含能源转换设备、储存设备，以及它们之间所有可能的连接关系的拓扑结构，形成一个涵盖所有技术路线和各种可能设计容量的网络，称之为超结构网络；然后基于设定的优化指标，对超结构网络进行全局优化，在满足一系列约束条件的前提下，实现能源转换、能源储存、能源传输等技术选型和容量优化，以及小时级的运行策略优化，从而为使用者提供经济性最佳、碳排放量最小、一次能源消耗最少或评价指标综合最优的方案。

6. EnergyPLAN

EnergyPLAN 是由丹麦奥尔堡大学开发的综合能源仿真计算模拟软件，适用于并网型和独立型可再生能源发电系统。该软件主要包括光伏发电、热电联产、波浪能发电、风机发电等系统，模拟储能系统类型包括抽水蓄能和电解槽储能。EnergyPLAN 可以分析地区、城市、国家的自然环境资源、经济发展状态及能源产业结构，并在此基础上给出相应能源环境系统的优化建议及政策机制，但优化范围只限于给定系统的运行，并不包括投资决策。

7. RETScreen

RETScreen 是由加拿大环保部基于 Microsoft Excel 开发的清洁能源管理软件，主要用于分析各类可再生能源系统，包含风力发电、光伏发电、水力发电、生物质能、太阳能、地热能、水源热能等独立的技术模块。其可针对性地分析投资与运行的节能收益、可再生能源的生产量、能源系统全生命周期减排量等。每个系统模块包含模型设定、设备参数设定、成本分析、温室气体排放设定、财务信息总结等功能。但 RETScreen 只能对单一能源系统进行运算分析，无法对多种能源混合的可再生能源发电系统进行仿真模拟。

8. COMPOSE

COMPOSE（Compare Options for Sustainable Energy）是由丹麦奥尔堡大学开发的评估能源项目技术经济性的仿真工具。COMPOSE 能够评估项目支持间歇性的能力，通过可视化建模研究能源产生、能源储存和转换、能源传输，以及与经济相关的各项技术。该平台提供与其他平台的数据传输接口，其能够从 EnergyPLAN 导入或导出每小时的能源分配方案，并从 RETScreen 导入本地的气候数据。COMPOSE 支持电、热、冷系统的研究，但供热系统只考虑了电锅炉、压缩式热泵和热电联产。COMPOSE 使用集成的混合整数线性规划模型优化系统的设计和运行，在能源需求、运行/维护成本、机组容量等一系列约束条件下，通过最小化每年热、冷生产的成本，确定能源系统的最佳设计和运行策略。该平台以 1h 的时间步长在用户定义的年数上进行仿真分析。

9. TIMES

TIMES（The Integrated MARKAL/EFOM System）是国际能源署（IEA）开发的能源系统优化设计与场景分析软件。TIMES 整合了 MARKAL 模型和 EFOM 模型，遵循自下而上的架构，于 2007 年首次公开发布，其分析范围从单个地区扩展到全球，可设计出多区域的能源系统规划方案，适用于多国、多区域甚至全球的能源政策分析和研究，目前已被全球 70 个国家的 250 家机构使用。该软件专业性较强，使用者要有一定的优化模型建模与编程经验，且要充分了解各项参数，往往需要经过几个月的培训才能掌握使用方法。

TIMES 允许淘汰过期技术且考虑了技术的生命周期，它采用局部均衡框架，并将能源消费者对价格的反馈机制纳入分析框架，但其他经济行为，如资本形成和劳动力市场等，未被纳入框架，故仍属自下而上的能源技术架构。它基于一系列技术参数（如能源转换效率和可用性）、排放系数（如碳排放因子、硫化物排放因子、氮氧化物排放因子等）及经济参数（如单位初投资和运维成本），详细描述能源系统中从能源的开采、供应、转换、分配到终端消耗的各环节能流，实现对现有技术的评估，且可考虑未来可能出现的先进技术。TIMES 能以小时、典型日、月度、季度为时间步长，在满足各种用能需求及一系列约束条件的前提下，实现从 20 年到 100 年的规划期内，以总供能成本最低或碳排放量最小等为优化目标的能源系统最优规划方案。综上所述，TIMES 可辅助研究者捕捉能源系统内部的复杂作用和反馈，定量分析政策变化带来的影响，确定最合适的能源规划方案。

10. LEAP

LEAP（Long-range Energy Alternatives Planning System）即长期能源替代规划系统，是一个基于情景分析的自下而上的能源环境核算与评估工具，由斯德哥尔摩环境研究所与美国波士顿大学共同开发。LEAP 拥有灵活的结构，使用者可以根据研究对象的特点、数据的可得性、分析的目的和类型等来构造模型，可用来分析不同情景下的能源消耗和温室气体排放，这些情景基于能源如何消耗、转换和生产的复杂计算，综合考虑关于人口、经济发展、技术、价格等一系列假设。全球研究者已广泛采用 LEAP 进行能源排放模拟。它可用于国家和城市中长期能源环境规划，可以用来预测不同驱动因素的影响下全社会中长期的能源供应与需求，并计算能源在流通和消费过程中的大气污染物排放及碳排放。通常掌握 LEAP 所需的培训时间为 3~4 天，且官方提供的在线培训支持包括中英文在内的多种语言。

LEAP 以一年为模拟时间步长，模拟周期通常在 20~50 年，既支持自下而上的工程技术建模方式，又支持自上而下的宏观经济建模方式。LEAP 考虑了能源系统各个部门的各项技术仿真模拟，根据实际能源需求预测未来的能源需求，从一次能源出发模拟其转换过程，计算本地资源能否满足需求。同时，其借助环境数据库，可对给定的能源方案进行环境影响预测。

7.3.2 国内软件

1. CloudEIP

CloudEIP 是由清华大学开发的一个综合能源系统规划和评估平台，可规划及评估用户级微能源系统、园区级分布式能源系统及城市级综合能源系统。该平台提供信息齐全的电、气、冷、热能源设备库，包括但不限于风电、光伏、小水电、三联供、生物质能发电、地热利用、余热利用、锅炉、热泵、制冷机组、蓄水、蓄冰、电池储能等。同时，该平台还具有基于地块信息的空间负荷预测功能、综合能源规划方案自动分析功能、综合能源系统源荷储优化配置功能、规划方案的财务评价和分析功能，以及规划方案的技术、经济、环境综合评估功能。

2. CloudPSS

CloudPSS 是由清华大学开发的能源互联网数字孪生应用构建平台，其采用完全自主研发的电磁暂态仿真内核，利用云端的异构并行计算资源，为用户提供面向交直流混联电网、可再生能源发电、微电网、配电网、供热网等多种能源网络的建模、仿真、分析功能。该平台的模块功能较为系统和完备。其中，SimStudio 模块可以组织和管理能源电力系统数字孪生模型与仿真模型；FuncStudio 模块可助力能源电力系统数字孪生云边融合业务定制；AppStudio 模块可用于构建能源电力系统数字孪生应用场景。该平台基于大数据分析和高性能仿真，利用物理模型、传感器更新、运行历史等数据，在虚拟空间完成映射，实现反映实体装备全生命周期的仿真，进而构建数字孪生模型，实现控制系统和调度算法测试、风险评估和预测，形成人工智能辅助决策，可应用于实际能源系统。

新发布的 CloudIEPS 具有建模仿真和规划设计功能。建模仿真功能可针对水、电、蒸汽和烟气网络独立建模仿真，采用仿真驱动的双层优化模型进行分解协调式计算；内层采用 LP 方法，外层采用启发式算法，计算效率大幅提升；可实现全生命周期的能量流仿真计算。规划设计功能可辅助用户实现综合能源系统的设备选型配置、运行方式优化和经济/环保效益评估，并通过图表的形式进行展示。

3. 华北电力大学综合能源系统仿真平台

华北电力大学开发的综合能源系统仿真平台主要有四大模块。一是规划优化模块，主要实现顶层规划方案的优化选择，为设计部门提供具体项目的设计支持。二是运行优化模块，即搭建管控平台，对各类能源每天、每小时的出力进行调度优化。三是市场交易模块，主要实现分布式、微网形式下多种能源之间的交易。四是效益评估模块，包括对经济、环境和社会效益进行综合评估。上述四大模块中的规划优化模块服务于项目设计，其他三个模块则用于项目投入运行后的运维。目前市场上绝大多数综合能源服务管理平台均为运维工具，华北电力大学则将前端的规划设计和后端的运维等功能整合在一起。

4. IES-Plan

IES-Plan 是由东南大学开发的一款软件，主要涉及锅炉、热电联供机组、光伏发电、风力发电机等多种能源设备，支持多能互补及综合能源系统的并行规划和比较。IES-Plan

首先通过负荷分析模块对应用场景的负荷建模并对负荷运行方式进行分析,模拟应用场景的电、冷、热负荷。其次,通过资源禀赋评估模块对当地可用的自然资源进行分析模拟,分析能源的本地自给自足能力。再次,将能源基础设施、资源禀赋及用能负荷输入模型,基于能量平衡进行运行模拟,得出一系列方案。最后,从经济性、环保性、能效性等多个维度对上述方案展开分析对比,从而实现规划方案的优选。该软件的几大功能特点如下:基于核心设备、细分行业及业务类型,提供面向差异化需求的多类负荷建模方法;支持用户自定义多规划方案比选;对于综合能源系统核心设备的建模支持四大类28种参数的自定义;收集了全国700余个气象站的自然资源禀赋数据;考虑了多能源的购售价格、金融参数和新能源补贴等参数;提供规划方案的可视化分析与比选;可自动生成综合能源规划报告。

5. DES-PSO

DES-PSO 是由上海电气开发的分布式能源规划设计平台,它是国内首个针对分布式能源系统的规划设计平台,目前已应用于综合能源系统的规划设计。该平台具备全方位的系统设计、配置、投资与分析等能力,可为分布式能源系统提供整体解决方案。该平台具有类型多样的数据资源,可为方案设计提供有力支撑,涵盖风机、光伏、储能、冷热电联供等多种能源技术模型,拥有气象、设备、市场等方面的数据。该平台采用世界领先的数学规划优化工具求解器,可快速求解大规模长时间跨度的复杂能源系统优化问题。模型包含连续变量和离散变量,可真实有效地反映各种模型的技术机理和运行特性。基于工业智能云平台强大的数据分析与处理能力,提供丰富的气象、政策、市场、负荷等相关数据,使计算结果更可靠。采用流程化设计思路,引导用户进行规范化设计。

6. 基于 RT-LAB 的综合能源仿真测试系统

基于 RT-LAB 的综合能源仿真测试系统是上海科梁信息工程股份有限公司以 RT-LAB 为核心拓展开发的综合能源实时仿真平台。该平台能够借助实时仿真器 RT-LAB 进行电力系统的图形化建模,实现高精度的实时计算。电力系统仿真支持光电、风电、水力发电、柴油发电、电池储能、超级电容储能,以及变压器、无功补偿、线路、负荷等的建模。而热力建模和仿真则使用 Thermolib 热力学仿真工具,包括对空调、热泵/冷水机组、燃气锅炉、冰箱、燃料电池及热交换器进行建模。相比于其他平台,该平台通过多核多速率计算平衡模型精度和计算速度的矛盾,同时能解决不同种类能源间多时间尺度解耦问题,使综合能源仿真能够顺利进行。

7. 华东电力设计院低碳能源系统规划软件

低碳能源系统规划软件主要包含五大功能模块:综合能源系统快速规划、综合能源系统分期建设规划、综合能源系统分区规划、运行方式评估和运行方式优化。该软件分为PC版和移动版，支持在PC、平板电脑和手机等各类设备上浏览。分期功能支持最多三期的建设，并结合对应期次的负荷进行规划，以满足园区发展过程中负荷增长的需求，减少初期设备冗余配置。分区功能支持最多四个区域的仿真，可选择各个区域的能源需求类型和连接关系，匹配填写各个区域的负荷信息，在结果页面中会分别显示各个区域的设备配置情况。低碳能源系统规划软件的优化仿真目标包括经济性最优、能效最优和环境排放最优。其中，环境排放最优可调整各种排放物的权重系数。软件用户根据实际情况填写参数，可以依次添加运行参数、金融参数和环境参数等。低碳能源系统规划软件内置了能源定价功能，对于已完成规划分析的项目，可以点击倒算按钮，设置不同的内部收益率，重新核定冷、热、电、气中任意一种能源形式的外送价格。

8. 许继集团综合能源规划设计与仿真分析系统

由许继集团开发的综合能源规划设计与仿真分析系统是一款综合能源项目前期规划和评估软件，具备能源资源分析、冷热电负荷分析、能源系统构建与设备选型、能源系统运行优化、经济评估分析、规划报告等多个主体功能模块。该软件可根据项目属地风、光、地热等能源资源禀赋开展资源分析与供用能预测，通过供需平衡与多目标优化算法，实现分布式光伏、分散式风电、地源热泵等分布式能源站宏观选址选型，冷热电多能供应系统、储能系统的设备选型定容，支撑学校、医院、企业、商业综合体、园区等多种典型用能场景下的综合能源供应技术路线比选与设计方案生成，满足项目可行性分析与初步规划设计。

9. 国网（北京）综合能源规划设计研究院有限公司综合能源规划设计软件

该软件由国网（北京）综合能源规划设计研究院有限公司开发，是一款综合性强、集成度高的综合能源规划设计软件，可实现综合能源系统优化设计、分布式能源技术选择和设备容量配置，用于解决各类典型场景综合能源系统的规划设计问题。该软件包含多种分布式能源类型并全面覆盖能源生产、转换、储存等环节的各种技术，充分考虑环境资源和用户负荷的波动性，以投资成本最低为优化目标，实现综合能源系统设计的技术组合最优与设备容量最优。

10. 南方电网综合能源系统规划软件

该软件可应用于新建、扩建及升级改造等多场景的综合能源系统规划业务，可用于解决综合能源系统多类型供能设备的选型、定容及优化运行等问题。该软件在设备选型上覆盖了冷热电三联供、燃气锅炉、电储能及光伏发电等11种设备类型和88种容量等级，通过设备投资成本及运维成本联合最优的规划目标函数优化计算，可以输出规划容量配置结果及其优化运行方案，实现园区综合能源规划在投资经济性、运行经济性等方面的综合最优。

11．厦门大学综合能源系统仿真优化平台

由厦门大学能源学院能源系统工程团队开发的综合能源系统仿真优化平台（CEPAS），是集成了多尺度负荷模拟与预测、资源禀赋分析、能源技术和循环模拟、能源系统规划和运行优化、系统韧性分析、投资收益测算、需求响应与能源交易模拟等功能模块的综合能源规划开发平台，可用于建筑、园区、城市多种尺度的多能互补综合能源系统规划和运行优化。该平台涵盖常见的多能互补分布式能源技术，涉及源、网、荷、储等环节，可满足能源技术选型、系统结构优化、容量配置、建筑节能改造策略优化、能源系统运行策略优化、多指标综合评价等综合能源系统可行性分析和顶层设计决策支持需求。

7.4 展望

随着综合能源研究工作的进一步展开，综合能源系统规划软件的某些特性会在一定程度上限制综合能源系统的研究进展。本章从模型时间尺度的发展、用户发挥的作用、多部门协调配合、外部系统的影响及未来仿真规划需求等角度对软件的开发提出建议和展望。[1][2]

1．选择合适的建模粒度与跨度

不同软件的仿真步长和时间尺度不尽相同。以 EnergyPLAN 为例，其长达 1 年的仿真步长对于功率平衡和系统约束来说过于粗糙，难以捕捉系统运行的特点及其对系统设计的影响，会导致过度投资、过高估计可再生能源的份额及过低估计系统费用等问题。开发者应当重视模型在时间上的变化和发展，选择适当的仿真时间分辨率与时间尺度，为综合能源系统的规划和优化提供精度合适的运行策略，避免出现由于步长过大导致仿真结果不精确的情况。

2．从需求侧捕捉产消者用能特性

随着分布式发电技术和需求侧管理模式的发展，用户在电力系统中的参与度提高，越

---

[1] 冯逸夫, 徐以洋, 张吉. 综合能源系统规划设计平台应用现状与展望[J]. 节能与环保, 2021(12): 41-43.
[2] 王梦雪, 赵浩然, 田航, 等. 典型综合能源系统仿真与规划平台综述[J]. 电网技术, 2020, 44(12): 4702-4712.

来越多的用户变成了产消者,他们可将本地发出的清洁电力输向电网,也可在本地生产不足时从电网购电。这从本质上改变了配电网和整个能源系统的模式。随着越来越多的产消者参与需求响应,对灵活负载的智能管理提出了要求。因此,在能源建模工具中捕捉产消者对能源政策和收费标准变化的反应至关重要。例如,基于多智能体的仿真模型可以更好地模拟消费者的能源选择,能加深对消费者行为的理解,随着需求侧产消者在能源系统中重要性的提升,这类模型的建立与集成愈发重要。

3. 跨部门耦合提升系统灵活性

电、热、气、建筑、工业和交通等多部门的紧密结合,能更好地提升能源系统整体的能源利用率、节约成本并减少排放。在综合能源系统建模中耦合能源、交通、建筑等部门,同时重视热电联产、电动汽车、储热、热泵、P2G 等多能转换装置的协同作用,可显著提升能源系统的灵活性。在软件开发过程中,应当增加与能源相关部门的模型种类,提高各个部门的耦合程度,为综合能源系统的开发提供更多的参考和指导。

4. 重视能源系统与其他系统的联系

实现碳中和需要处理好能源供应、粮食生产、气候保护、生态系统及与民生息息相关的各方面的相互作用,捕捉能源与食物、气候变化之间的相互作用及联系将成为关键一环。例如,气候变化导致极端天气频发且愈演愈烈,对能源系统的规划设计及运行均会产生显著影响。又如,大规模可再生能源的发展需要大量土地,而食物的生产也需要大量土地,两者在一定程度上存在竞争关系。因此,捕捉能源系统与外部环境的联系和相互作用对实现可持续发展有重要意义,需要更加精细且跨学科的模型。这将显著增大模型的复杂度,对模型的开发和求解提出了更高要求。

5. 重视不确定性及未来发展

在综合能源系统规划软件开发过程中,对不确定性问题的建模不可忽视。例如,无论是在日前市场以平衡负荷和储备为目的进行规划,还是进行更加长期的能源规划,风能和太阳能的渗透比例都难以准确预测,可能需要更多地搭配电/热/冷多元储能、长时储能甚至跨季节储能,这是今后模型开发中需要考虑的问题之一。除此之外,全球气候变暖将导致用能需求发生改变,由此所引起的用户需求改变在软件开发和升级中都要予以重视。

总的来看,经过近年来的发展,已开发了一定数量的综合能源系统规划软件。同时,不同软件的开发初衷不同,开发者背景不同,导致软件的潜在应用场景也不同。用户可根据需要选择最适宜的软件。尽管综合能源系统规划软件开发已取得显著的进步,但仍有若干问题有待解决。从软件功能的角度看:① 在系统规划的整体性方面,实现多个能源站整体拓扑结构、系统设计与调度策略协同规划的商业软件尚不多见；② 在系统规划的精细化方面，对设备实际运行中变工况的模拟能力尚显不足；③ 尚缺少探索政策对综合能源系统规划设计影响的功能；④ 考虑多个市场利益主体对综合能源系统规划设计影响的功能仍有待加强。从行业长远发展的角度看，目前在如何构建综合能源系统的整体架构上尚未形成一致意见，各商业软件或平台的开发透明度相对较低。若能集中各专业领域的精英，针对综合能源系统规划的总体架构进行顶层设计，总结相应的规范标准，进而形成共同开发的生态圈，则可避免重复性开发工作造成的资源浪费，这将有利于行业的可持续发展与规范化发展。

7.5 参考文献

[1] 谢珊，贾跃龙，白雪涛，等. 城市能源系统规划设计及能耗分析工具综述[J]. 全球能源互联网，2021，4(02):163-177.

[2] 张宁，吴潇雨，卢静，等. 综合能源系统规划方法与工具[J]. 电气时代，2020(08):24-27.

[3] Ferrari S, Zagarella F, Caputo P, Bonomolo M. Assessment of tools for urban energy planning[J]. Energy, 2019, 176:544-51.

[4] Huang Z, Yu H, Peng Z, Zhao M. Methods and tools for community energy planning: A review[J]. Renewable and Sustainable Energy Reviews, 2015, 42:1335-48.

[5] Keirstead J, Jennings M, Sivakumar A. A review of urban energy system models: Approaches, challenges and opportunities[J]. Renewable and Sustainable Energy Reviews, 2012, 16: 3847-66.

[6] Sinha S, Chandel SS. Review of software tools for hybrid renewable energy systems[J]. Renewable and Sustainable Energy Reviews, 2014, 32:192-205.

[7] 葛兴凯，古云蛟. DES-PSO 与现有主要分布式能源规划设计软件的对比[J]. 上海电气技术，2016，9:61-5.

[8] 许东，谢梦华. 综合能源系统规划现状分析[J]. 低碳世界，2019, 9:87-9.

[9] 冯逸夫，徐以洋，张吉. 综合能源系统规划设计平台应用现状与展望[J]. 节能与环保，2021(12): 41-43.

[10] 王梦雪，赵浩然，田航，等. 典型综合能源系统仿真与规划平台综述[J]. 电网技术，2020，44(12): 4702-4712.

第8章

综合智慧能源系统的关键设备

本章作者 朱轶林（中科院工程热物理研究所） / 沈昊天（中科院工程热物理研究所）
刃 鹏（新疆鹏煜能源科技集团有限公司） / 王永真（北京理工大学）
韩 恺（北京理工大学）

综合智慧能源系统的规划优化面临能源结构场景选择、设备型号优选及装机容量优化问题，这些均建立在对关键设备基本原理、运行特性及经济运行准确刻画的基础上。因此，本章选取了供给侧和用户侧综合智慧能源系统中常见的设备，包括动力、风光发电、电转气、制冷、供热、余热发电及储能等单元，对其能量转换特性进行了基本描述。由于篇幅有限，各类能量转换设备的变工况特性，即设备在不同环境、负载率下的效率的差异性，本章未能覆盖。

8.1 动力单元

动力子系统处于冷热电联供系统的最上游，其排放的热量被下游制冷和供热子系统进行回收，然后按照能量的品质不同进行梯级利用。动力子系统中常见的动力单元主要有内燃机、燃气轮机、斯特林机及燃料电池等。其中，内燃机又包括燃气内燃机与氢内燃机。各动力单元余热温度范围如表8-1所示。

表8-1 各动力单元余热温度范围

类型	项目	余热温度
燃气轮机	燃气轮机排烟	450～650℃
	微燃机排烟	200～300℃
内燃机	内燃机排烟	400～550℃
	内燃机冷却水	80～120℃

续表

类型	项目	余热温度
斯特林机	斯特林机排烟	250~450℃
	斯特林机冷却水	65℃以下
燃料电池	SOFC 燃料电池	800~1000℃
	MCFC 燃料电池	650~800℃
	PAFC 燃料电池	190~210℃
	SPFC 燃料电池	70~100℃

8.1.1 燃气轮机

1. 基本原理

燃气轮机是以连续流动的气体为工质，把热能转换为机械功的旋转式动力机械。

燃气轮机按照燃烧室温度分为 E 级、F 级和目前最先进的 H 级。其中，E 级透平进口温度约为 1200℃，F 级透平进口温度约为 1400℃，H 级透平进口温度为 1430~1600℃。温度越高，技术等级越高。

燃气轮机主要由压气机、燃烧室、透平组成，如图 8-1 所示。

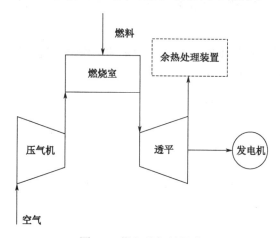

图 8-1 燃气轮机的组成

燃气轮机正常工作时，工质依次经过吸气压缩、燃烧加热、膨胀做功及排气放热四个工作过程而完成一次热力循环。首先，压气机从外界大气环境吸入空气并逐级压缩（空气的温度与压力也将逐级升高）；然后，压缩空气被送到燃烧室与喷入的燃料混合，产生高温高压的燃气；接着，燃气燃烧，推动透平膨胀做功；最后是排气放热过程，可直接排到大气并自然放热给外界环境，也可通过各种换热设备回收利用部分余热。

2. 基本模型

燃气轮机的发电效率通常为28%～35%。在燃气轮机中，提高燃气初温和压气机压比，可显著提高其工作效率。因此，透平进气温度和压气机压比对燃气轮机的工作效率影响很大。考虑到负荷率对燃气轮机发电效率的影响，不同规模燃气轮机的性能参数如表8-2所示，其变工况特性模型如下：

$$E^{GT} = a^{GT}F^{GT} + b^{GT} \tag{8-1}$$

$$Q^{GT} = p^{GT}F^{GT} + q^{GT} \tag{8-2}$$

$$E_{max}^{GT} = E_{max}^{GT0}\left[1 - c^{GT}(t-t_0) + |t-t_0|/2\right] \tag{8-3}$$

$$E_{min}^{GT} \leqslant E^{GT} \leqslant E_{max}^{GT} \tag{8-4}$$

式中：E^{GT}——燃气轮机的发电功率，kW；

E_{max}^{GT}——燃气轮机满负荷运行时的发电量，kW；

E_{min}^{GT}——燃气轮机的最小发电量，kW；

E_{max}^{GT0}——设计工况下燃气轮机满负荷运行时的发电量，kW；

a, b, c, p, q——系数；

$t - t_0$——当环境温度改变时，对燃气轮机的工作特性进行修正；

F^{GT}——输入燃气轮机的燃料热功率，kW；

Q^{GT}——燃气轮机排烟的可利用热功率，kW；

t_0——设计工况温度，℃；

t——燃气轮机工作的环境温度，℃。

表 8-2 不同规模燃气轮机的性能参数

设计工况下的满负荷发电量（kW）	发电量与燃料流量的关系		烟气余热与燃料流量的关系		温度修正系数
	a^{GT}	b^{GT}	p^{GT}	q^{GT}	c^{GT}
800	0.2932	-193.42	0.5963	-1.43	0.0069
1210	0.3494	-488.31	0.5782	-441.26	0.0071
2040	0.3554	-797.38	0.5615	-917.56	0.0068
3515	0.3758	-1153.64	0.5500	-1245.32	0.0066
4600	0.3809	-1312.12	0.5650	-1740.54	0.0075
5200	0.4249	-1944.49	0.5631	-2036.53	0.0071

8.1.2 燃气内燃机

1. 基本原理

燃气内燃机的工作原理是利用燃料在气缸内燃烧产生的热能,通过气体受热膨胀推动活塞移动,再经过连杆传递到曲轴使其旋转做功。燃气内燃机的组成部分主要有曲柄连杆机构、机体和气缸盖、配气机构、供油系统、润滑系统、冷却系统、启动装置等。

燃气内燃机工作时,每个工作循环都必须经历进气、压缩、做功和排气四个过程,如图 8-2 所示。

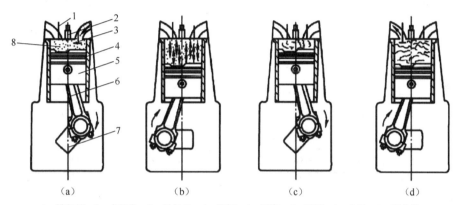

1—排气门;2—火花塞;3—进气门;4—气缸;5—活塞;6—连杆;7—曲轴;8—混合气

图 8-2 燃气内燃机工作循环示意图

2. 基本模型

燃气内燃机的发电效率一般为 35%~40%,稍高于燃气轮机。燃气内燃机排出 350~450℃烟气,烟气余热可以通过制冷机组转化为冷量,以满足用户冷负荷需求。但由于燃气内燃机的能量多用于发电,最终排烟温度较低,因此对余热的利用程度不如燃气轮机,并且需要冷却燃气内燃机各部件。冷却水主要用于冷却气缸组套,水带的废热在中冷器里散发给空气,而运动部件的热量主要由润滑油承载,二者通过水油换热装置进行热量传递,最终由冷却水将燃气内燃机的废热传递出去。燃气内燃机的特性模型如下:

$$P^{GE} = a^{GE} F^{GE} + b^{GE} \tag{8-5}$$

$$Q^{GE} = k^{GE} F^{GE} + q^{GE} \tag{8-6}$$

$$Q^{S} = r^{GE} F^{GE} + s^{GE} \tag{8-7}$$

$$P^{GE}_{min} \leqslant P^{GE} \leqslant P^{GE}_{max} \tag{8-8}$$

式中：P^{GE}——燃气内燃机发电功率，kW；

F^{GE}——燃料功率，kW；

Q^{GE}——燃气内燃机烟气可用余热，kW；

Q^{S}——缸套水可用余热，kW；

P_{min}^{GE}，P_{max}^{GE}——燃气内燃机最小和最大发电功率，kW。

燃气内燃机的性能参数如表 8-3 所示。

表 8-3　燃气内燃机的性能参数

设计工况下的满负荷发电量（kW）	发电量与燃料流量的关系		烟气余热与燃料流量的关系		缸套水余热与燃料流量的关系	
	a^{GE}	b^{GE}	k^{GE}	q^{GE}	r^{GE}	s^{GE}
460	0.3646	-46.911	0.1644	9.21	0.2744	9.24
800	0.4064	-145.44	0.2045	16.27	0.1945	16.27
1050	0.4211	-222.41	0.2114	3.62	0.1491	81.73
2020	0.4662	-657.42	0.2194	13.64	0.1517	90.74
3000	0.4790	-758.94	0.2084	94.38	0.1532	173.56
5030	0.4729	-896.26	0.2073	125.83	0.1498	204.83

8.1.3　斯特林机

1. 基本原理

斯特林循环是热力学理论中最完善的闭式卡诺循环，由英国工程师罗伯特·斯特林（Robert Stirling）于 1816 年首先提出。斯特林循环是由两个等容过程和两个等温过程组成的可逆循环，而且等容放热过程放出的热量恰好被等容吸热过程所吸收。斯特林机是一种由外部提供热量使气体在不同温度下进行周期性膨胀和压缩的闭式循环往复式发动机。工质在低温冷腔中被压缩之后，流到高温热腔中被迅速加热，从而膨胀做功。燃料在气缸外部的燃烧室内连续燃烧，工质不直接参与燃烧，也不用更换。这种形式联供系统的布置与以内燃机作为动力子系统的联供系统很相似。

2. 系统组成

斯特林机主要由换热系统和传动系统两大部分组成，内部工质通过热胀冷缩效应不断地将热能转化为机械能，工作过程如图 8-3 所示。

膨胀气缸-活塞系统和压缩气缸-活塞系统分别对应高温吸热过程和低温放热过程。两个气缸内的工质气体通过蓄热式回热器连通，假定两个气缸缸套保持良好的等温传热能力，缸内气体温度始终不变。在稳态工况下，蓄热式回热器已经建立了从高温到低温的稳定温度梯度。定义两个气缸-活塞系统中活塞靠近蓄热式回热器的行程止点为近止点，远离蓄热式回热器的行程止点为远止点。选取循环开始时压缩活塞位于远止点，膨胀活塞位于近止点。假定理想情况下蓄热式回热器内不存储气体，此时工质气体完全被压缩于气缸中。

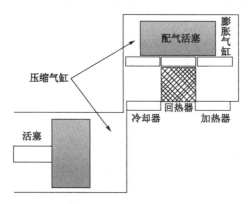

图 8-3　斯特林机工作过程

循环开始后，压缩活塞向近止点运动，膨胀活塞不动，气体压力升高，比体积缩小，为等温压缩放热过程；当缸内气体压力达到额定压力后，膨胀活塞开始离开近止点向远止点运动，工质气体经蓄热式回热器流入膨胀气缸，假设蓄热式回热器蓄热能力无限大且传热良好，从压缩气缸到膨胀气缸沿程各点温度保持稳定，工质经过蓄热式回热器时沿程各点均为等容吸热；当压缩活塞到达近止点后，全部工质通过蓄热式回热器到达膨胀气缸，之后压缩活塞保持不动，膨胀活塞继续向远止点运动，工质从膨胀气缸缸套等温吸热，压力降低，比体积增大，当膨胀活塞到达远止点后，过程完成，为等温膨胀吸热过程；然后膨胀活塞从远止点出发，压缩活塞从近止点出发，分别在同一时刻到达近止点和远止点，其间工质气体全部通过蓄热式回热器进入压缩气缸，同时在蓄热式回热器内沿程各点等温散发之前吸收的热量，为等容放热过程。

8.1.4　燃料电池

1. 基本原理

燃料电池是一种通过化学反应持续地将燃料的化学能直接转化成电能的装置。燃料电池由阳极、阴极和离子导电的电解质构成，燃料在阳极被氧化，氧化剂在阴极被还原，电子从阳极通过负载流向阴极构成电回路，产生电流（图8-4）。

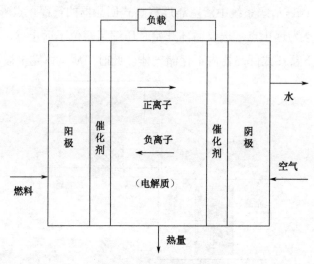

图8-4 燃料电池原理图

燃料电池按照不同的分类标准，有不同的名称。可以按工作温度、功率、电解质类型、结构特点、所用燃料及应用来分类，如表8-4所示。

表8-4 燃料电池的分类

类型	碱性燃料电池	磷酸燃料电池	熔融碳酸盐燃料电池	固体氧化物燃料电池	质子交换膜燃料电池
简称	AFC	PAFC	MCFC	SOFC	PEMFC
电解质	KOH	H_3PO_4	$LiCO_3$ K_2CO_3	复合氧化物	质子交换膜
电解质形态	液体	液体	液体	固体	固体
传导离子	OH^-	H^+	CO_3^{2-}	O^{2-}	H^+
阳极催化剂	Pt/Au,Pt,Ag	Pt	Ni,Ni/Cr	Ni/ZrO_2	Pt,Pt/Ru
阴极催化剂	Pt/Au,Pt,Ag	Pt/Cr/Co,Pt/Ni	Li/NiO	$LaSrMnO_3$	Pt
转换效率	70%	40%	>60%	>60%	60%
质量功率密度（W/kg）	35～105	120～180	30～40	15～20	340～3000
腐蚀性	强	强	强	弱	无
工作温度（℃）	60～200	160～220	600～650	800～1000	20～120
压力（MPa）	0.4	0.1～0.5	0.1～1	0.1	0.1～0.5

以质子交换膜燃料电池为例,其反应原理是电解水的逆过程,其正、负极反应及电池总反应如下。

$$负极:H_2 \rightarrow 2H^+ + 2e^- \tag{8-9}$$

$$正极:1/2O_2 + 2H^+ + 2e^- \rightarrow H_2O \tag{8-10}$$

$$总反应:H_2 + 1/2O_2 = H_2O \tag{8-11}$$

2. 系统组成

燃料电池发电系统的核心部件是燃料电池电堆,它由单体电池堆叠而成。单体电池串联和并联的选择依据是满足负载的输出电压和电流,并使总电阻最小,尽量降低电路短路的可能性。其余部件有燃料预处理装置、热量管理装置、电压变换调整装置和自动控制装置等。通过燃料预处理装置,实现燃料的生成和提纯。燃料电池有时需要加热,有时需要放热,由热量管理装置合理地进行加热或放热。燃料电池输出直流电,通过电压变换调整装置转换成交流电送到用户端或电网。燃料电池发电系统通过自动控制装置使各个部件协调工作,进行统一控制和管理,如图8-5所示。

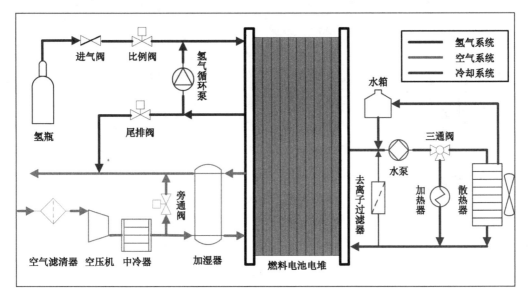

图8-5 燃料电池发电系统

燃料电池的反应为氧化还原反应,电极的作用一方面是传递电子,形成电流;另一方面是在电极表面发生多相催化反应,反应不涉及电极材料本身,这一点与一般化学电池中电极材料参与化学反应不同,电极表面起催化剂表面的作用。

在氢氧燃料电池中，氢和氧在各自的电极反应。氢电极进行氧化反应，放出电子；氧电极进行还原反应，吸收电子；反应结果是氢和氧发生电化学燃烧，生成水和产生电能。由热力学变量可得到以下理论电动势和理论热效率公式：

$$E = -(\Delta G / 2F) \tag{8-12}$$

$$\eta = \Delta G / \Delta H \tag{8-13}$$

式中：ΔG——自由能变化；

ΔH——热焓变化；

F——法拉第常数。

8.1.5 氢内燃机

1. 基本原理

氢内燃机与传统内燃机具有相同的基本结构，可沿用传统内燃机的生产体系和安装使用方式，制造成本低。氢内燃机也有吸气、压缩、做功及排气四个冲程，同样通过缸内燃烧实现热功转换。

图 8-6 氢内燃机的基本原理

氢内燃机的基本原理如图 8-6 所示。氢气在缸内燃烧后的主要产物是水，没有传统化石燃料燃烧所产生的二氧化碳，因此氢内燃机属于零碳排放动力装备。但空气中的氧气、氮气在缸内高温作用下会生成氮氧化物，这也是氢内燃机排放的唯一一种污染物，通过稀薄燃烧等措施可以将其控制到 ppm 级别，从而实现近零 NO_X 排放。

氢气具有可燃极限范围广、燃烧速度快、压燃温度高、点火能力低、混合气热值高、扩散系数大等优点，氢气与目前车用燃料的物理化学特性比较如表 8-5 所示。

表 8-5 氢气与目前车用燃料的物理化学特性比较

项目		汽油	柴油	天然气	氢气
分子式		C_nH_m	C_nH_m	CH_4	H_2
质量成分	gc/kg	0.855	0.87	0.75	—
	gh/kg	0.145	0.126	0.25	1
	go/kg	—	0.004	—	—

续表

项目	汽油	柴油	天然气	氢气
密度 / (kg/L)	0.7～0.75	0.8～0.86	0.42	0.071
相对分子量	95～120	180～360	16	2.016
沸点 / ℃	20～215	180～360	-162	-253
运动黏度（20℃）/ (mm^2/s)	0.65～0.85	1.8～8.0	—	—
自燃温度 / ℃	300～400	250	650	585
十六烷值	5～25	40～55	低	—
辛烷值（RON）	90～106	20～30	130	130
化学计量空燃比	14.8	14.3	17.4	34.2
汽化潜热 / (kJ/kg)	310～320	251～270	510	450
燃料低热值 / (MJ/kg)	44	42.5	45	120
化学计量比混合气热值 / (kJ/m^3)	3810	3789	3400	3180

2. 基本模型

为探索增压氢内燃机的能量分配规律，搭建了增压氢内燃机热力学系统，如图 8-7 所示。基于这个热力学系统，根据热力学第一定律及相关过程方程，可以得出各部分能量的计算公式。

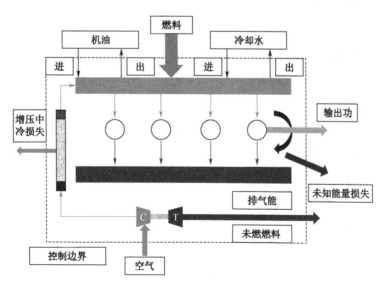

图 8-7 增压氢内燃机热力学系统

(1) 燃料所带来的能量：

$$\dot{Q}_{H_2} = \dot{m}_{H_2} Q_{LHV,H_2} \tag{8-14}$$

式中：$\dot{Q}_{H_2}$——燃料的化学能，kW；

$\dot{m}_{H_2}$——氢气的质量流量，kg/s；

Q_{LHV,H_2}——氢气的低热值，120MJ/kg。

(2) 进入气缸空气的显焓：

$$H_a^{sens} = \dot{m}_a h_a^{sens} \tag{8-15}$$

式中：H_a^{sens}——进入气缸空气的显焓，kW；

$\dot{m}_a$——空气的质量流量，kg/s；

h_a^{sens}——进气温度下空气的比焓，J/kg。

(3) 进入气缸氢气的显焓：

$$H_{H_2}^{sens} = \dot{m}_{H_2} h_{H_2}^{sens} \tag{8-16}$$

式中：$H_{H_2}^{sens}$——进入气缸氢气的显焓，kW；

$h_{H_2}^{sens}$——进气温度下氢气的比焓，J/kg。

(4) 冷却液带走的能量：

$$\dot{Q}_{cooling} = \dot{m}_{cooling} c_{p,cooling} \left(T_{out,cooling} - T_{in,cooling} \right) \tag{8-17}$$

式中：$\dot{Q}_{cooling}$——冷却液带走的能量，kW；

$\dot{m}_{cooling}$——冷却液的质量流量，kg/s；

$c_{p,cooling}$——冷却液的比热容，J/（kg·K）；

$T_{in,cooling}$ 和 $T_{out,cooling}$——进出发动机的冷却液温度，K。

(5) 机油带走的能量：

$$\dot{Q}_{oil} = \dot{m}_{oil} c_{p,oil} \left(T_{out,oil} - T_{in,oil} \right) \tag{8-18}$$

式中：$\dot{Q}_{oil}$——机油带走的能量，kW；

$\dot{m}_{oil}$——机油的质量流量，kg/s；

$c_{p,oil}$——机油的比热容，J/（kg·K）；

$T_{in,oil}$ 和 $T_{out,oil}$——进出发动机的机油温度，K。

(6) 排气带走的能量：对氢内燃机来说，排气中主要是 H_2O、N_2、O_2，以及生成的 NO_X、HC 和 CO（量极小，可以忽略），NO_X 主要成分是 NO，所以，排气带走的能量可以用下面的公式计算。

$$\dot{Q}_{exh} = \left[\left(\dot{m}_{N_2} c_{p,N_2} + \dot{m}_{O_2} c_{p,O_2} + \dot{m}_{H_2O} c_{p,H_2O} \right) + \dot{m}_{H_2} + \dot{m}_a \omega_{NO} c_{p,NO} \right] (T_{exh} - T_a) \quad (8\text{-}19)$$

式中：$\dot{Q}_{exh}$ ——排气带走的能量，kW；

$\dot{m}_{N_2}$，$\dot{m}_{O_2}$，$\dot{m}_{H_2O}$ ——排气中的氮气、氧气和水蒸气的质量流量，kg/s；

c_{p,N_2}，c_{p,O_2}，c_{p,H_2O}，$c_{p,NO}$ ——排气温度下氮气、氧气、水蒸气和一氧化氮的比热容，J/(kg·K)；

ω_{NO} ——排气中的一氧化氮质量分数。

（7）增压中冷带走的能量：

$$\dot{Q}_{inter\_c} = \dot{m}_a c_{p,a} \left(T_{out,inter\_c} - T_{in,inter\_c} \right) \quad (8\text{-}20)$$

式中：$\dot{Q}_{inter\_c}$ ——增压中冷带走的能量，kW；

$c_{p,a}$ ——压气机出口处温度下的空气比热容，J/(kg·K)；

$T_{in,inter\_c}$ 和 $T_{out,inter\_c}$ ——进出增压中冷器的空气温度，K。

（8）输出有用功：

$$P_e = 2 \times \pi \times n \times T_{tq} \times 10^{-3} \quad (8\text{-}21)$$

式中：P_e ——发动机输出的有用功，kW；

n ——发动机的转速，r/min；

T_{tq} ——发动机的转矩，N·m。

（9）其他能量损失：$\dot{Q}_{mis}$。

综上所述，可得出增压氢内燃机的热平衡公式：

$$\dot{Q}_{H_2} + \dot{m}_a h_a^{sens} + \dot{m}_{H_2} h_{H_2}^{sens} = P_e + \dot{Q}_{cooling} + \dot{Q}_{oil} + \dot{Q}_{exh} + \dot{Q}_{inter\_c} + \dot{Q}_{mis} \quad (8\text{-}22)$$

8.2 光伏发电

1. 基本原理

太阳能电池是利用光伏效应将其所吸收的能量转换为电能的器件，也称光伏电池。太阳光照在半导体 PN 结上，形成新的空穴-电子对，在 PN 结电场的作用下，光生空穴由 N 区流向 P 区，光生电子由 P 区流向 N 区，接通电路后就形成电流。

2. 系统组成

光伏发电系统由太阳能电池方阵、蓄电池组、充放电控制器、逆变器、交流配电柜、太阳跟踪控制系统等设备组成。各设备的作用如下。

1) 太阳能电池方阵

在有光照的情况下，太阳能电池吸收光能，电池两端出现异号电荷的积累，在光伏效应的作用下，太阳能电池的两端产生电动势，将光能转换成电能。太阳能电池一般为硅电池，分为单晶硅太阳能电池、多晶硅太阳能电池和非晶硅太阳能电池三种。

2) 蓄电池组

蓄电池组的作用是储存太阳能电池方阵受光照时发出的电能并随时向负载供电。太阳能电池发电对所用蓄电池组的基本要求包括：自放电率低，使用寿命长，深放电能力强，充电效率高，少维护或免维护，工作温度范围宽，价格低廉。

3) 充放电控制器

充放电控制器是能自动防止蓄电池过充电和过放电的设备。由于蓄电池的循环充放电次数及放电深度是决定蓄电池使用寿命的重要因素，因此能控制蓄电池过充电和过放电的充放电控制器是必不可少的设备。

4) 逆变器

逆变器是将直流电转换成交流电的设备。当太阳能电池和蓄电池是直流电源，而负载是交流负载时，逆变器是必不可少的。逆变器按输出波形可分为方波逆变器和正弦波逆变器。方波逆变器电路简单，造价低，但谐波分量大，一般用于几百瓦以下和对谐波要求不高的系统。正弦波逆变器成本高，但适用于各种负载。

5) 太阳跟踪控制系统

通用的太阳跟踪控制系统需要根据安放点的经、纬度等信息，计算一年中每一天的不同时刻太阳所在的角度，将一年中每一时刻的太阳位置存储到PLC、单片机或计算机中，也就是靠计算太阳位置以实现跟踪。

在实际应用中，可将光伏电池进行串联或并联，形成光伏阵列，这样就能供给更多的能量。图8-8为光伏发电示意图。光伏电池的输出功率主要与光照强度、温度、光照时长等因素有关，光伏发电功率可由以下公式确定：

$$P_{\mathrm{pv}} = P_{\mathrm{STC}} \frac{G_{\mathrm{AC}}}{G_{\mathrm{STC}}}[1 + k(T_{\mathrm{C}} - T_{\mathrm{r}})] \qquad (8\text{-}23)$$

$$T_{\mathrm{C}} = T_{\mathrm{amd}} + 30 \frac{G_{\mathrm{AC}}}{1000} \qquad (8\text{-}24)$$

式中：P_{STC}——标准条件下的最大输出功率，kW；

G_{AC}——实际光照强度，W/m²；

G_{STC}——标准条件下的光照强度，W/m²；

k——功率温度系数；

T_C——光伏电池板的工作温度，℃；

T_r——参考温度，℃；

T_{amd}——环境温度，℃。

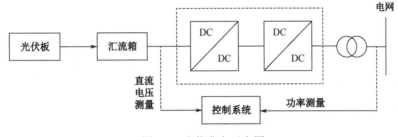

图 8-8　光伏发电示意图

8.3　风力发电

1. 基本原理

风力发电机（简称风机）可将风能转化为电能，是一种清洁的可再生能源发电机，现已成为世界上发展最快、应用最为广泛的新能源发电形式。风力发电机的工作原理是通过风力推动叶轮旋转，再通过传动系统增速以达到发电机的转速，从而驱动发电机发电。

2. 系统组成

风力发电机是将风能转化为电能的装置，按容量可分为小型（10kW 以下）、中型（10～100kW）和大型（100kW 以上）风力发电机，按主轴与地面相对位置又可分为水平轴风力发电机和垂直轴风力发电机。水平轴风力发电机是目前世界各国应用较多的一种形式，主要优点是风轮可以架设在较高的地方，从而减少地面扰动对风轮动态特性的影响。它的主要机械部件都安装在机舱中，如主轴、齿轮箱、发电机、液压系统及调向装置等。

中大型风力发电机是由机舱、叶片、轮毂、主轴、齿轮箱、联轴器、制动器、发电机、塔架、调速装置等组成的。

1）机舱

机舱中安装有风力发电机的关键设备，包括齿轮箱、发电机等。

2）风轮

叶片安装在轮毂上就构成了风轮，它包括叶片、轮毂、主轴等部件。风轮是风力发电机接收风能的部件。轮毂是连接叶片和主轴的部件。轮毂一般由钢板焊接而成，其中不允许有夹渣、砂眼、裂纹等缺陷，并按浆叶可承受的最大离心力载荷来设计。主轴也称低速轴，将转子轴心与齿轮箱连接在一起，由于承受的转矩较大，其转速一般小于 50r/min，一般由 40Cr 或其他高强度合金钢制成。

3）齿轮箱

齿轮箱是风力发电机的关键部件之一。由于风轮工作在低转速下，而发电机工作在高转速下，为实现匹配就必须采用齿轮箱。使用齿轮箱可以将风力发电机转子上的较低转速、较高转矩转换为发电机上的较高转速、较低转矩。

4）联轴器

齿轮箱与发电机之间用联轴器连接，为了减少占用空间，往往将联轴器与制动器设计在一起。

5）制动器

制动器是使风力发电机停止转动的装置，也称刹车。

6）发电机

发电机是风力发电机中最关键的部件，是将风能转换成电能的设备。发电机的性能直接影响整机效率和可靠性。

7）塔架

塔架是支撑风力发电机的支架。塔架有钢架、钢管和钢筋混凝土三种形式，其上装有机舱及转子。

8）调速装置

风速是变化的，风轮的转速也会随风速的变化而变化。调速装置就是用来调整风轮转速的，调速装置只在达到额定风速时工作。

图 8-9 给出了风力发电原理图。风机的输出功率受多种因素影响，由 Betz 理论可得到风机的输出功率。理想情况下，影响风机每小时发电量的因素主要与风机转轴处的平均风速有关，风机发电量可用下式确定：

$$P_{wt} = \begin{cases} 0 & 0 \leq v \leq v_{in} \\ P_{rated} \dfrac{v^3 - v_{in}^3}{v_r^3 - v^3} & v_{in} \leq v \leq v_r \\ P_{rated} & v_r \leq v \leq v_{out} \\ 0 & v_{out} \leq v \end{cases} \quad (8\text{-}25)$$

式中：P_{rated}——风机输出的额定功率，kW；

v——风机转轴处的实际风速，m/s；

v_{in}——切入风速，m/s；

v_{out}——切出风速，m/s；

v_r——额定风速，m/s。

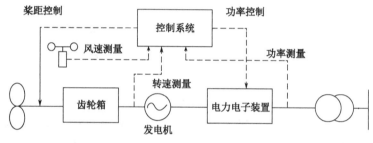

图 8-9　风力发电原理图

根据风力发电机在一段时间内的输出功率和同一时段的风速之间的对应关系，就可以得到风电机组的实际功率曲线。比较理想的状态是单独设立一套检测系统，记录机组的功率数据，并测量环境温度、大气压力和环境风速等各种环境参数。根据记录的数据，测绘出风电机组的实际功率曲线。同时，根据环境温度、大气压力等对实际功率曲线进行修正，观察机组实际功率曲线与标准功率曲线的差异是否处于正常范围。

8.4　电转气

1. 基本原理

电转气（Power to Gas，P2G）在实际应用中包括电转氢气和电转天然气两种类型，其中电转氢气是电转天然气的前置反应。电转氢气的基本原理为电解水产生氢气和氧气。现阶段，电转氢气的能量转换效率可以达到 75%～85%。电解水产生的氢气可以直接用于燃料电池或存储起来。由于通过氢气反应生成的天然气，其单位能量密度是氢气的 4 倍，且氢气存储困难、运输危险，因此一般采用电转天然气的方法。电转天然气的原理是在电解氢气的基础上，利用二氧化碳和氢气在高温高压环境下反应生成天然气。电转天然气的能量转换效率为 45%～60%，将电解产生的天然气与天然气网络相连，无须增加额外投资，就可以实现能量在电气网络与天然气网络间的双向流动。电转气技术示意图如图 8-10 所示。

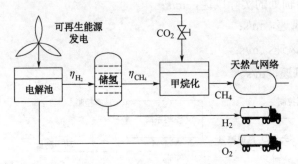

图 8-10 电转气技术示意图

随着可再生能源的快速发展和供需不平衡的加剧，我国部分弃风弃光较为严重的地区利用多余的可再生能源电力来电解水，从而获得氢气和甲烷，这样可以减少可再生弃能比例，也有利于降低碳排放。电转气技术实现了能量从电力系统向天然气系统的传输及能量的大规模、长时间存储，为大规模可再生能源和分布式能源的消纳提供了新的思路。

2. 系统组成

电制氢系统主要包括电解槽和储氢罐两个部分。电解槽的典型物理数学模型如下：

$$Q_{ET} = a_1 \exp\left(\frac{a_2 + a_3 T_{ET}}{I_{ET}/A_{cell}} + \frac{a_4 + a_5 T_{ET}}{(I_{ET}/A_{cell})^2}\right) \times \frac{N_{ET} P_{ET}}{U_{ET} zF} \tag{8-26}$$

式中：Q_{ET}——电解槽的制氢量；

a_1, a_2, a_3, a_4, a_5——法拉第效率相对系数；

T_{ET}——电解槽的工作温度；

I_{ET}——电解槽的电流；

A_{cell}——电池面积；

N_{ET}——电解槽中串联电池的个数；

P_{ET}——电解槽输出功率；

U_{ET}——电解槽电压；

z——电子转移数；

F——法拉第常数。

储氢罐的典型物理数学模型如下：

$$V_{HS}(t_0 + \Delta t) = \int_{t_0}^{t_0+\Delta t} Q_{HS}(x)\mathrm{d}x + V_{HS}(t_0) \tag{8-27}$$

式中：Q_{HS}——氢气产量；

$V_{HS}(t_0)$——t_0 时刻的有效储氢容量。

8.5 制冷

8.5.1 吸收式制冷机组

1. 基本原理

吸收式制冷/热泵技术是一种重要的热驱动技术，可以将输入热量转换为冷量或不同温度的热量输出，驱动温度通常为 80~160℃，其商业化程度相对较高，常用于工业余热回收、太阳能制冷和冷热电联供系统中。吸收式制冷技术采用热能驱动，且循环结构灵活，不但可以用于提升余热品位，还可以用于余热驱动的制冷系统。

吸收式制冷/热泵的性能评价指标主要包括温降/温升能力和 COP，由于输入、输出热量性质不同，吸收式制冷、第一类吸收式热泵和第二类吸收式热泵的性能评价也不同。吸收式制冷的目的是将高温热量（Q_H）输入转换为低温冷量（Q_v）输出，因此其 COP 定义为

$$\mathrm{COP}_{制冷} = Q_v/Q_H \tag{8-28}$$

吸收式制冷的温降能力通常是指环境温度与制冷温度之间的温差，即中温热源和低温热源的温差：

$$\Delta T = T_M - T_L \tag{8-29}$$

吸收式制冷/热泵机组是以热能为驱动能源、以溴化锂-水或氨-水等为工质对的吸收式制冷/热泵装置，它利用溶液吸收或产生制冷剂蒸气，配合各种循环流程来完成机组的制冷、制热或热泵循环。吸收式制冷机组种类繁多，可以按用途、工质对、驱动热源及其利用方式、低温热源及其利用方式，以及结构和布置方式等进行分类。

燃气轮机联供系统可回收的高温高压烟气温度为 200~600℃，而热水型吸收式制冷机组的热媒水进出口温度为 70~130℃。溴化锂吸收式制冷机组种类繁多，具体分类如表 8-6 所示。

表 8-6 溴化锂吸收式制冷机组的分类

分类方式	机组名称	分类依据
按驱动热源的利用效率	（1）单效	驱动热源在循环内被直接利用一次
	（2）双效	驱动热源在循环内被直接和间接地二次利用
	（3）多效	驱动热源在机组内被直接和间接地多次利用
	（4）多级发生	驱动热源在多个压力不同的发生器内依次被直接利用
按驱动热源	（1）蒸汽型	以蒸汽的潜热为驱动热源
	（2）直燃型	以燃料的燃烧热为驱动热源
	（3）热水型	以热水的显热为驱动热源
	（4）余热型	以各种余热（烟气或热水）为驱动热源
	（5）复合热源型	热水型与直燃型复合、热水型与蒸汽型复合、蒸汽型与直燃型复合

2. 系统组成

单效吸收式制冷机组是目前最简单的吸收式制冷机组，已在市场上销售多年，也是工业余热回收的吸收式制冷系统中最常用的制冷机组。随着单效吸收式制冷机组的不断改进，其 COP 目前可以达到 0.8。

如图 8-11 所示，单效吸收式制冷机组主要由发生器、吸收器、蒸发器、冷凝器、溶液泵和节流阀等部件组成。发生器、吸收器、蒸发器和冷凝器分别用于完成发生、吸收、蒸发和冷凝过程，节流和加压通过节流阀和溶液泵完成。发生器由热源驱动，吸收器和冷凝器由冷却水冷却，最后通过蒸发器降低冷却水温度来输出冷量。除以上主要部件外，还可以在发生器与吸收器之间布置溶液换热器以提高机组性能，在该溶液换热器中从发生器出来的浓溶液被从吸收器出来的稀溶液冷却，这样可以回收高温浓溶液的显热并减少发生器热输入，从而提升系统效率。

在溶液回路中，吸收器出口的稀溶液经加压后进入溶液换热器，溶液得到预热后再进入发生器由热源加热产生过热蒸气，在该过程中溶液浓度升高并产生浓溶液。浓溶液依次经过溶液换热器冷却及节流阀降压后回流到吸收器，在吸收器中浓溶液吸收蒸发器产生的制冷剂蒸气后浓度降低并释放吸收热。在制冷剂回路中，发生器产生的过热蒸气在冷凝器中凝结成液态制冷剂，之后经节流阀进入蒸发器，在蒸发器中制冷剂蒸发并输出冷量，蒸发过程产生的制冷剂蒸气进入吸收器并完成一个循环。

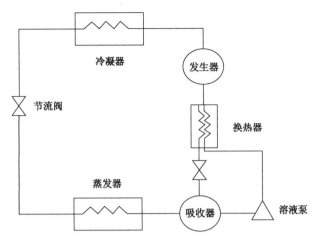

图 8-11 单效吸收式制冷机组示意图

分布式冷热电联供系统的制冷子系统一般采用吸收式制冷机组。吸收式制冷机组有直燃型、热水型、余热型、蒸汽型。溴化锂吸收式制冷机组工作时,以溴化锂作为吸收剂,水则作为制冷剂。虽然吸收式制冷机组的能效系数远低于压缩式制冷机组,但是遵循能量梯级利用的原则,吸收式制冷机组是最为常用的余热回收利用装置。

从热力学角度分析,制冷系统是逆向循环的能量利用系统。吸收式制冷机组的主要参数可分为输入热量、输出冷量和制冷系数,假定机组的制冷系数保持不变,则其热力性能模型如下:

$$\mathrm{Co}_{AC} = Q_{AC} \cdot \mathrm{COP}_{AC} \tag{8-30}$$

$$\mathrm{Co}_{\min}^{AC} \varepsilon_{AC} \leqslant \mathrm{Co}_{AC} \leqslant \mathrm{Co}_{\max}^{AC} \varepsilon_{AC} \tag{8-31}$$

式中:COP_{AC}——吸收式制冷机组的制冷系数;

Co_{AC}——制冷机组的制冷量,kW;

Q_{AC}——热源向制冷机组输入的热量,kW;

ε_{AC}——吸收式制冷机组的状态参数。

8.5.2 压缩式制冷机组

1. 基本原理

压缩式制冷机组是依靠压缩机提高制冷剂的压力实现制冷循环的。压缩式制冷机组由压缩机、冷凝器(凝汽器)、制冷换热器(蒸发器)、膨胀机或节流机构和一些辅助设备组成。

按所用制冷剂的种类不同,压缩式制冷机组分为气体压缩式制冷机组和蒸气压缩式制冷机组两类。蒸气压缩式制冷机组又有氨制冷机组和氟利昂制冷机组等。气体压缩式制冷机组又分为空气制冷机组和氦气制冷机组等。按所用压缩机种类不同,压缩式制冷机组又分为往复式制冷机组、离心式制冷机组和回转式制冷机组(螺杆式制冷机组、滚动转子式制冷机组)等。蒸气压缩式制冷机组按其系统组成不同可分为单级、多级(两级或三级)和复叠式等。

2. 系统组成

气体压缩式制冷机组以气体作为制冷剂,由压缩机、冷凝器、回热器、膨胀机和冷箱等组成。经压缩机压缩的气体先在冷凝器中被冷却,向冷却水(或空气)放出热量,然后流经回热器被返流气体进一步冷却,并进入膨胀机绝热膨胀,压缩气体的压力和温度同时下降。气体在膨胀机中膨胀时对外做功,成为压缩机输入功的一部分。同时,膨胀后的气体进入冷箱,吸取被冷却物体的热量,即达到制冷的目的。此后,气体返流经过回热器,同压缩气体进行热交换后又进入压缩机中被压缩。气体压缩式制冷机组一般都采用回热器,这不但可以提高制冷机组的经济性,而且可以降低膨胀机前压缩气体的温度,从而降低制冷温度。气体压缩式制冷机组的制冷温度范围较宽,制冷温度较高时其经济性较差,但当制冷温度低于-90℃时,其经济性反而高于蒸气压缩式制冷机组。

蒸气压缩式制冷机组由压缩机、冷凝器、蒸发器、节流阀和一些辅助设备组成,如图8-12所示。这类制冷机组的制冷剂在常温和普通低温下能够液化,在制冷机组的工作过程中制冷剂周期性地冷凝和蒸发。常用的蒸气压缩式制冷机组有单级、两级和复叠式3种。压缩机从蒸发器吸入低温低压的制冷剂蒸气,经压缩机绝热压缩成为高温高压的过热蒸气,再压入冷凝器中定压冷却,并向冷却介质放出热量,然后冷却为过冷液态制冷剂,液态制冷剂经节流阀(或毛细管)绝热节流成为低压液态制冷剂,在蒸发器内蒸发吸收空调循环水(空气)中的热量,从而冷却空调循环水(空气)达到制冷的目的,流出的低压制冷剂被吸入压缩机,如此循环工作。

压缩式制冷机组的热力性能模型如下:

$$Co_{EC} = Q_{EC} \cdot COP_{EC} \qquad (8\text{-}32)$$

$$Co_{min}^{EC} \varepsilon_{EC} \leqslant Co_{EC} \leqslant Co_{max}^{EC} \varepsilon_{EC} \qquad (8\text{-}33)$$

式中:COP_{EC}——压缩式制冷机组的制冷系数;

Co_{EC}——制冷机组的制冷量,kW;

Q_{EC}——输入制冷机组的功,kW;

ε_{EC}——压缩式制冷机组的状态参数。

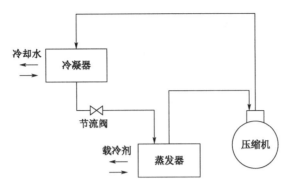

图 8-12 单级蒸气压缩式制冷机组原理图

8.6 供热系统

8.6.1 余热锅炉

1. 基本原理

余热锅炉是利用各种工业过程中产生的废气、废料或废液中的显热或（和）其可燃物质燃烧后产生热量的锅炉。在燃油（或燃气）联合循环机组中，利用燃气轮机排出的高温烟气热量的锅炉也是余热锅炉。

燃油、燃气、燃煤经过燃烧产生高温烟气释放热量，高温烟气先进入炉膛，再进入前烟箱的余热回收装置，接着进入烟火管，然后进入后烟箱烟道内的余热回收装置，最后变成低温烟气经烟囱排入大气。由于余热锅炉大大提高了燃料燃烧释放的热量的利用率，所以这种锅炉十分节能。

2. 系统组成

在燃气轮机内做功后排出的燃气仍具有比较高的温度，一般在 540℃ 左右，利用这部分气体的热能，可以提高整个装置的热效率。通常利用此热量加热水，使水变成蒸汽。蒸汽可以用来推动汽轮机发电，也可用于生产过程的加热或供生活取暖用。利用燃气轮机排气的热量来产汽的设备，称为"热回收蒸汽发生器"，我国习惯上称为余热锅炉，并把燃气轮机排气简称为"烟气"。余热锅炉是分布式冷热电联供系统的余热回收装置。余热锅炉一般由锅筒、烟道、加料管（下料溜）槽、氧枪口、烟道的支座和吊架等组成，如图 8-13 所示。余热锅炉运行效率受运行负荷率的影响较小，其热力性能模型如下：

$$Q_{REC} = Q_{GT} \cdot \eta_{REC} \tag{8-34}$$

$$\eta_{REC} = \eta_{RECR}(0.0951 + 1.525\beta_{REC} - 0.6249[\varepsilon_{REC}]^2) \tag{8-35}$$

$$Q_{min}^{REC}\varepsilon_{REC} \leqslant Q_{REC} \leqslant Q_{max}^{REC}\varepsilon_{REC} \tag{8-36}$$

式中：Q_{REC}——余热锅炉的发热量，kW；

Q_{GT}——余热锅炉所消耗的烟气余热量，kW；

η_{REC}——余热锅炉实际运行效率；

η_{RECR}——余热锅炉的额定效率；

β_{REC}——余热锅炉的负荷率；

ε_{REC}——余热锅炉的状态参数。

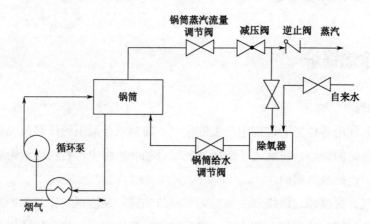

图 8-13 余热锅炉示意图

8.6.2 燃气锅炉

1. 基本原理

燃气锅炉通过燃烧天然气等气体燃料，加热锅炉本体中的水，使水受热，产生蒸汽或热水。对于燃气锅炉来说，最为重要的组成部分就是燃烧器和锅炉本体，高性能的燃烧器能够使燃料和空气充分融合，使燃料得到充分燃烧。锅炉炉膛的设计好坏直接影响锅炉受热面积的大小，锅炉受热面积大，传递的热量就高，这样能提高锅炉的热效率，减少燃料消耗，缩短工作时间，降低运行成本。

2. 系统组成

燃气锅炉一般由锅炉本体、燃烧器和控制系统三部分组成，如图 8-14 所示。燃气锅炉的工作过程主要包括：燃料的燃烧过程、火焰和烟气向水的传热过程和水被加热、汽化的过程。

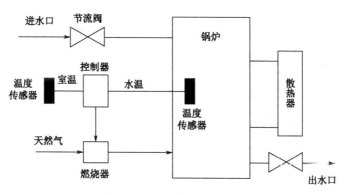

图 8-14　燃气锅炉原理图

燃料的燃烧过程：具有一定压力、温度的燃料，通过油嘴喷入炉膛，被雾化成细小的油粒，然后吸收炉内热量逐渐蒸发分解而变成油气，再与进入炉膛的空气混合，形成可燃气混合物；混合物继续吸热，温度升高，当达到燃料油的着火温度（燃点）时即开始着火燃烧，并持续到结束。

火焰和烟气向水的传热过程：这是指燃料燃烧后产生的热量，通过钢管或钢板等各种受热面传递给工质（水）的过程，它将直接影响燃气锅炉运行的安全性和经济性。传热过程在炉膛内主要以辐射的方式进行，在受热面金属的外部主要以对流的方式进行，在受热面金属的内部主要以传导的方式进行，如果传热过程进行得不好，燃料燃烧产生的热量不能被充分有效地利用，就会造成热损失的增加和锅炉热效率的下降。

水被加热、汽化的过程：水被加热、汽化的过程包括水循环过程和汽水分离过程。如果水循环不畅通，水不能有效地将受热面传导过来的热量带走，就会使受热面超温而影响安全；如果汽水分离过程进行得不好，则从燃气锅炉出去的蒸汽中将带有较多的水分，使蒸汽品质变坏，造成过热器结垢爆管。

燃气锅炉采用如下模型：

$$Q_B = F_B \cdot \eta_B \tag{8-37}$$

$$\eta_B = \eta_{BR}(0.0951 + 1.525\beta_B - 0.6249[\varepsilon_B]^2) \tag{8-38}$$

$$Q_{\min}^{B}\varepsilon_{B} \leqslant Q_{B} \leqslant Q_{\max}^{B}\varepsilon_{B} \tag{8-39}$$

式中：Q_B——燃气锅炉发热量，kW；

F_B——燃气锅炉所消耗天然气的热量，kW；

η_B——燃气锅炉实际运行效率；

η_{BR}——燃气锅炉的额定效率；

β_B——燃气锅炉的负荷率；

ε_B——燃气锅炉的状态参数。

8.7 余热发电

1. 基本原理

余热发电即利用余热能进行发电。有机朗肯循环（Organic Rankine Cycle，ORC）是典型的余热发电技术之一。有机朗肯循环作为一种有效的低品位热能发电技术，采用低沸点有机工质回收利用如太阳能、工业余热、地热等热能进行发电，具有发电效率高、设备简单、环境友好等优点。ORC余热发电的效率主要与有机工质的特性、热动转换装置的性能、系统的结构参数、运行工况、外部环境有关。它主要包括等熵压缩、等压冷凝、等熵膨胀、等压吸热四个过程。对于有机朗肯循环，经常选用的工质有R123、R245fa、R134a、R152a、R141b、氯乙烷、丙烷、正丁烷、异丁烷等。在余热发电系统中，对于不同类型、不同温度的热源应当选择不同的工质，工质的优选也会影响系统的效率。

2. 系统组成

如图8-15所示是基本有机朗肯循环系统原理图。低温低压的工质通过工质泵被加压，然后进入热交换器，工质在其中吸收热源热量后变成高温高压的液体（工质的内能增加），随后进入膨胀机膨胀对外做功，将工质的一部分内能转换为机械能。膨胀机与发电机相连，从而把机械能转变为电能。做功后的工质变成低压蒸气进入冷凝器，在释放部分热量后变成低温低压的液体重新进入泵中被加压，从而进入下一次循环。整个过程就是工质从热源吸收热量，然后对外做功使其部分内能转换为机械能，最后向低温热源排放热量，恢复到初始状态，符合热力学第二定律。ORC的数学模型如下：

$$\begin{cases} P_{\text{orc},t} = \eta_{\text{orc}} P_{\text{orcin},t} \\ P_{\text{orcmin}} \leqslant P_{\text{orc},t} \leqslant P_{\text{orcmax}} \\ \Delta P_{\text{orcmin}} \leqslant P_{\text{orc},t+1} - P_{\text{orc},t} \leqslant \Delta P_{\text{orcmax}} \end{cases} \quad (8\text{-}40)$$

式中：$P_{\text{orcin},t}$——t 时段 ORC 余热发电的输入功率，kW；

$P_{\text{orc},t}$——t 时段 ORC 余热发电的输出功率，kW；

η_{orc}——余热发电效率；

P_{orcmax}——输入功率上限，kW；

P_{orcmin}——输入功率下限，kW。

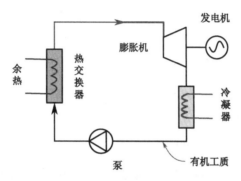

图 8-15 基本有机朗肯循环系统原理图

8.8 能量存储单元

8.8.1 储热

储热在综合能源系统的热转换过程中起着重要的作用。储热装置用于储存联供系统中的多余热量。通常来说，储热可分为显热储存、潜热储存和热化学储热。

1．显热储存

1）基本原理

显热储存技术利用介质的热容来进行热量储存：当对储热介质加热而使它的温度升高时，储热介质的内能增加，从而将热量储存起来。根据显热储存的工作原理，显热储存效果与介质的比热容和密度等物理参数密切相关。为使储热设备达到较高的体积储热密度，要求所选用的储热介质有较高的比热容和密度。显热储存技术的最大缺点在于储热密度低，它是三种储热技术中储热密度最低的，但其具有结构简单、操作方便和成本低廉的优势。

2）系统组成

储热介质是整个显热储存系统最关键的组成部分，直接影响储热密度、系统成本和安全性。显热储存系统的储热量由储热介质的比热容、质量和温差共同决定。储热介质利用自身特性，通过温度变化进行储热与放热，其共同点是单位质量或体积的储热量大，物理及化学性质稳定，导热性好等。液体储热介质有水，固体储热介质有碎石、土壤等，它们被广泛应用于储热温度要求不高的领域，如太阳能空调等，但是因为体积大，无法进行规模化应用。熔融盐、液态金属和有机物等材料也可用作储热介质。熔融盐具有高热容、宽温度范围和低黏度等优点，这使其成为典型的中高温传热储热材料。当把储热介质从温度 T 加热到 T_i 时，装置中所储存的热量可通过以下公式计算：

$$Q = \int_{T}^{T_i} mC_p \mathrm{d}T = m\overline{C_p}(T_i - T) \tag{8-41}$$

式中：C_p——定压比热容；

$\overline{C_p}$——温度 T_i 和温度 T 之间的平均定压比热容。

根据以上热量计算公式，可得到增加储热量的途径：增加储热介质的质量，增大温差，提高储热介质的比热容。其中，增加储热介质的质量将导致成本增大，而增大温差则会受到储热器性能的限制。显然，选用比热容大的材料作为储热介质是增大储热量的合理途径。当然，在选择储热介质时还必须综合考虑密度、热稳定性、毒性、腐蚀性、黏性和经济性。储热介质密度大则其体积小，有助于达到较大的体积储热密度，从而使设备紧凑并降低成本。体积储热密度直接影响设备的紧凑性，因此通常把容积比热容，即比热容和密度的乘积作为评定储热介质性能的重要参数。热稳定性直接影响设备的运行稳定性和性能衰减情况。毒性影响使用者的身体健康。腐蚀性强的储热介质会增加对容器的加工要求，从而增加加工难度和加工成本。黏性大的液体用泵输送较为困难，会使泵功率增加，管道直径也将增大。储热介质的性能参数如表 8-7 所示。

表 8-7 储热介质的性能参数

形态	介质	比热容[kJ/(kg·℃)]	密度（kg/m³）	容积比热容[kJ/(m³·℃)]	标准沸点（℃）
液体	水	4.18	1000	4180	100
	乙醇	2.39	790	1888	78
	丙醇	2.52	800	2016	97
	丁醇	2.39	809	1933	118

续表

形态	介质	比热容[kJ/(kg·℃)]	密度(kg/m³)	容积比热容[kJ/(m³·℃)]	标准沸点(℃)
液体	异丁醇	2.98	808	2407	100
	辛烷	2.39	704	1682	126
固体	铸铁	0.46	7600	3500	—
	氧化铁	0.76	5200	4000	—
	花岗岩	0.80	2700	2200	—
	大理石	0.88	2700	2400	—
	水泥	0.92	2470	2300	—
	氧化铝	0.84	4000	3400	—
	砖	0.84	1700	1400	—

固体电蓄热系统主要由蓄热部分、热转换供暖输出设备、外部控制部分和附属设备四部分组成。其中，蓄热部分主要包括蓄热主体——蓄热砖、加热装置——加热丝、保温装置——保温层及支撑结构——绝缘基座；热转换供暖输出设备主要包括用于流固热量传递的变频风机和用于汽水热量转换的汽水换热器；外部控制部分主要包括由触摸屏组成的人机交互界面、由 PLC 构成的外部控制设备和高、低压开关柜；附属设备主要包括温度检测设备、远程监控系统及备用的变频风机及循环水泵等一系列设备。固体电蓄热系统的结构组成如图 8-16 所示（附属设备未画出）。常见的蓄热材料包括硅砖、镁砖、陶瓷等，它们的性能参数如表 8-8 所示。从表中可以看出，硅砖的熔点比较高，所以其蓄热温度上限要高出镁砖、陶瓷 35% 左右。镁砖的综合物理性能是最好的，但镁砖的价格比较昂贵。

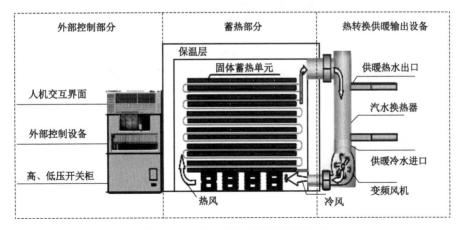

图 8-16 固体电蓄热系统的结构组成

表 8-8 常见蓄热材料的性能参数

蓄热材料	下限温度（℃）	上限温度（℃）	平均密度（kg/m³）	平均导热系数 [W/（m·K）]	平均比热容 [kJ/（kg·K）]
硅砖	100	1600	1900	1.5	1
镁砖	100	1200	2900	5	1.15
陶瓷	100	1100	2400	1.2	0.85

2．潜热储存

1）基本原理

潜热储存（也称相变储热）是利用相变材料在物质状态转变过程中的能量吸收和释放来实现的。一般相变材料潜热储存的储热密度为几百至上千焦每千克，远高于显热储存的储热密度。由于相变材料的物质状态转变是在一定的温度下进行的，且变化范围极小，所以潜热储存可以维持较为稳定的温度输出和功率输出，不需要温度调节或控制装置，简化了系统设计并降低了成本。因此，从储热密度和输出稳定性的角度来看，潜热储存相比显热储存有显著的优势。

相变材料的相变过程一般有四种形式，即固气相变、液气相变、固液相变和固固相变。其中，固固相变指从一种结晶形式转变为另一种结晶形式。液相中的分子的自由运动远强于固相中的分子运动，故液相分子具有更高的能量。气相中的分子是完全自由的，具有很高的自由度，且分子间的相互吸引力几乎为零，故相比固相和液相具有更高的能量。因而，固气、液气、固液相变潜热依次递减。尽管固气相变和液气相变的潜热更高，但由于气体占据的体积太大，不便于实际应用，因此，适合实际应用的相变材料是固液和固固相变材料。固固相变材料的潜热比固液相变材料的潜热小，故固液相变材料是最具应用潜力的相变材料。值得注意的是，在潜热储存系统的充热过程中，相变材料的显热也可以被系统储存并加以利用。

2）系统组成

一般情况下，有实际应用价值的是固液相变储热，如表 8-9 所示为相变储热材料汇总。储存的热量可通过以下公式计算：

$$Q = \sigma \times M \tag{8-42}$$

式中：σ——物质的相变潜热，kJ/kg；

M——相变物质的质量，kg。

表8-9 相变储热材料汇总

类型	熔点范围（℃）	相变焓（kJ/kg）	密度（kg/m³）	导热系数	腐蚀性	过冷度	相分离	价格（千元/吨）	成熟度
石蜡	6~135	150~280	760~940	低	弱	低	—	5~20	中高
糖醇、脂肪酸	10~200	140~350	980~1520	低	弱	高	—	10~28	中低
无机水合盐	5~130	140~300	1500~2070	中低	强	高	高	1~10	中
无机盐	250~1680	68~1041	1460~3180	中低	强	中	—	2~15	中低
金属	90~1500	100~1000	1740~8960	高	强	高	—	15~150	低

相变储热系统由四个基本部分组成：契合储热热源温度的相变材料、盛装相变材料的容器、热源向相变材料传热的换热器和相变材料向用户传热的换热器。由于相变储热材料具有低导热率，因此，针对相变储热技术的系统研究主要聚焦在传热强化技术上（图8-17）。强化方法一般从相变储热材料本身和系统本身（主要针对相变储热材料与传热流体的换热情况）两个角度出发，主要方法如下。

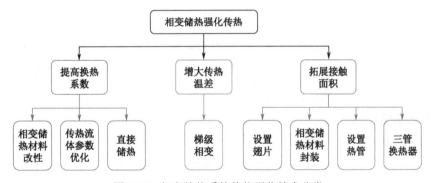

图8-17 相变储热系统传热强化技术分类

（1）相变储热材料导热性能提升。

在相变储热材料中添加高导热材料以提高其导热率，主要通过向其中添加各类填料的方法实现。常用的填料包括金属/非金属纳米颗粒、氧化物纳米颗粒、各类纳米碳族材料（石墨烯、碳纳米管等）、泡沫金属、膨胀石墨等。

（2）传热流体参数优化。

通过优化传热流体的流量、温度等参数改善相变储热材料与传热流体之间的热量传输具有重大意义。研究结果表明，增大流量可以提高对流换热系数，而提高传热流体入口温度则可以增大传热流体与相变储热材料之间的平均温差，进而提高系统蓄放热效率。

但较大的流量会增大管内流动阻力，提高泵功消耗，通过调整传热流体入口流量以提高换热效果时应综合考虑；此外，对于传热流体入口温度的调节，在储热工况下，入口温度主要受系统设计参数限制，往往不易变更，在放热工况下，可以适当降低入口温度，以提高系统换热效率。

(3) 直接储热。

主要原理是使相变储热材料与传热流体直接接触，发生导热和对流换热，无中间热阻，传热系数较大；此外，直接式换热器结构较为简单，省去了间接式储热换热器内部的换热器和管路，增大了储热器内部空间，提高了储热量。

(4) 增大换热温差。

增大传热流体与相变储热材料间的换热温差可以显著提高相变储热材料的充放热效率。因此，为了增大换热温差，提高换热效率，可以采用梯级相变技术。梯级相变技术，即将具有不同相变温度和不同相变焓值的相变储热材料按照一定的顺序排列放置，形成具有一定相变温度梯度的复合相变储热材料。

(5) 拓展接触面积。

在传热流体与相变储热材料选定、进出口温度设计值等参数为定值的情况下，拓展相变储热材料与换热器结构的接触面积也可以增大换热量，提升系统整体换热效率，这是一种增强传热性能的直接有效的技术手段。常用的方法有：换热器内部加装翅片、相变储热材料封装、换热器内部加装热管、应用三管换热器等。

3. 热化学储热

1) 基本原理

作为化学能与热能相互转换的核心技术，热化学储热利用化学变化中吸收、放出热量的原理进行热能储存，是 21 世纪最为重要的储热技术之一。这种技术的储热密度远高于前两种技术，不仅可以对热能进行长期储存且几乎无热量损失，还可以实现冷热的复合储存，在余热/废热回收及太阳能利用等方面都具有广阔的应用前景。

然而，热化学储热技术目前成熟度不足，反应速率控制困难，在国内外都处于研发阶段，其商业化程度较低。

2) 系统组成

可以根据温度划分热化学储热材料，中低温热化学储热材料主要利用水蒸气、氨气作为吸收剂和吸附剂，高温热化学储热材料可以分为金属氢化物体系、有机物体系、氧化还原体系、氢氧化物体系、氨体系和碳酸盐体系，表 8-10 列举了当前典型的热化学储热体系。

表 8-10 热化学储热体系汇总

热化学储热方式	储能密度	反应温度	优势	劣势
氨分解	67 kJ/mol	400～700℃	无副反应，储能密度较大	气体储存，需要催化剂，压力高，运输成本高
甲烷重整	247～250 kJ/mol	600～950℃	储能密度大	气体储存，可逆性差，需要催化剂，有副反应
金属碳酸盐	692 kWh/m³	700～1000℃	无催化剂，无副产物，无毒，储能密度大，材料成本低	气体储存，分解反应慢，可逆性差，存在烧结问题
金属氢氧化物	388～437 kWh/m³	100～900℃	无催化剂，无副产物，材料成本低，储能密度大，无毒	水储存，导热率低，反应活性差，存在材料烧结和团聚
金属氧化物	295～328 kWh/m³	690～900℃	无催化剂，无须换热器和气体储存，储能密度大	反应活性好的材料成本较高，有毒
金属氢化物	580 kWh/m³	250～500℃	储能密度大	气体储存，工作温度偏低

热化学储热方法可以分为浓度差热储存、化学吸附热储存及化学反应热储存三类。

（1）浓度差热储存。

浓度差热储存是利用酸、碱、盐类水溶液的浓度变化时物理化学势的差别，即浓度差能量或浓度能量的存在，对余热/废热进行统一回收、储存和利用。

典型系统是利用硫酸浓度差循环的太阳能集热系统、氢氧化钠-水浓度差热储存系统，如图 8-18 所示。

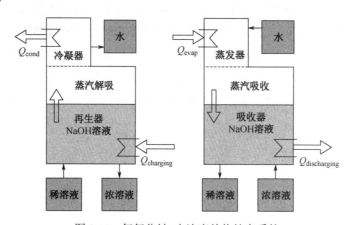

图 8-18 氢氧化钠-水浓度差热储存系统

（2）化学吸附热储存。

化学吸附热储存是吸附剂为固态的固/气工作对发生的储热反应，其释热是通过被称为吸附剂的储热材料对特定吸附质气体进行捕获和固定完成的，吸附剂分子与被吸附分子之间接触并形成强大的聚合力，如范德华力、静电力等，同时释放能量。

化学吸附热储存主要包括以水为吸附质的水合盐体系和以氨为吸附质的氨络合物体系，如图 8-19 所示为溴化锂-水吸收式储热系统。

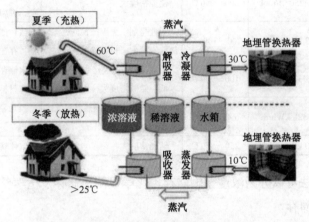

图 8-19　溴化锂-水吸收式储热系统

（3）化学反应热储存。

化学反应热储存是利用可逆化学反应中分子键的破坏与重组来实现热能的存储与释放的，其储热量由化学反应的程度、储热材料的质量和化学反应热所决定。

化学反应热储存主要有 7 类体系，分别是甲烷重整的化学储热体系、氨分解/合成的化学储热体系、异丙醇分解/合成的化学储热体系、金属氢化物的化学储热体系、碳酸盐分解/合成的化学储热体系、金属氧化物分解/合成的化学储热体系和氢氧化物分解/合成的化学储热体系。基于不同的工质类型和储放热流程，化学反应热储存的各种体系具有不同的系统构型。

8.8.2　抽水蓄能

1. 基本原理

抽水蓄能（Pumped Hydro Storage，PHS）是一种利用水作为储能介质，将能量在电能和势能间来回转化，以实现电能存储和管理的储能技术。抽水蓄能电站可将电网负荷低时的多余电能，转变为电网高峰时期的高价值电能，具有技术成熟、反应快速灵活、单机容量大、经济性较好等优点。抽水蓄能是在电力系统中应用最为广泛的一种储能技术,其主要应用领域包括调峰填谷、调频、调相、紧急事故备用、黑启动和提供系统的备用容量,还可以提高系统中火电站和核电站的运行效率,是大规模调节能源的首选技术。截至2020年末,抽水蓄能累计装机规模占储能市场的比重达89.3%。

近年来,我国抽水蓄能电站快速发展,但也受到技术、经济效益等因素的制约。其技术障碍主要表现在高水头大容量水泵水轮机、发电机、电动机及工程选址等方面。其中,由于多级水泵水轮机的控制和造价问题,目前单级可逆水泵水轮机的应用最为广泛。同时,高水头单级可逆水泵水轮机的技术突破将极大地提升抽水蓄能的技术水平。合理选址是抽水蓄能电站建设的关键部分,需要两个有高差的水库进行电能、势能转换,我国在地域上呈现水力资源西部多、东部少的特点,因此该技术的应用规划和资源利用也是未来发展的重点方向。

2. 系统组成

抽水蓄能电站一般由高位水库、引水系统、安装有机组的厂房及低位水库这几部分构成。在电力负荷低谷时,将水从低位水库抽到高位水库,将电能转化为势能储存起来;而在电力负荷高峰时,将水从高位水库排放至低位水库,驱动水轮机发电。如图8-20所示,抽水蓄能电站的储能总量同水库的落差和容积成正比。根据上游水库有无天然径流汇入,抽水蓄能电站可以分为纯抽水、混合抽水和调水式抽水蓄能电站,以满足不同的发电、储电需求。

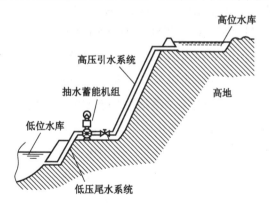

图 8-20 抽水蓄能电站示意图

可逆水泵水轮机抽水、发电工况功率如下:

$$S_G = \frac{9.81 H_{ptt} Q_{ptt} \eta_{ptt} \eta_G}{\cos\theta_G} \tag{8-43}$$

$$S_M = \frac{9.81 H_{ptp} Q_{ptp}}{\eta_{ptp} \eta_M \cos\theta_M} \tag{8-44}$$

式中：S_G——发电工况下发电机视在功率；

η_G——发电机效率；

$\cos\theta_G$——发电机功率因数；

S_M——抽水工况下电动机视在功率；

η_M——电动机效率；

$\cos\theta_M$——电动机功率因数；

Q_{ptt}——发电工况流量；

Q_{ptp}——抽水工况流量。

8.8.3 压缩空气储能

1. 基本原理

传统压缩空气储能系统是在燃气轮机技术原理的基础上提出的一种能量存储系统，主要用于电厂调峰。CAES 储能电站包括压气机、电动机/发电机、地下储气室、换热器、燃烧室及燃气轮机等常用设备，可分为蓄能子系统和发电子系统。传统压缩空气储能系统的压缩机和透平不同时工作：在储能时，压缩空气储能系统耗用电能将空气压缩并存于储气室中；在释能时，高压空气从储气室释放，进入燃烧室，利用燃料燃烧加热升温后，驱动透平发电。由于储能、释能分时工作，在释能过程中，并没有压缩机消耗透平的输出功，因此，相比于消耗同样燃料的燃气轮机系统，压缩空气储能系统可以多产生两倍甚至更多的电力。压缩机和膨胀机是压缩空气储能系统的核心部件，其性能对整个系统的性能具有决定性影响。

传统补燃式压缩空气储能存在天然技术瓶颈，包括由天然气等化石能源提供热源且系统效率较低，一般效率为 40%～55%。目前，新型压缩空气储能技术发展较快，如超临界压缩空气储能系统，其具有较高的能量密度，约为常规压缩空气储能系统能量密度的 18 倍，且大幅减小了系统储罐体积，摆脱了对地理条件的限制，百兆瓦级超临界压缩空气储能系统效率可提高至 70% 左右。压缩空气储能系统的工作过程如图 8-21 所示。假定压缩和膨胀过程均为单级过程，则压缩空气储能系统一个完整的储能周期包括以下过程。

（1）压缩过程 1—2：空气经压缩机压缩到一定的高压，并存于储气室；理想状态下的空气压缩过程为绝热压缩过程 1—2，实际过程由于不可逆损失为 1—2'。如果是两级压缩，那么一般中间有一个工质空气级间换热的降温过程（1—2'—1'—2）。

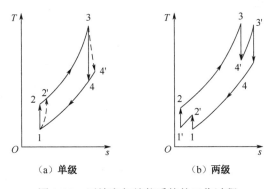

(a) 单级　　　　　　　　(b) 两级

图 8-21　压缩空气储能系统的工作过程

（2）加热过程 2—3：高压空气从储气室释放，经燃料燃烧加热后变为高温高压的空气；一般情况下，该过程为等压吸热过程。

（3）膨胀过程 3—4：高温高压的空气膨胀，驱动透平发电；理想状态下的空气膨胀过程为绝热膨胀过程 3—4，实际过程由于不可逆损失为 3—4'。如果是两级膨胀，那么一般中间有一个工质空气级间再热的升温过程（3—4'—3'—4）。

（4）冷却过程 4—1：空气膨胀后排入大气，在下次压缩时经大气吸入，这个过程为等压冷却过程。

2．系统组成

压缩空气储能系统的组成如图 8-22 所示。系统模型如下：

$$w_{e,i} = \frac{k}{k-1} Q_{m,e} R_g T_{e,i} \eta_{e,i} (1 - \pi_{e,i}^{\frac{k-1}{k}}) \tag{8-45}$$

$$W = \eta_g \sum_{i=1}^{k} w_{e,i} t_e \tag{8-46}$$

式中：$Q_{m,e}$——涡轮机的质量流量；

$T_{e,i}$——进入涡轮机的空气温度；

$\eta_{e,i}$——每级涡轮机的效率；

$\pi_{e,i}$——每级涡轮机的膨胀比；

i——第 i 级涡轮机；

W——整个涡轮机机组的实际输出电功率；

η_g——发电机的效率；

t_e——涡轮机发电时间。

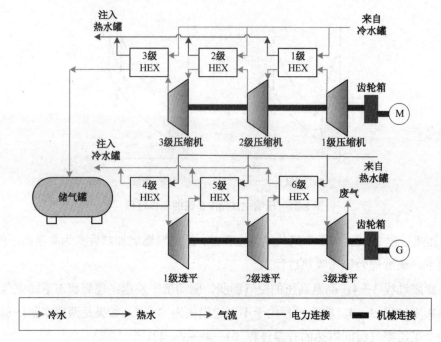

图 8-22 压缩空气储能系统的组成

8.8.4 飞轮储能

1. 基本原理

飞轮储能是一种利用旋转飞轮进行储能的技术。充电时，电动机带动飞轮高速旋转，将电能以动能的形式储存；放电时，以相同的电机作为发电机，由高速旋转的飞轮驱动发电机发电产生电能。该技术的本质是利用转速变化的旋转飞轮进行能量的储存和释放，是一种以动能作为储存形式的储能技术。储存在飞轮中的能量与飞轮的质量和旋转速度的平方成正比。飞轮储能功率密度大于 5kW/kg，能量密度超过 20Wh/kg，效率在 90%以上，循环使用寿命长达 20 年，循环次数高达 15 万次，响应时间在 10ms 以内，工作温区为-40~50℃，且无噪声，无污染，维护简单，可连续工作，很好地匹配了一次调频频繁功率波动及较小时间尺度的要求，能有效适应电网快速调频的应用场景。

同时，飞轮储能具有高成本、高自放电风险和较小容量的缺点，这限制了其大范围推广和使用。目前，飞轮储能的主要应用场合是轨道交通等小规模储能，装置通常被安装于轨道交通牵引变电所内,其采用磁悬浮技术,飞轮转子在真空室内无风阻环境下运行。列车进站制动时,飞轮吸收能量,将电能转换为动能,转速高达 20000r/min;当列车出站加速时,飞轮释放能量,将动能转化为电能,释放的能量供列车使用,具有良好的节能和稳压作用。除轨道交通领域外,飞轮储能还可应用于电力能源、石油化工和船舶等行业。

2. 系统组成

飞轮储能系统的结构如图 8-23 所示。

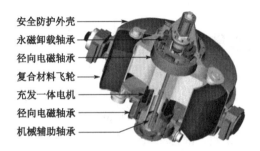

图 8-23 飞轮储能系统的结构

飞轮转子:一般由高强度复合纤维材料组成,通过一定方式缠绕在与电机转子一体的金属轮毂上。

轴承:利用永磁轴承、电磁轴承、超导悬浮轴承或其他低摩擦功耗轴承支承飞轮,并采用机械保护轴承。

电机:一般为直流永磁无刷同步电动发电互逆式双向电机。

电力转换器:它是将输入电能转化为直流电供给电机,将输出电能进行调频、整流后供给负载的关键部件。

真空室:为减小风损,防止高速旋转的飞轮发生安全事故,通常将飞轮系统放置于高真空密封保护套筒内。

飞轮转子一般为质量均匀分布的盘形,当其绕重心旋转时,飞轮储存的能量为

$$E = \frac{1}{2}Jw^2 \tag{8-47}$$

$$J = \int r^2 \mathrm{d}m = \int r^2 \rho \mathrm{d}V \tag{8-48}$$

式中:w——飞轮转动角速度;

J——飞轮转动惯量。

假设 t 时刻飞轮转速为 $w(t)$,则其 t 时刻可释放和吸收的能量为

$$E_\mathrm{d} = \frac{1}{2}J\left(w^2(t) - w^2_\mathrm{low}\right) - E_\mathrm{loss} \tag{8-49}$$

$$E_\mathrm{c} = \frac{1}{2}J\left(w^2_\mathrm{high} - w^2(t)\right) + E_\mathrm{loss} \tag{8-50}$$

式中：w_low——飞轮稳定输出的最低转速；

w_high——飞轮稳定输出的最高转速；

E_loss——能量转换过程中的损耗。

8.8.5　卡诺电池储能

1. 基本原理

卡诺电池（Carnot Battery）一词最早由 Marguerre 在 1922 年提出，泛指以热能形式进行电能存储的技术，如热泵储能、液态空气储能和热化学储能等。当前卡诺电池一般指热泵储能，即以热泵-热机循环作为工作循环，将热量在高温热储层和低温热储层之间进行转移，以此达到储电、放电的目的。该技术通过热泵将低谷电能或富余电能转化为高温热能或低温冷能并储存，在用电时热机利用存储的高温热能或低温冷能发电。相比于抽水蓄能、压缩空气储能等规模化储能技术，卡诺电池的应用不受地理条件限制，建设周期短，安装灵活且初始成本低，是一种有潜力的储能技术。

如图 8-24 所示，根据系统循环类型，卡诺电池可分为基于布雷顿循环的布雷顿型和基于朗肯循环的朗肯型。其中，布雷顿型卡诺电池可以通过增大储热、储冷温差来提升储电效率。理论研究显示，以砂砾填充床作为储层，以正逆布雷顿循环作为储电、放电循环，冷、热温度分别为-70℃和 1000℃的布雷顿型卡诺电池储电效率可达 60%~70%，但对系统部件、管道和储热介质要求极高。而基于正逆朗肯循环的朗肯型卡诺电池由于循环温度较低，在系统设计中可利用低温工业余热（120℃以内）作为热泵热源，达到接近或高于布雷顿型卡诺电池的储电效率。例如，有学者将 110℃的工业余热引入热泵蒸发器，成功地将电池的理论储电效率提升至 130%以上。同时，低循环温度对管路、阀门和压缩膨胀机等系统部件的要求也较低，运行安全性较高。总体来看，卡诺电池凭借其设计灵活多变（结合实际情况可以有多种系统构型，以满足不同类型的实际要求）、储电效率和能量密度高、不受地理位置限制的优势，有望成为未来规模化储电技术的方向。然而，当前卡诺电池技

术成熟度较低，实际运行特性和商业化运行模式亟待探讨。

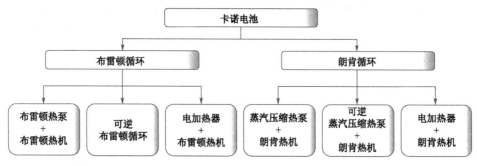

图 8-24　卡诺电池的分类

2. 系统组成

卡诺电池系统主要由压缩/膨胀机、高/低温储层、膨胀阀和工质泵等组成，如图 8-25 所示，其发电、充电模式的工作流程如下。

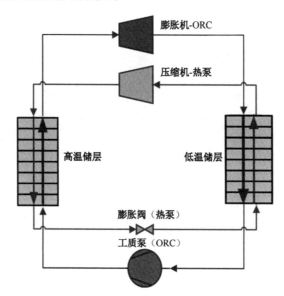

图 8-25　卡诺电池系统的结构

发电模式：在电力负荷峰值时，工质从高温储层吸热，蒸发膨胀成为高温高压气体，在膨胀机内膨胀做功发电，出口气体在低温储层中冷凝，再经工质泵泵入高温储层入口，完成循环。

充电模式：在电力负荷低谷时，低压液体工质与低温储层换热，工质蒸发成为气体，同时多余电力驱动压缩机将气体压缩至高温高压,并与高温储层换热,将热量由低温储层转移至高温储层,高温储层出口气体经膨胀阀绝热节流,重新进入低温储层吸热,完成循环。

图 8-26 为不同类型卡诺电池工作循环 T-s 图,其中充电、发电循环互为逆循环,其压缩膨胀和换热过程也较为相似,因此存在共用管道、部件的可能。尤其可逆压缩/膨胀机可以极大地降低系统设备数量和系统复杂程度,是该技术可逆设计的关键,因此在当前的研究中被重点关注。

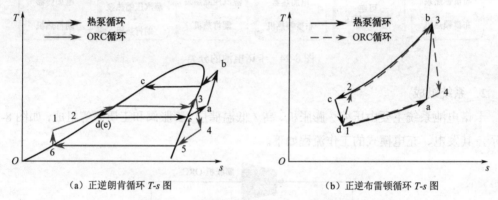

(a) 正逆朗肯循环 T-s 图　　　　(b) 正逆布雷顿循环 T-s 图

图 8-26　不同类型卡诺电池工作循环 T-s 图

系统实时发电功率和充电功率为

$$E_d = \eta_{mot} m(h_3(t) - h_4(t)) - E_{pump} \tag{8-51}$$

$$E_c = \eta_{mot} m(h_b(t) - h_a(t)) \tag{8-52}$$

式中:E_d——发电功率;

E_c——充电功率;

E_{pump}——工质泵耗功功率;

η_{mot}——电机效率;

m——工质流量;

h——工质焓值。

8.8.6　电化学储能

1. 基本原理

通过发生化学反应来储存或者释放电能的过程即电化学储能。电化学储能的实质就是化学物质发生化学反应，且反应是可逆的。根据化学物质的不同可以分为钠硫电池、全钒液流电池、铅酸电池、锂离子电池和镍氢电池等。

以镍氢电池为例，镍氢电池正极活性物质为氢氧化镍，负极活性物质为金属氧化物，电解液为6N氢氧化钾，电池充放电过程中发生的反应如下。

$$正极：Ni(OH)_2 + OH^- \Leftrightarrow NiOOH + H_2O + e^- \quad (8\text{-}53)$$

$$负极：M + H_2O + e^- \Leftrightarrow MH + OH^- \quad (8\text{-}54)$$

$$总反应：Ni(OH)_2 + M \Leftrightarrow NiOOH + MH \quad (8\text{-}55)$$

其中，M 为储氢合金材料。

2. 系统组成

电化学储能系统的结构如图 8-27 所示，包括储能单元、电池能量管理系统、滤波器等。蓄电池是储能单元的核心，用于电能储存和释放。电池能量管理系统用于实时监测、控制储能系统的输出电压、电流、温度、荷电状态，保证储能系统处于安全、高效、经济的运行状态。电网中的电流经过整流后流向蓄电池，蓄电池放电经过逆变反向流向电网，实现电能在蓄电池与电网之间双向流动。

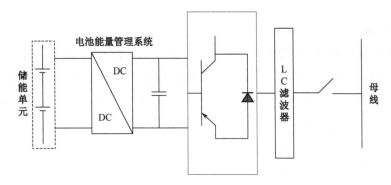

图 8-27 电化学储能系统的结构

蓄电池有三个工作过程：存入电能过程、存储电能过程、释放电能过程。

（1）蓄电池存入电能过程：

$$SOC(t) = (1-\delta_e) \cdot SOC(t-1) + P_{in} \cdot \Delta t \cdot \eta_{in}^e / E_{BD}^N \quad (8\text{-}56)$$

（2）蓄电池存储电能过程：

$$SOC(t) = SOC(t)(1-\delta_e) \quad (8\text{-}57)$$

(3) 蓄电池释放电能过程：

$$\mathrm{SOC}(t) = (1-\delta_e) \cdot \mathrm{SOC}(t-1) + P_{\mathrm{out}} \cdot \Delta t \cdot \eta_{\mathrm{out}}^e / E_{\mathrm{BD}}^N \tag{8-58}$$

式中：δ_e——自身放电率；

P_{in}——蓄电池的电能存入功率；

$\mathrm{SOC}(t)$——第 t 个时段结束时蓄电池剩余电量；

η_{in}^e——电能存入效率；

η_{out}^e——电能释放效率。

蓄电池电量可以表示为

$$S_{\mathrm{bat}}(t) = (1-\delta_e)S(t-\Delta t) + \eta_{\mathrm{in}}^e P_{\mathrm{bat}}^c(t) - \eta_{\mathrm{out}}^e P_{\mathrm{bat}}^d(t)\Delta t \tag{8-59}$$

式中：S_{bat}——蓄电池电量；

P_{bat}^c 和 P_{bat}^d——蓄电池充放电功率；

Δt——时间长度。

8.8.7 共享储能

1. 基本原理

当前，与高涨的储能项目建设热情形成对比的是储能商业模式的缺乏，有效的储能盈利方式暂未形成，昂贵的储能资源存在严重的闲置现象，储能的经济效益未得到真正撬动。在此背景下，将共享经济理念与储能技术相结合所形成的共享储能模式成为实现储能商业化的突破口。共享储能即基于共享理念，通过储能共享在电源侧、电网侧、用户侧提供多种服务，实现多重收益，包括帮助新能源场站实现弃电增发、减免考核，为系统提供调峰、调频、黑启动服务，参与电力现货市场交易等。

其中，通过第三方建设共享储能的商业模式可发挥共享储能的最大经济价值，如图 8-28 所示，储能电站投资方的收益来源于多利益方主体。来源于用户方的收益需要电网方代收，然后投资方与电网方按照比例分享；基于共享储能理念，储能电站可以提高电网对新能源发电的消纳能力，减少弃风弃光现象，新能源方增加上网电量，收益同投资方共享；储能电站调频收益来源于调频性能较差的常规机组方，发电煤耗收益来源于需要储能将其出力提升到经济区间的常规机组方。但以电化学储能为主的共享储能电站存在造价高、生命周期短、安全性差的问题。

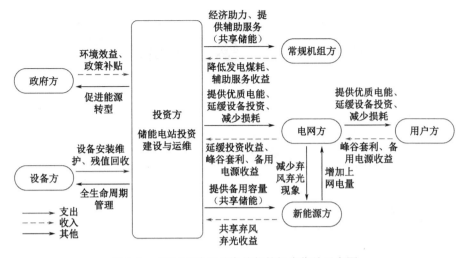

图 8-28 第三方建设共享储能的投资收益示意图

2. 系统组成

不同于电化学共享储能电站，热电联产型共享储能电站技术成熟，市场价值高，系统综合效率（发电+用热）高达 90% 以上。其由高温固体蓄热装置、余热锅炉和汽轮机组成，基本工作原理如下：在电网低谷时段（弃风光电时段），将电能转换成热能储存在设备中；在电网高峰时段，利用设备中储存的热能生产高温高压的蒸汽来驱动汽轮机发电，为电网输送电力，发电的余热用来供暖及提供工业蒸汽，提高系统效率。

可以采用锂电池与固体蓄热储能相结合的模式，利用电蓄热与电化学的特性，构建用于供电及供热的混合共享储能系统，其架构如图 8-29 所示。其关键技术包括：一是在固体蓄热装置结构方面，根据外置电阻式固体蓄热系统的传热特性，采用耦合传热方法建立蓄热结构传热数学模型，掌握蓄热结构温度变化过程及流体动能变化特性；二是在混合共享储能系统运行方面，在用电高峰时段通过智能控制手段，利用储热系统中的热能产生高品位过热蒸汽，推动多组可变功率汽轮机带动发电机组进行发电，对发电后的余热进行梯级再利用。

3. 运行模式

储能模式：用户有能量存储需求时，根据用户的需要选择存储方式。当用户具有电能与热能复合需求时，可以按照一定比例将能量存储到电化学储能和热电联产储能中；当用户只有电能需求时，可以将能量存储在电化学储能中。

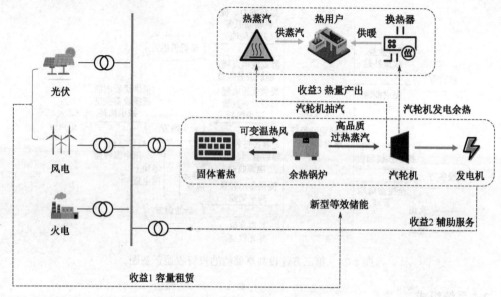

图 8-29 混合共享储能系统的架构（来源：新疆鹏煜能源科技有限公司）

放能模式：可以根据用户需要的电能与热能的多少，选择电化学储能与固体蓄热储能的放能比例。其中，固体蓄热储能可以根据用户总体热负荷需求的大小选择汽轮机的工作模式，通常在夏季用户热负荷需求较小时选择发电效率较高的纯凝工作模式，在冬季热负荷需求较大时选择发电效率较低但总体电热效率较高的背压工作模式。

相关计算公式如下：

$$\eta_c E_{ce}(t) t_{ce} = E_{fe}(t) t_{fe} + E_{fh}(t) t_{fh} \tag{8-60}$$

$$E_{le}(t) t_{le} + E_{re}(t) t_{re} = E_{fe}(t) t_{fe} \tag{8-61}$$

$$E_{rh}(t) t_{rh} = E_{fh}(t) t_{fh} \tag{8-62}$$

式中：η_c——用户充电效率；

E_{ce}——用户充电功率；

t_{ce}——用户充电时间；

E_{fe}——共享储能放电功率；

t_{fe}——共享储能放电时间；

E_{fh}——共享储能放热功率；

t_{fh}——共享储能放热时间；

E_{le}——锂电池放电功率；

t_{le}——锂电池放电时间；

E_{re}——固体蓄热放电功率；

t_{re}——固体蓄热放电时间；

E_{rh}——固体蓄热放热功率；

t_{rh}——固体蓄热放热时间。

8.9 参考文献

[1] 汪飞,龚丹丹,郭慧,等.计及动态氢价和不确定性的区域综合能源系统规划—运行两阶段优化[J].电力系统保护与控制,2022,50(13):53-62.

[2] 胡俊杰,刘雪涛,王程.考虑网络约束的能量枢纽灵活性价值评估[J].中国电机工程学报,2022,42(05):1799-1813.

[3] 施锦月.基于能量枢纽热电比可调模型的微能源网双层优化方法[D].北京：华北电力大学,2017.

[4] 文云峰,瞿小斌,肖友强,等.耦合能量枢纽多区域电—气互联能源系统分布式协同优化调度[J].电力系统自动化,2019,43(09):22-30.

[5] 王成山,董博,于浩,等.智慧城市综合能源系统数字孪生技术及应用[J].中国电机工程学报,2021,41(05):1597-1608.

[6] 王毅,张宁,康重庆.能源互联网中能量枢纽的优化规划与运行研究综述及展望[J].中国电机工程学报,2015,35(22):5669-5681.

[7] Zhang X, Karady G G, Ariaratnam S T. Optimal Allocation of CHP-Based Distributed Generation on Urban Energy Distribution Networks[J]. IEEE Transactions on Sustainable Energy, 2013, 5(1):246-253.

[8] 陈启鑫,刘敦楠,林今,等.能源互联网的商业模式与市场机制（一）[J].电网技术,2015,39(11):3050-3056.

[9] 白中华,苗常海,王雯,等.储热技术在综合能源系统中的应用价值[J].供用电,2019,36(03):20-26.

[10] 郭尊.考虑源网荷储资源的综合能源系统优化运行研究[D].北京：华北电力大学,2020.

[11] Thanhtung HA, Yongjun ZHANG, V V THANG, Jianang HUANG. Energy hub modeling to minimize residential energy costs considering solar energy and BESS[J]. Journal of Modern Power Systems and Clean Energy, 2017, 5(03):389-399.

[12] 卢昀坤.高温相变复合储热材料的制备和性能研究[D].北京：北京科技大学,2022.

[13] 于晓琨,栾敬德.储热技术研究进展[J].化工管理,2020:117-118.

[14] 叶锋,曲江兰,仲俊瑜,等.相变储热材料研究进展[J].过程工程学报,2010,10:1231-1241.

[15] 郭鹏.石墨烯的制备、组装及应用研究[D].北京：北京化工大学,2010.

[16] 闫霆,王文欢,王程遥.化学储热技术的研究现状及进展[J].化工进展,2018,37:4586-4595.

[17] 2022年中国抽水蓄能行业全景图谱[J].电器工业,2021:64-68.

[18] 张楠.抽水蓄能机组调速系统非线性模型参数辨识及优化控制研究[D].武汉：华中科技大学,2019.

[19] 张浩.水力发电系统瞬态动力学建模与稳定性分析[D].咸阳：西北农林科技大学,2019.

[20] 陈海生,李泓,马文涛,等. 2021年中国储能技术研究进展[J]. 储能科学与技术,2022,11:1052-1076.
[21] 邵梓一. 压缩空气储能系统透平膨胀机内部流动及损失机制研究[D]. 北京:中国科学院大学(中国科学院工程热物理研究所),2021.
[22] 罗耀东. 飞轮储能参与电网一次调频控制方法研究[D]. 济南:山东大学,2021.

第 9 章

综合智慧能源评价指标

本章作者 康利改（河北科技大学） ／ 柳 琦（北京理工大学）
王江江（华北电力大学（保定）） ／ 王永真（北京理工大学）

本章将从能源利用效益、环境友好效益、经济社会效益及综合智慧效益 4 个维度，综述当前综合智慧能源绩效评价的常用指标。值得一提的是，前述"开源节流"的"能效"手段是能源系统满足支付能力、维持安全可靠、实现低碳清洁的传统手段，其与能源系统的效益高度耦合，是能源系统效益评价的共性指标，也是"能源不可能三角"的基本架构。而对于综合智慧能源，随着数字技术的发展，综合化和智慧化手段逐渐凸显。因此，除与传统能源系统相同的效益评价指标外，本章也将综合化和智慧化的特征手段单独提取出来作为"效益评价指标"，以突出当前及未来综合智慧能源的辨识度。

9.1 综合智慧能源的评价指标及评价体系架构

综合智慧能源可以分为狭义综合智慧能源和广义综合智慧能源。狭义综合智慧能源实际上就是具有具体形态的多能互补冷热电联供系统，其在物理层强调能量流的梯级综合利用，在信息层强调信息流改造能量流，在价值层强调能源的开放共享，目的是从能源服务系统全生命周期视角最大化系统的综合效益。本章综合智慧能源绩效评价的对象是狭义综合智慧能源，并做以下假设：① 本章综合智慧能源的尺度为园区或楼宇，不考虑大区域尺度下诸如 GDP 贡献、万元国民生产总值排放 CO_2 等综合智慧能源的宏观指标；② 本章对综合智慧能源评价指标的筛选基于能源系统的黑箱模型，即不细化到诸如电网或热网损失率、子设备能源转换效率等能源系统内部或某环节的性能指标；③ 本章不考虑诸如综合能源服务新业务开展、平台创新能力等综合智慧能源产业或企业效益及发展模式的评价指标。

综合智慧能源评价指标的分类如图9-1所示。

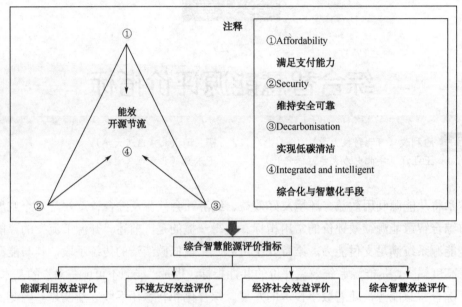

图9-1 综合智慧能源评价指标的分类

9.2 综合智慧能源绩效评价指标

综合智慧能源绩效评价，是对其能量系统在一定周期内由于能源使用引起的能源利用效益、环境友好效益、经济社会效益及综合智慧效益等维度可测量、计算或评价的结果或预期结果进行评价。通过测量或计算得出绩效评价指标值，并与预期目标值进行比较，实现综合智慧能源的"事前评估"或"事后评估"。

9.2.1 能源利用效益评价

综合智慧能源的能源利用效益评价是对其能源利用效果进行评价，应至少反映综合智慧能源对输入能量的有效利用程度，主要评价指标如下。

(1) 综合能耗 (Comprehensive Energy Consumption, CEC) 是统计期内综合智慧能源生产某种产品或提供某种服务实际消耗的各种能源实物量，按规定的计算方法和单位分别折算后的一次能源总和，通常折合为标准煤进行衡量。其中，输入综合智慧能源的天然气、地热、风、光等可再生能源均为一次能源，从外部电网输入的电能为二次能源。

$$\text{CEC} = p_e Q_e + p_g Q_g + p_{re} Q_{re} \tag{9-1}$$

式中：CEC——综合智慧能源在统计期内的一次能源输入量，tce 或 kgce；

p_e——煤电折标煤系数，kgce/kWh；

p_g——天然气折标煤系数，kgce/m³；

p_{re}——可再生能源折标煤系数，kgce/MJ，一般运行期设为 0；

Q_e——电能输入量，kWh；

Q_g——天然气输入量，m³；

Q_{re}——可再生能源输入量，MJ。

另外，若综合智慧能源涉及软化水、压缩空气、氧气等耗能工质且其耗量较大，则应计入能源消耗中。同时，用能部门实际消耗的燃料能源应以其低（位）发热量为计算基础折算为标准煤量，当无法获得各种燃料能源的低（位）发热量实测值和单位耗能工质的耗能量时，可参照《综合能耗计算通则》（GB/T 2589—2020）中所明确的折标煤系数进行核算。

(2) 能耗强度 (Energy Consumption Intensity, ECI) 为统计期内综合智慧能源单位面积、人口或产值的综合能耗，也称单位产值综合能耗、单位产品综合能耗等。其可反映综合智慧能源的经济效率，可用于预估综合智慧能源项目装机容量及项目经济投资效益。面向楼宇、社区、园区／工业企业的典型应用场景，综合智慧能源的能耗强度可采用下式计算：

$$\text{ECI} = \begin{cases} E_{sum}/A_{sum} & \text{场景为建筑楼宇} \\ E_{sum}/H_{sum} & \text{场景为社区} \\ E_{sum}/W_{sum} & \text{场景为园区/工业企业} \end{cases} \tag{9-2}$$

式中：ECI——综合智慧能源的能耗强度（场景为建筑楼宇时，kgce/km²；场景为社区时，kgce/人；场景为园区／工业企业时，kgce/万元）；

E_{sum}——能源年消耗量之和的标准煤当量折算值，kgce；

A_{sum}——综合智慧能源区域（项目）的建筑面积，km²；

H_{sum}——综合智慧能源区域（项目）的人口数，人；

W_{sum}——综合智慧能源区域（项目）的年生产总值，万元。

（3）综合能源利用率（Primary Energy Rate，PER）是综合智慧能源产出能量总和与一次能源消耗量的比值，又称能源利用率或综合能效，其大小可以表征综合智慧能源对一次能源的利用水平。值得注意的是，综合能源利用率一般不考虑不同能源间的品位差异，如式（9-3）所示。如考虑异质能源的差异性，可通过能质系数（Energy Quality Coefficient，EQC，为能源的㶲值与该能源数量的比值）来反映不同形式能源品位的差异，继而得到含不同品位能源系统的综合利用效率，如式（9-4）所示。此时，综合能源利用率与系统㶲效率含义一致。

$$\text{PER}_1 = \frac{E_{C,y} + E_{H,y} + E_{e,y}}{\sum_i W_i} \quad (9\text{-}3)$$

$$\text{PER}_2 = \frac{E_{C,y}\lambda_C + E_{H,y}\lambda_H + E_{e,y}\lambda_e}{\sum_i (W_i \lambda_i)} \quad (9\text{-}4)$$

式中：PER——综合能源利用率；

$E_{C,y}$、$E_{H,y}$ 和 $E_{e,y}$——被评价系统的全年耗冷量、耗热量和耗电量，kJ；

λ_C、λ_H 和 λ_e——对应能源形式的能质系数；

W_i——系统消耗的第 i 种一次能源的能量，kJ；

λ_i——第 i 种能源对应的能质系数，可由统一标准下的㶲效率计算，如恒定的环境参数（25℃，101kPa）。

（4）㶲效率（Exergy Efficiency，EE）用于表征综合智慧能源热力学完善度，是综合智慧能源所输出的总㶲（收益㶲）与输入的总㶲（耗费㶲）的比值。与基于热力学第一定律的综合能源利用率不同，㶲效率反映了基于热力学第二定律的综合智慧能源供能和用能在能级上的匹配程度。从数值上看，同一综合智慧能源系统的㶲效率小于其综合能源利用率。

$$\text{EE} = \frac{E_{\text{out}}}{E_{\text{in}}} = \frac{\text{Ex}_e^o + \text{Ex}_c^o + \text{Ex}_h^o}{\text{Ex}_e^i + \text{Ex}_g^i + \text{Ex}_{re}^i} \quad (9\text{-}5)$$

式中：EE——系统㶲效率；

E_{out}——系统总输出能量，kW；

E_{in}——系统总输入能量，kW；

Ex_e^i、Ex_g^i 和 Ex_{re}^i——综合智慧能源输入电能、天然气、可再生能源的㶲，kJ；

Ex_e^o、Ex_c^o 和 Ex_h^o——综合智慧能源输出电能、冷量、热量的㶲，kJ。

需要注意的是，㶲值的计算要保证不同能源处于统一的环境参考标准，且要考虑燃料的化学热是否应包含的问题。

（5）供能率（Energy Supply Rate，ESR）用于对综合智慧能源系统的供能特性进行评价，系统供能率越高，经济效益就越高。

$$\text{ESR} = 1 - \sum_{t=1}^{T} \frac{E_S(t)}{E_L(t)} \tag{9-6}$$

式中：ESR——系统供能率；

$E_S(t)$——t 时刻负荷短缺量，kW；

$E_L(t)$——t 时刻总负荷量，kW；

T——总时间。

（6）能源节约率（Primary Energy Saving Rate，PESR）是指从热力学第一定律角度出发，当综合智慧能源产生相同数量的冷、热、电时，综合智慧能源所节省的能量（即节能量）与传统系统所消耗的总能量之比，简称节能率。同理，从热力学第二定律角度也有㶲节约率的定义，此处不再赘述。

$$\text{PESR} = \frac{E_{SP} - \text{CEC}}{E_{SP}} \times 100\% \tag{9-7}$$

式中：PESR——能源节约率；

E_{SP}——传统分供系统的燃料消耗量（换算为一次能源的标煤量），tce 或 kgce。

（7）万元产值能耗下降率（Energy Consumption Reduction Rate for Output Value of ten thousand，ECRROV）反映了综合智慧能源系统在经济效益约束下能源合理利用的情况，一般用来衡量省市或地区发展综合智慧能源计划完成情况。

$$\text{ECRROV} = \left(1 - \frac{E_{DRE}}{E_{BP}}\right) \times 100\% \tag{9-8}$$

式中：ECRROV——万元产值能耗下降率；

E_{DRE}——报告期万元产值能耗，tce/万元；

E_{BP}——基准期万元产值能耗，tce/万元。

（8）输配环节有功功率损耗（Active Power Loss，APL）。电能、天然气、热能等能源在配送过程中存在一定的损耗，因此，通过单位时间内的有功功率损耗可以评价输配环节经济效益，该指标的值越小，系统能效就越高。

$$\text{APL} = \Delta P_L + \Delta P_T + \frac{\Delta Q}{3.6} \times 10^{-3} \tag{9-9}$$

式中：APL——有功功率损耗，kW；

ΔP_L——传输线路有功功率损耗，kW；

ΔP_T——变压器等设备有功功率损耗，kW；

ΔQ——热能在传输中的热量损失，kJ。

（9）能源质量（Energy Quality，EQ）主要用于评价电能、热能及燃气等能源，电能质量主要通过电压波动、闪变等来定性衡量，热能质量可用热能的品位因子定性衡量，燃气质量则可以通过燃气的烃类化合物成分来定性衡量。

（10）用户端能源质量（Client Energy Quality，CEQ）主要用于评价综合智慧能源用户端的电能、热能、冷能及燃气等能源的供给质量。用户端能源质量的高低直接决定了用户是否能够消费该类能源及用户的用能体验。用户端能源质量已有很多相关标准与规范。例如，电能质量的评估已有完善的标准体系，包括《电压偏差》（GB/T 12325）、《电压暂降与短时中断》（GB/T 30317）、《三相电压不平衡》（GB/T 15543）、《频率偏差》（GB/T 15945）、《电压波动与闪变》（GB/T 12326）、《谐波》（GB/T 14549）、《暂时过电压和瞬态过电压》（GB/T 18481）等。用户端热能及冷能的供能质量与供能载体的流量、温度、压力、湿度或者焓值的变化率相关，应符合《城镇供热服务》（GB/T 33833）等标准的相关规定；燃气质量、设备与管道、燃气储罐、安全与消防等应符合《城镇燃气设计规范》（GB 50028）、《城镇燃气技术规范》（GB 50494）等标准的有关规定。

（11）用户侧满意度（User Side Satisfaction，USS）反映了综合智慧能源用户对周围温度、相对湿度、电能质量等的满意度，它是一个综合指标。其代表性指标包括平均热感觉指数、室内空气质量满意度、预计不满意者的百分数指数（Predicted Percentage of Dissatisfied，PPD）等。难以定量的指标多通过对一定范围内用户的投票结果折算得到。以PPD为例，其计算方法为

$$\mathrm{PPD} = 100 - 95\mathrm{e}^{-(0.03353 P_\mathrm{PMV}^4 + 0.2179 P_\mathrm{PMV}^2)} \qquad (9\text{-}10)$$

式中：PPD——预计不满意者的百分数指数；

P_PMV^k——预计平均热感觉指数，是根据人体热平衡预计群体对7个等级热感觉评价的平均值。

（12）设备能效等级（Energy Efficiency Grade of Equipment，EEGE）。综合智慧能源"源网荷储"及"信息层"的设备种类繁多，设备能效等级难以统一规范。对于常见设备，其能效等级应符合《冷水机组能效限定值及能源效率等级》（GB 19577）、《中小型三相异步电动机能效限定值及能效等级》（GB 18613）、《微型计算机能效限定值及能效等级》（GB 28380）、《永磁同步电动机能效限定值及能效等级》（GB 30253）、《通风机能效限定值及能效等级》（GB

19761)、《电力变压器能效限定值及能效等级》(GB 20052)、《工业锅炉能效限定值及能效等级》(GB 24500)、《低环境温度空气源热泵(冷水)机组能效限定值及能效等级》(GB 37480)、《溴化锂吸收式冷水机组能效限定值及能效等级》(GB 29540)等的相关规定。

(13) P2G 容量利用率(P2G Capacity Utilization Rate,PCUR)指 P2G 设备消耗电功率与设备容量比值的期望值。公式如下:

$$\mathrm{PCUR}_k = \sum_{x \in \Omega_k} p(x) \frac{P_{\mathrm{P2G},k}}{C_{\mathrm{P2G},k}} \tag{9-11}$$

式中：PCUR_k ——P2G 设备 k 的容量利用率;

$p(x)$ ——系统状态为 x 的概率;

$P_{\mathrm{P2G},k}$ ——P2G 设备 k 消耗的电功率;

$C_{\mathrm{P2G},k}$ ——P2G 设备 k 的容量;

Ω_k ——P2G 设备 k 的开闭状态集。

(14) P2G 对电力/气量/热力不足期望值贡献系数(Contribution Coefficient of P2G to Expected Power/Gas/Thermal Under Capacity,CCPEP/G/TUC)用来反映 P2G 设备对系统可靠性的贡献。公式如下：

$$\mathrm{CCPEP} = \frac{E_{\mathrm{EENS},1} - E_{\mathrm{EENS},0}}{C_{\mathrm{P2G},k}} \tag{9-12}$$

$$\mathrm{CCPEG} = \frac{E_{\mathrm{EGNS},1} - E_{\mathrm{EGNS},0}}{C_{\mathrm{P2G},k}} \tag{9-13}$$

$$\mathrm{CCPET} = \frac{E_{\mathrm{EHNS},1} - E_{\mathrm{EHNS},0}}{C_{\mathrm{P2G},k}} \tag{9-14}$$

式中：CCPEP、CCPEG 和 CCPET ——P2G 设备 k 对电力/气量/热力不足期望值贡献系数;

E_{EENS}、E_{EGNS} 和 E_{EHNS} ——电力/气量/热力不足期望值,其下标 0 和 1 分别表示 P2G 设备 k 接入前和接入后。

(15) 储能装置最大有效蓄能量(Maximum Capacity of Energy Storage Device,MCESD)。综合能源系统中清洁能源发电和用户用能需求的不确定性会造成园区能量的双侧随时波动性,储能装置则是上述问题的主要解决方式。综合能源系统的储能装置是多能源子系统的联系纽带,其关注点为多种能源之间的单向或者双向转换关系,以及各能源子系统内部的存储技术,最终实现多种能源在时间、空间维度上的耦合与互补。储能装置通过低谷充能、高峰释能,充分发挥削峰填谷的作用,是实现园区能源供需平衡和提升系统运行安全稳定性的重要保障。设置储能装置最大有效蓄能量指标是为了反映储能装置的最大应急供能能力，其值越大，则系统承受外部风险的能力越强。

$$\text{MCESD} = P_{\text{BAT}}^{\text{EM}} + P_{\text{HS}}^{\text{EM}} + P_{\text{CS}}^{\text{EM}} \tag{9-15}$$

式中：MCESD——储能装置最大有效蓄能量，kW；

$P_{\text{BAT}}^{\text{EM}}$、$P_{\text{HS}}^{\text{EM}}$ 和 $P_{\text{CS}}^{\text{EM}}$——蓄电池、储热装置、储冷装置的最大有效蓄能量，kWh。

（16）年等效充放能循环次数（Annual Equivalent Charging and Discharging Cycles，AECDC）可以反映储能设备利用率，其值越大，则配置越合理。

$$\text{AECDC} = \frac{E_{\text{output}}^{\text{BAT}} + E_{\text{output}}^{\text{HS}} + E_{\text{output}}^{\text{CS}}}{P_{\text{BAT}} + P_{\text{HS}} + P_{\text{CS}}} \tag{9-16}$$

式中：AECDC——年等效充放能循环次数；

$E_{\text{output}}^{\text{BAT}}$、$E_{\text{output}}^{\text{HS}}$ 和 $E_{\text{output}}^{\text{CS}}$——蓄电池、储热装置、储冷装置的年总供能量，kWh；

P_{BAT}、P_{HS} 和 P_{CS}——蓄电池、储热装置、储冷装置容量配置，kWh。

（17）期望缺供能量值（Expected Value of Energy Shortage，EVES）指规划阶段系统失负荷总量，可反映因元件故障造成的能源短缺量。

$$\text{EVES} = \sum_{X_i \in X_{\text{SAM}}} E_{\text{EVSES}}(X_i) \tag{9-17}$$

式中：EVES——系统期望缺供能量值；

$E_{\text{EVSES}}(X_i)$——系统状态 X_i 的负荷短缺量，kW。

（18）稳态总量充裕度（Total Steady-State Adequacy，TSSA）用于评估稳态下系统供能总量是否满足用户需求，定义为系统总输出能量与总负荷需求之比。当总负荷需求得到满足时，稳态总量充裕度为1，即

$$\text{TSSA} = \begin{cases} \dfrac{E_{\text{out}}}{E_{\text{load}}}, & E_{\text{out}} < E_{\text{load}} \\ 1, & E_{\text{out}} \geq E_{\text{load}} \end{cases} \tag{9-18}$$

式中：TSSA——稳态总量充裕度；

E_{load}——总负荷需求，kW；

E_{out}——系统总输出能量，kW。

9.2.2 环境友好效益评价

环境友好效益评价是考核综合智慧能源新建、改造或优化后对环境的影响，应至少反

映综合智慧能源对可再生能源的利用程度、有害物质的排放情况，以及对环境的其他影响（如热、声、光、辐射、电磁、振动等），主要评价指标如下。

（1）可再生能源替代率（Renewable Energy Replacement Rate，RERR）也称可再生能源装机占比，是指与以传统化石能源为主的分供系统相比，综合智慧能源源侧（供给侧）由可再生能源替代传统化石能源供能的装机比例。类似的还有清洁能源替代率或清洁能源装机占比。

$$\mathrm{RERR} = \frac{\sum W_r}{W_{\mathrm{IIE}}} \times 100\% \quad (9\text{-}19)$$

式中：RERR ——可再生能源替代率；

W_r ——第 r 种可再生能源在综合智慧能源系统中的装机量，kW；

W_{IIE} ——综合智慧能源系统总装机量，kW。

（2）可再生能源利用率（Renewable Energy Utilization Rate，REUR）是综合智慧能源荷侧（需求侧）可再生能源利用量与能源消耗总量的比值，也称可再生能源消费占比。在生态城市指标体系、区域能源规划中，可再生能源的应用常以可再生能源利用率为控制目标。类似的还有清洁能源利用率。

$$\mathrm{REUR} = \frac{\sum_r W_{\mathrm{M-IOE}\_r}}{E_{\mathrm{sum}}} \times 100\% \quad (9\text{-}20)$$

式中：REUR ——可再生能源利用率；

$W_{\mathrm{M-IOE}\_r}$ ——统计期内第 r 种可再生能源转化成可利用能源形式能量的标准煤当量折算值，kgce。

（3）可再生能源渗透率（Renewable Energy Penetration Rate，REPR）也称可再生能源源荷比，是综合智慧能源供给侧可提供的可再生能源能量与需求侧终端用户用能的比值，即终端用户可获得（或供给侧可提供）的可再生能源能量与终端用户消费的可再生能源能量和不可再生能源能量总和的比值。可以发现，不同于可再生能源替代率和利用率，可再生能源渗透率可大于1。

$$\mathrm{REPR} = \frac{\sum_{i=1}^{N} Q_{\mathrm{re},i}}{\sum_{i=1}^{N} R_{\mathrm{end},i} + \sum_{i=1}^{N} U_{\mathrm{end},i}} \quad (9\text{-}21)$$

式中：REPR ——可再生能源渗透率；

R_{end} ——综合智慧能源终端用户获得的可再生能源能量，kWh；

U_{end} ——终端用户获得的不可再生能源能量，kWh。

（4）减排率（Emission Reduction Rate，ERR）用来评价有效节约物质资源和能量资源，减少废弃物和环境有害物（包括三废和噪声等）排放的情况。常用的是 CO_2 减排率，即与传统分供系统相比，综合智慧能源在输出相同冷、热、电量时对应的 CO_2 减排量与传统化石能源分供系统 CO_2 排放量的比值。

$$ERR = \frac{\Delta PE}{PE_{SP}} \times 100\% \qquad (9\text{-}22)$$

式中：ERR ——减排率；

PE_{SP} ——传统分供系统污染物理论排放量，kg；

ΔPE ——与传统分供系统相比，综合智慧能源在输出相同冷、热、电量时对应的污染物减排量，kg。

（5）碳排放量（Carbon Dioxide Emissions，CDE）用于评价综合智慧能源系统在供能环节的环境效益，碳排放量越小，综合智慧能源系统的环境效益就越高。

$$CDE = \sum_{i=1}^{n} C_{C,i} f_E + \sum_{i=1}^{n} c_{T,i} f_{Gas} \qquad (9\text{-}23)$$

式中：$C_{C,i}$ 和 $C_{T,i}$ ——第 i 台发电机组在调度周期内发电的煤耗和天然气消耗量，kg；

f_E 和 f_{Gas} ——单位标准煤和天然气完全燃烧所产生的碳排放量。

（6）噪声环境影响（Environmental Noise Impact，ENI）应符合《环境影响评价技术导则声环境》（HJ 2.4）、《城市区域环境噪声适用区划分》（GB/T 19190）、《工业企业厂界噪声标准》（GB 12348）等相关标准的有关规定。

（7）电磁环境影响（Electromagnetic Environmental Impact，EMEI）应符合《电磁环境控制限制》（GB 8702）、《环境电磁波卫生标准》（GB 9175）、《城市配电网规划设计规范》（GB 50613）等相关标准的有关规定。

（8）大气环境质量影响（Atmospheric Environment Quality Impact，AEQI）应符合《环境质量标准》（GB 3095）、《电池工业污染物排放标准》（GB 30484）、《火电厂大气污染物排放标准》（GB 13223）等相关标准的有关规定。

（9）水环境评价（Water Environmental Assessment，WEA）应符合《地下水质量标准》（GB/T 14848）和《地表水环境质量标准》（GB 3838）等相关标准的有关规定。

（10）生态环境影响（Ecological Environmental Impact，EEI）应符合《环境影响评价技

术导则 生态影响》(HJ 19)等相关标准的有关规定。

(11) 清洁电能比例 (Clean Power Rate, CPR) 是体现供能环节清洁程度的一个重要指标，清洁电能比例越高，环境效益就越高。

$$CPR = \frac{E_t - E_{coal}}{E_t} \quad (9\text{-}24)$$

式中：CPR——清洁电能比例；
E_t——机组总出力，kW；
E_{coal}——煤电机组总出力，kW。

(12) 土地占用面积 (Land Occupation Area, LOA)。多能互补系统除了考虑污染物排放和噪声，还要注意土地使用。土地使用过程中可能会出现影响土壤质量和植被生长、地下流域污染等情况，因此，能源系统应尽可能合理利用土地资源。对于土地占用面积，如光伏建筑一体化通过将光伏板安装在屋顶，有效减少了土地占用面积；地源热泵需要通过钻井获取土壤热量或地下水热量，一定程度上增加了土地占用面积。因此，设备种类不同会导致土地占用面积不同。

(13) 碳权限收益 (Carbon Rights Benefits, CRB)。碳排放交易市场的核心功能是鼓励减少 CO_2 的排放，通过 CO_2 的排放量来计算碳权限收益，计算公式如下：

$$CRB = \text{tax}_c \times (V_{quota} - V_{emission}) \quad (9\text{-}25)$$

式中：CRB——碳权限收益，万元；
tax_c——碳税单价，万元/kg；
V_{quota}——CO_2 排放配额，kg；
$V_{emission}$——CO_2 排放量，kg。

(14) 单位㶲输出 CO_2 排放量 (CO_2 Emissions Per Unit Exergy Output, CEPUEO) 根据综合智慧能源系统总的㶲输出和总的 CO_2 排放量来计算，计算公式如下：

$$CEPUEO = \frac{V_{emission}}{Ex} \quad (9\text{-}26)$$

$$V_{emission} = Q_e \times f_E + Q_g \times f_{Gas} \quad (9\text{-}27)$$

式中：CEPUEO——单位㶲输出 CO_2 排放量，kg/kJ；
Ex——综合智慧能源系统的㶲，kJ。

(15) 单位㶲输出 NO_X 排放量 (NO_X Emissions Per Unit Exergy Output, NEPUEO) 根据系统总的㶲输出和总的 NO_X 排放量来计算，计算公式如下：

$$\text{NEPUEO} = \frac{M_{\text{NO}_X}}{\text{Ex}} \tag{9-28}$$

$$M_{\text{NO}_X} = Q_\text{e} \times n_\text{g} + Q_\text{g} \times n_\text{c} \tag{9-29}$$

式中：NEPUEO——单位㶲输出 NO_X 排放量，kg/kJ；

M_{NO_X} ——NO_X 排放量，kg；

n_g ——系统单位天然气消耗量对应的 NO_X 排放量；

n_c ——电厂单位发电量对应的 NO_X 排放量。

（16）地区经济影响水平（Impact Level of Regional Economy，ILRE）反映了综合智慧能源对当地经济的影响，计算公式如下：

$$\text{ILRE} = \frac{P_\text{P}}{P_\text{Z}} \times 100\% \tag{9-30}$$

式中：ILRE ——综合能源服务项目对当地经济的影响水平；

P_P ——综合能源服务项目建设后的经济收益，万元；

P_Z ——当地同期的经济收益，万元。

（17）用户冷热舒适度（Cold/Thermal Comfort Level of Users，C/TCLU）指综合能源服务带给用户的感官舒适度。用户冷热舒适度可以通过下式计算：

$$\text{C/TCLU} = \frac{T_\text{d}}{T_\text{m}} \times 100\% \tag{9-31}$$

式中：C/TCLU ——用户冷热舒适度；

T_d ——空调负荷的当前温度，℃；

T_m ——用户设置的空调负荷的目标温度（可选取指定时期内的典型数值），℃。

9.2.3 经济社会效益评价

经济社会效益评价是考核综合智慧能源项目的经济效益，以及它对社会就业和产业发展的影响，应至少反映综合智慧能源项目的内部收益率和投资回收期，主要评价指标如下：

（1）投资成本（Investment Cost，IC）。在一定程度上，初始投资决定了综合智慧能源系统建设的难度和经济效益。考虑到初始资金在生产和流通过程中会随时间产生增值，本节将设备投资费用转换为投资折合年费。

$$IC = \sum C_m \frac{I}{1-(1+I)^{-LT}} \quad (9\text{-}32)$$

式中：IC ——投资成本，元；

C_m ——系统各个设备的投资费用，元；

I ——折现率，取 10%；

LT ——设备使用寿命，年。

（2）单位供能成本（Unit Energy Cost，UEC）为综合智慧能源产生一单位能量所需要付出的经济投入，多用年均化成本（也称年度化成本、年化综合成本）计算，公式如下：

$$UEC = \frac{C_0 - \dfrac{V_R}{(1+I)^n} + \sum\limits_{n=1}^{N}\dfrac{A_n + D_n + P_n}{(1+I)^n}}{\sum\limits_{n=1}^{N} Y_n} \quad (9\text{-}33)$$

式中：UEC ——综合智慧能源的单位供能成本，万元/kgce；

C_0 ——初始投资，万元；

V_R ——固定资产残值，万元；

N ——项目运行年限，年；

A_n ——第 n 年的运行成本，万元；

D_n ——第 n 年的折旧，万元；

P_n ——第 n 年的利息，万元；

Y_n ——第 n 年供能量的标准煤当量折算值，kgce。

（3）用能成本变化率（Change Rate of Energy Cost，CREC）又称年总成本节省率，是综合智慧能源所服务用户用能成本减少量与规划设计之前的用户用能成本之比，可采用下式计算：

$$CREC = \frac{C_{before} - C_{after}}{C_{before}} \times 100\% \quad (9\text{-}34)$$

式中：CREC ——用户用能成本变化率；

C_{before}、C_{after} ——综合智慧能源规划设计之前、之后的用户用能成本，元/kgce。

（4）系统㶲经济成本（Exergy Economic Cost，EEC）。基于㶲经济分析方法，将综合智慧能源系统输出的电、冷、热看作系统能源服务的产品，该多能源产品单位㶲所付出的经济成本可定义为综合智慧能源输入的总㶲与单位成本之积和所有设备投资及运维成本之和与系统所输出总㶲的比值。

$$\text{EEC} = \frac{c_e \text{Ex}_e^i + c_g \text{Ex}_g^i + c_{re} \text{Ex}_{re}^i + Z}{\text{Ex}_e^o + \text{Ex}_c^o + \text{Ex}_h^o} \tag{9-35}$$

式中：c_e、c_g 和 c_{re}——综合智慧能源输入电能、天然气、可再生能源的㶲的单位成本，万元；

Z——所有设备投资和运维成本的折合成本流，万元。

（5）净现值（Net Present Value，NPV）指综合智慧能源系统的投资方案所产生的现金净流量以资金成本为贴现率折现之后与原始投资额现值的差额。净现值大于零则方案可行，且净现值越大，方案越优，投资经济效益越好。

$$\text{NPV} = \sum (C_i - C_0)(1+I)^{-1} \tag{9-36}$$

式中：NPV——净现值，万元；

C_i——各期预期现金流，万元。

（6）系统收益（System Benefits，SB）。综合智慧能源系统的经济收益不仅与售卖能源的收入有关，还与设备投资、政府政策、系统运行状态有关。综合智慧能源系统所提供的冷、热、电等负荷绝大部分向外销售，而能源的售卖与系统环境有关，尤其是电负荷的购买单价与可再生能源发电的并网售卖单价通常与当地政府的政策及补贴有关。系统收益可表示为

$$\text{SB} = \sum_{k=1}^{L} \sum_{t=1}^{T} \left[Q_{k,t}^{\text{sell}} P_{k,t}^{\text{sell}} - Q_{k,t}^{\text{buy}} P_{k,t}^{\text{buy}} - (1+\zeta) F_{ae} \right] \tag{9-37}$$

式中：SB——系统收益，元；

$Q_{k,t}^{\text{sell}}$——售卖第 k 类能源的总量，kWh；

$P_{k,t}^{\text{sell}}$——第 k 类能源的售卖单价，元/kWh；

$Q_{k,t}^{\text{buy}}$——售卖第 k 类能源的功率，kWh；

$P_{k,t}^{\text{buy}}$——第 k 类能源的售卖单价，元/kWh；

ζ——运维系数，一般取 0.2；

F_{ae}——年投资折合费用，元。

（7）内部收益率（Internal Rate of Return，IRR）又称资金内部收益率，是指综合智慧能源技术方案在计算期内各年净现金流量的现值累计等于 0 时的折现率。当综合智慧能源项目的内部收益率不小于部门或者行业的基准收益率时，应认为项目的经济性是可以接受的。

$$\sum_{t=0}^{n} \text{NC}_t (1+\text{IRR})^{-t} = 0 \tag{9-38}$$

式中：IRR——内部收益率；

NC_t——计算周期内第 t 年的新增净现金流量,元,根据全部投资和资本金财务现金流量表确定。

(8) 投资收益率又称投资利润率,是综合智慧能源投资方案在达到设计生产能力后 1 个自然年的年净收益总额与方案投资总额的比值,它是评价投资方案盈利能力的静态指标,表明投资方案在正常生产年份单位投资所创造的年净收益额。投资收益率根据分析目的不同又可分为总投资收益率(ROI)、资本金净利润率(ROE),其中 ROI 的计算方法如下:

$$\text{ROI} = \frac{\text{EBIT}}{\text{TI}} \times 100\% \tag{9-39}$$

式中: ROI——综合智慧能源规划设计方案的总投资收益率;

EBIT——综合智慧能源规划设计方案正常年份的年息税前利润或运营期内年平均税前利润,万元;

TI——综合智慧能源规划设计方案总投资,万元。

(9) 投资回收期(Pay Back Time,PBT)即投资返本年限,是指以综合智慧能源的净收益回收其总投资(包括建设投资和流动资金)所需要的时间。投资回收期自建设开始年算起,若项目的投资回收期不大于部门或行业的基准投资回收期,可认为项目的经济性是可以接受的。投资回收期一般有静态投资回收期和动态投资回收期之分。静态投资回收期的计算公式如下:

$$\sum_{t=0}^{P_t}(C_i - C_0)_t = 0 \tag{9-40}$$

式中: P_t——技术方案静态投资回收期,年。

(10) 动态投资回收期(Dynamic Pay-Back Period,DPBP)表示综合智慧能源系统各年的净现金流量按基准收益率折现后的投资回收期,相对于静态投资回收期而言,动态投资回收期可反映时间价值,其值越小,投资经济效益越高。

$$\text{DPBP} = (Y^* - 1) + \frac{\left|\sum_{i=1}^{i-1} A_i\right|}{A_i^*} \tag{9-41}$$

式中: DPBP——动态投资回收期,年;

Y^*——累计净现金流量现值出现正值的年数;

$\left|\sum_{i=1}^{i-1} A_i\right|$——上一年累计净现金流量现值;

A_i^*——出现正值年份的净现金流量。

(11) 配电网缓建效益（Postpone Benefit of Distribution Network, PBDN）用来反映相对于传统分供系统，综合智慧能源的建设对于减少配电网初始投资或延缓其改造升级的能力，通过有功、无功功率的单位成本表示。若为负值，从线路和变压器角度，代表传输功率下降；从设备角度，代表使用强度降低，从而延缓对新设备的投资。

$$\Delta C_{i_{\text{node,p}}} = \frac{C_{i_{\text{node,p}}}}{\Delta p_{i_{\text{node}}}} \quad (9\text{-}42)$$

$$\Delta C_{i_{\text{node,q}}} = \frac{C_{i_{\text{node,q}}}}{\Delta q_{i_{\text{node}}}} \quad (9\text{-}43)$$

式中：$\Delta C_{i_{\text{node,p}}}$、$\Delta C_{i_{\text{node,q}}}$——有功功率和无功功率的单位成本，万元；

$\Delta p_{i_{\text{node}}}$、$\Delta q_{i_{\text{node}}}$——节点 i 的有功功率和无功功率的变化值，kW；

$C_{i_{\text{node,p}}}$、$C_{i_{\text{node,q}}}$——节点 i 有功变化值、无功变化值引起的费用，万元。

(12) 节约区域装机投资（Saving Investment of Regional Installation, SIRI）是综合智慧能源协调前后制冷、制热、发电的装机投资费用之差与协调前预期的制冷、制热、发电的装机投资之比。

$$\text{SIRI} = \frac{S_{\text{before}} - S_{\text{after}}}{S_{\text{before}}} \times 100\% \quad (9\text{-}44)$$

式中：SIRI——节约区域装机投资；

S_{before}——综合智慧能源协调前预期的制冷、制热、发电的装机投资，万元；

S_{after}——综合智慧能源协调后实际的制冷、制热、发电的装机投资，万元。

(13) 减少用户停电损失（Reduction of Power Outage Cost, RPOC）是综合智慧能源协调前后用户的停电损失之差与协调前用户的停电损失之比。

$$\text{RPOC} = \frac{E_{\text{before}} - E_{\text{after}}}{E_{\text{before}}} \times 100\% \quad (9\text{-}45)$$

式中：RPOC——减少用户停电损失；

E_{before}、E_{after}——综合智慧能源协调前、后用户的停电损失，元/kWh。

(14) 能源经济性水平（Energy Economy Level, EEL）。能源系统的投入成本和收益决定了其经济性水平。与传统能源系统相比，综合智慧能源系统在降低成本费用的同时，能获得可观的经济效益，特别是多元能源耦合的区域综合能源系统（以配电系统为核心，耦

合分布式能源、天然气、地热能、交通等多元能源系统)。计算公式为

$$EEI = \frac{D - \sum_i M_i}{\sum_i M_i} \times 100\% \tag{9-46}$$

式中：EEL——能源经济性水平；

D——一段时间内总的经济收益，万元；

M_i——能源品种 i 的投入成本，万元。

(15) 就业效益 (Employment Benefits, EB) 是综合智慧能源投资总额与就业拉动系数之积。

$$EB = \eta S_{\text{input}} \tag{9-47}$$

式中：η——就业拉动系数，依据相关测算标准，一般取 $\eta = 700$，即每 1 亿元投资增加 700 人就业；

S_{input}——综合智慧能源投资总额，亿元。

(16) 产业效益 (Benefits of Industry, BI) 是综合智慧能源协调前后使用的一次能源总量差值与区域的生产总值之比。

$$BI = \frac{Q_{\text{all}}^*}{E^*} \tag{9-48}$$

式中：BI——产业效益；

Q_{all}^*——综合智慧能源协调前后使用的一次能源总量差值，kJ；

E^*——区域的生产总值，万元。

(17) 电压合格率 (Voltage Qualification Rate, VQR) 指配电环节电压在合格范围内的时间总和与监测总时间的比值，它是衡量综合智慧能源系统在配电环节的功能可靠性的重要指标，其值越大，系统可靠性越高。

$$VQR = \frac{\sum T_p}{\sum T} \tag{9-49}$$

式中：VQR——电压合格率；

T_p——电压在合格范围内的时间，h。

(18) 业务系统信息安全接入率 (Information Security Access Rate of Business System, ISARBS)。信息安全接入平台由安全接入系统、安全传输通道、安全终端组成，采用传输通道加密、数据隔离交换、数字证书认证、实时安全监测等措施，增强信息传输安全性和

数据安全性。计算公式如下：

$$ISARBS = \frac{n_{safe\_app}}{n_{all\_app}} \times 100\% \quad (9\text{-}50)$$

式中：$ISARBS$——业务系统信息安全接入率；

n_{safe_app}——安全接入的业务系统数量；

n_{all_app}——所有业务系统数量。

（19）业务系统可用率（Availability of Business System，ABS）。业务系统是城市综合智慧能源系统建设信息化、自动化、数字化的基础，因此业务系统可用率反映了城市综合智慧能源系统信息流的可靠性，计算公式如下：

$$ABS = \frac{T_{available}}{T_{year}} \times 100\% \quad (9\text{-}51)$$

式中：ABS——业务系统可用率；

$T_{available}$——业务系统正常运行的时长，h；

T_{year}——统计期，一般为一年，即 8760h。

（20）社会影响（Social Influence，SI）。针对综合智慧能源系统的社会效益评价指标多是定性指标，如国家政策支持、技术成熟性、技术可行性、用户满意度、企业形象、项目广域共享性、就业效率、扶贫效益等。为全面评价综合智慧能源系统的社会影响，考虑政府、能源供应商、用户等系统相关方满意度，定义社会影响指标，即

$$SI = \frac{\sum_{k=1}^{y} N_k}{y} \quad (9\text{-}52)$$

式中：SI——社会影响；

y——系统相关方个数，系统相关方一般包括政府、能源供应商、用户等；

N_k——各相关方的满意度，根据调查问卷得出。

（21）可并网电量（Grid-Connected Power，GCP）。综合智慧能源系统一般属于自发电系统，这类系统往往采用"以热定电"或者"以电定热"运行方式，在满足自身用电量之后，多出的发电量在符合相关规定的条件下，可以并入输电网络供给其他区域。可并网电量包含供暖季和供冷季两大部分，计算公式如下：

$$GCP = (E_e' - E_1') + (E_e'' - E_1'') \quad (9\text{-}53)$$

式中：GCP——可并网电量，kWh；

E_e' ——目标系统供暖季的供电量，kWh；

E_e'' ——目标系统供冷季的供电量，kWh；

E_l' ——目标系统供暖季的用电量，kWh；

E_l'' ——目标系统供冷季的用电量，kWh。

（22）供电时长不足率（Shortage Rate of Power Supply Duration，SRPSD）。分布式发电市场交易可靠性与电力系统可靠性有一定关联，而电力系统可靠性指标中的供电时长不足率等指标也可直接用来衡量分布式发电市场交易可靠性。供电时长不足率可以反映供电时长的完成程度，计算公式如下：

$$\mathrm{SRPSD} = \sum \frac{T_\mathrm{SRP}}{T_\mathrm{CD}} \tag{9-54}$$

式中：SRPSD ——供电时长不足率；

T_SRP ——供电不足时长，h；

T_CD ——合约总时长，h。

（23）电网交互成本（Grid Interaction Costs，GIC）。在当前政策下，综合智慧能源系统一般并网但不上网，因此电网交互成本仅为购电一项，公式如下：

$$\mathrm{GIC} = \sum_{t}^{T} \omega_{\mathrm{grid,buy}}^{t} P_{\mathrm{grid,buy}}^{t} \tag{9-55}$$

式中：GIC ——电网交互成本，元；

$\omega_{\mathrm{grid,buy}}^{t}$ ——电网分时购电电价，元/kWh；

$P_{\mathrm{grid,buy}}^{t}$ ——单位时间内从电网购入的电量，kWh。

（24）能源自消费占比（On-site Energy Matching，OEM）表示统计期内综合智慧能源系统用来满足需求端负荷的供应端发电量占供应端总发电量的比例。

$$\mathrm{OEM} = \frac{\sum_{i=t_1}^{t_2} \mathrm{Min}[G(i); L(i)]\Delta t}{\sum_{i=t_1}^{t_2} G(i)\Delta t} \tag{9-56}$$

式中：OEM ——能源自消费占比；

$G(i)$ ——发电量，kWh；

$L(i)$ ——电负荷量，kWh；

Δt ——时间步长，h；

t_1、t_2——研究起始、终止的时间,h。

(25)发电满足负荷占比(On-site Energy Fraction,OEF)表示统计期内综合智慧能源系统供应端发电量占负荷端需求的比例。

$$\text{OEF} = \frac{\sum_{i=t_1}^{t_2} G(i)\Delta t}{\sum_{i=t_1}^{t_2} L(i)\Delta t}, \quad 0 \leqslant \text{OEF} \leqslant 1 \tag{9-57}$$

式中:OEF——发电满足负荷占比。

9.2.4 综合智慧效益评价

综合智慧效益评价就是突出综合智慧能源"综合化"和"智慧化"的特征手段,强调其区别于传统化石能源分供系统的性能特征,相关指标如下。

(1)电能占终端能源消费比例(Electricity Accounts for Proportion of Terminal Energy Consumption,EAPTEC)定义为综合智慧能源终端耗电量的标准煤当量折算值与终端能源消耗量总和的标准煤当量折算值之比,它既是反映终端能源消费结构的重要指标,也是衡量电气化程度的重要指标。

$$\text{EAPTEC} = \frac{Q_{\text{be}}}{E_{\text{sum}}} \times 100\% \tag{9-58}$$

式中:EAPTEC——电能占终端能源消费比例;

Q_{be}——综合智慧能源耗电量的标准煤当量折算值,kgce。

(2)设备利用率(Rate of Equipment Utilization,REU)是一段时间内设备的实际工作时间与计划工作时间的比值,其大小直接影响综合智慧能源的投资效益。一般情况下,系统主要供能设备的利用率越高,系统的经济效益越好。

$$\text{REU} = \frac{1}{N_e T_0} \sum_{k=1}^{N_e} T_k \tag{9-59}$$

式中:REU——设备利用率;

N_e——能源环节设备数量,台;

T_0——综合智慧能源单位计划工作时长,h;

T_k——第 k 台设备在单位时间内的实际工作时长,h。

3）能源自用率（Energy Self-Utilization Rate，ESUR）也称能源自消费占比，反映了综合智慧能源系统内能源的自发自用程度（即自治程度），计算公式如下：

$$\text{ESUR} = \left[\int_{t=0}^{t=8760} P_g(t)\mathrm{d}t - \int_{t=0}^{t=8760} P_i(t)\mathrm{d}t\right] \bigg/ \int_{t=0}^{t=8760} P_g(t)\mathrm{d}t \tag{9-60}$$

式中：ESUR——综合智慧能源系统的能源自用率；

$P_i(t)$——综合智慧能源系统通过并网点向外部能源网络送出的功率，kW；

$P_g(t)$——综合智慧能源系统总的产能功率，kW。

（4）独立运行持续供能时间（Independent Operation Continuous Energy Supply Time，IOCEST）反映了综合智慧能源系统独立运行时支撑不间断负荷的能力，定义为综合智慧能源系统内不间断（或持续、稳定、抗干扰能力较强的）供能能力与综合智慧能源系统用能总负荷之比。

$$\text{IOCEST} = \frac{\sum_{i=1}^{z} P_{\text{SL}i}}{E_\text{L}} \tag{9-61}$$

式中：IOCEST——综合智慧能源系统的独立运行持续供能时间，h；

$P_{\text{SL}i}$——综合智慧能源系统内第 i 个不间断供能负荷，kWh。

（5）能值评价指标。这类指标可用于统一量化综合智慧能源系统全生命周期能源燃料的输入、能源设备资产投入、建设及运维劳力的投入等。其中，能值可持续指数（Emergy Sustainability Index，ESI）可用来反映综合智慧能源系统的生产效率和环境压力，它是综合智慧能源系统运行周期内能值产出率（Emergy Yield Rate，EYR）与环境负荷率（Environmental Loading Rate，ELR）的比值。

$$\text{ESI} = \text{EYR}/\text{ELR} \tag{9-62}$$

式中：ELR——系统不可再生能源投入能值与可再生能源投入能值之比，其为衡量生产活动对环境的压力的指标，其值越大，则环境压力越大；

EYR——产出能值与经济输入能值之比，能值产出率值越高，表明相同的系统经济能值投入所生产出来的产品能值越高，即生产效率越高。

（6）平均失能频率（Mean Incapacitation Frequency，MIF）通过统计一段时间内综合智慧能源用户的平均失能次数，反映综合智慧能源的运行可靠程度，此处的"失能"表示停电、停气、停热、停冷等，其计算公式如下：

$$\mathrm{MIF} = \frac{n_{\text{energy-lose}}}{n_{\text{user}}} = \frac{\sum_{i_{\text{node}}=1}^{n_{\text{node}}} \lambda_{i_{\text{node}}} n_{i_{\text{node}}}}{n_{\text{user}}} \tag{9-63}$$

式中：MIF——系统平均失能频率；

$\lambda_{i_{\text{node}}}$——负荷点 i_{node} 的故障率；

$n_{i_{\text{node}}}$——负荷点 i_{node} 的用户数；

n_{node}——综合智慧能源系统内电/气/冷/热负荷点总数（非负整数）；

n_{user}——用户总数。

（7）平均失能持续时间（Mean Disability Duration，MDD）指一年内失能状态的平均持续时间，反映了系统的运行可靠性，该指标可衡量系统从故障到恢复的修复能力，计算公式如下：

$$\mathrm{MDD} = \frac{t_{\text{energy\_lose}}}{n_{\text{energy\_lose}}} \tag{9-64}$$

式中：MDD——平均失能持续时间，h；

$t_{\text{energy\_lose}}$——系统失能时间总和，h；

$n_{\text{energy\_lose}}$——用户失能总次数。

（8）失能惩罚成本（Disability Penalty Cost，DPC）。当综合能源服务系统的热能、冷能、电能输出量过小或用户需求量过大时，为了保持供需平衡，就需要舍弃多余能源需求，舍弃的多余能源需求引起的损失可以用系统失能惩罚成本来表征，其计算公式如下：

$$\mathrm{DPC} = \Delta P_{\text{e}}(t) \times V_{\text{oll}} + \Delta P_{\text{h}}(t) \times V_{\text{olh}} + \Delta P_{\text{c}}(t) \times V_{\text{olc}} \tag{9-65}$$

式中：DPC——综合能源服务系统的失能惩罚成本；

$\Delta P_{\text{e}}(t)$、$\Delta P_{\text{h}}(t)$ 和 $\Delta P_{\text{c}}(t)$——系统生产的电能满足不了用户需求的负荷值、系统生产的热能满足不了用户需求的热能值、系统生产的冷能满足不了用户需求的冷能值；

V_{oll}、V_{olh} 和 V_{olc}——单位失负荷价值、单位失热能价值、单位失冷能价值。

（9）能量不足期望值（Energy Deficiency Expectation，EDE）表示系统在供能过程中的损失能量，反映了综合智慧能源系统在电、热、燃气等方面的持续供应能力。综合智慧能源系统能量不足期望值为各种能量不足期望值之和，基于概率学方法，计算系统不同失能状态下的能量削减量，计算公式如下：

$$E_{\text{EENS}} = \sum_{x \in G_{\text{E}}} p(x) C_{\text{E}}(x) \tag{9-66}$$

$$E_{\text{EGNS}} = \sum_{x \in G_G} p(x) C_G(x) \tag{9-67}$$

$$E_{\text{EHNS}} = \sum_{x \in G_H} p(x) C_H(x) \tag{9-68}$$

式中：$C_E(x)$、$C_G(x)$ 和 $C_H(x)$ ——系统处于 x 状态时电能、天然气和热能的削减量；

G_E、G_G 和 G_H ——电能、天然气和热能处于削减状态的集合。

（10）非计划停运时间占比（Unplanned Outage Time Rate，UOTR）。系统由于检修而停机属于运行计划中的事项，而其他非计划中的原因导致的停机则会对用户的用能产生很大的影响。因此，本章将非计划停运时间占比作为评价系统可靠性的重要指标之一。非计划停运时间占比为综合智慧能源系统在一年内因设备故障等原因导致的系统不能正常运行的时间占总计划运行时间的比例。计算公式如下：

$$\text{UOTR} = \frac{t_{\text{np}}}{t_{\text{po}}} \tag{9-69}$$

式中：UOTR ——非计划停运时间占比；

t_{np} ——非计划停运时间，h；

t_{po} ——综合智慧能源系统计划运行时间，h。

（11）需求侧互动性（Demand Side Interaction，DSI）用于反映综合智慧能源的需求侧与系统的互动水平，可体现综合智慧能源"源、荷"之间的互动程度及其对能效提升、清洁能源占比提高等的贡献。具体指标主要包括主动削峰填谷负荷量、分布式电源即插即用能力（也称分布式能源接入能力）、智能电表普及度等。

（12）削峰填谷量（Peak Shaving and Grain Filling，PSGF）。削峰填谷是根据用电规律调节用电负荷的一种手段，工作原理是在降低负荷高峰的同时填补负荷低谷，使发电与用电相平衡。计算公式如下：

$$\text{PSGF} = \sum_i E_i \tag{9-70}$$

式中：PSGF ——综合智慧能源系统削峰填谷量，kWh；

E_i ——系统中每台设备的削峰填谷量，kWh。

（13）主动削峰负荷量（Active Peak Clipping Load，APCL）与需求侧管理和需求侧响应有关。需求侧管理和需求侧响应是指通过制定确定性或随时间合理变化的激励政策，激励用户在负荷高峰或系统可靠性变化时及时响应削减负荷或调整用电行为的手段。需求侧响应的建设水平和用户的参与积极性可通过主动参与峰值负荷削减的用户比例来衡量。

（14）互动潮流熵（Entropy of Interactive Flow，EIF）用来描述单位柔性负荷互动后综合智慧能源系统负载率分布的变化，定义为综合智慧能源互动前后电网潮流熵的改变量与柔性负荷的影响程度的平均值之比，它能够定量评估互动参与程度对电网潮流分布的影响。当互动潮流熵为负值时，说明柔性负荷参与互动后电网潮流分布更趋均衡，取值越小，互动带来的影响也越小，反之亦然。

$$\mathrm{EIF} = \frac{H(t)^* - H(t)}{\frac{1}{n}\sum_{i=1}^{n} I_i(t)} \tag{9-71}$$

式中：EIF——互动潮流熵；

$H(t)$ 和 $H(t)^*$——互动前、后的电网潮流熵，J/K；

$I_i(t)$——柔性负荷的影响程度；

n——柔性负荷个数。

（15）可再生能源波动支撑水平（Renewable Energy Fluctuates in Support Levels，REFSL）用来评估综合智慧能源通过互动提高可再生能源消纳的能力，定义为用于消纳可再生能源波动的柔性负荷互动量与可再生能源波动量的比值。而互动前后峰谷差变化率（Peak-Valley Difference Change Rate，PVDCR）为有互动与无互动场景下综合智慧能源系统峰谷差改变量与无互动时系统峰谷差的比值，用来评估柔性互动对系统削峰填谷的贡献。

$$\mathrm{REFSL} = \frac{\sum_{i=1}^{n} \Delta P_i(t)}{\Delta P_{\mathrm{RE}}(t)} \tag{9-72}$$

$$\mathrm{PVDCR} = \frac{C_{\mathrm{p-v}} - C_{\mathrm{p-v}}^*}{C_{\mathrm{p-v}}} \tag{9-73}$$

式中：REFSL——可再生能源波动支撑水平；

$\Delta P_{\mathrm{RE}}(t)$——可再生能源的功率波动量，kW；

$\Delta P_i(t)$——柔性负荷的实际互动量，kW；

PVDCR——互动前后峰谷差变化率；

$C_{\mathrm{p-v}}$——无互动情况下系统峰谷差，kW；

$C_{\mathrm{p-v}}^*$——有互动情况下系统峰谷差，kW。

（16）虚拟调度容量（Virtual Scheduling Capacity，VSC）指在综合智慧能源的柔性负荷调度事件中能够调度的容量，有最大虚拟调度容量和最小虚拟调度容量之分。在评价时，最大虚拟调度容量并非越大越好,考虑到柔性负荷调度实际,一般理想调度曲线为定值或分段函数,若实际调度容量超过理想调度容量过多,则会导致实际调度与理想调度差距过大。因此,实际调度过程中应保证调度容量的稳定性,最大虚拟调度容量与最小虚拟调度容量之间的偏差率越小越好。

(17)常规机组备用转移率(Standby Transfer Rate of Conventional Unit,STRCU)可以反映配电环节备用压力的减缓程度,其值越大,经济效益就越高。

$$\text{STRCU} = \frac{P_{\text{gen},1}^{-} - P_{\text{gen},2}^{-}}{P_{\text{gen},1}^{-}} \quad (9\text{-}74)$$

式中:STRCU——常规机组备用转移率;

$P_{\text{gen},1}^{-}$——P2G 设备不提供备用服务时常规机组提供的备用总量,kW;

$P_{\text{gen},2}^{-}$——P2G 设备提供备用服务时常规机组提供的备用总量,kW。

(18)智能诊断准确率(Intelligent Diagnosis Accuracy Rate,IDAR)。随着大数据与人工智能技术的大力发展,实现城市综合智慧能源系统故障的智能诊断对城市综合智慧能源系统的健康稳定运行具有重大意义,智能诊断准确率是城市综合智慧能源系统运行效率的体现,计算公式如下:

$$\text{IDAR} = \frac{n_{\text{diagnosis\_right}}}{n_{\text{diagnosis}}} \times 100\% \quad (9\text{-}75)$$

式中:IDAR——智能诊断准确率;

$n_{\text{diagnosis\_right}}$——诊断正确的次数;

$n_{\text{diagnosis}}$——系统故障诊断总次数。

(19)蓄电池调峰能力(Peak Regulation Capacity of Battery,PRCB)、储热罐调峰能力(Peak Regulation Capacity of Heat Storage Tank,PRCHST)、储气罐调峰能力(Peak Regulation Capacity of Gas Storage Tank,PRCGST)。储能设备容量较小,可承担少部分负荷。在综合智慧能源系统运行过程中,储能设备主要起平抑负荷的作用,使负荷曲线变平缓。上述指标定义为储能设备额定功率与最大负荷功率之比,指标值越大,说明储能设备"削峰"作用越强,同类型能源不同设备间的互补能力越强。以蓄电池调峰能力指标为例,其计算公式如下:

$$\text{PRCB} = \frac{\sum_{u=1}^{n_u} P_{\text{N},u}^{\text{SB}}}{P_{\text{E max}}^{\text{load}}} \quad (9\text{-}76)$$

式中：PRCB——蓄电池调峰能力；

$P_{\mathrm{N},u}^{\mathrm{SB}}$——第 u 个蓄电池的额定功率，kW；

n_u——综合智慧能源系统蓄电池总数，个；

$P_{E\max}^{\mathrm{load}}$——统计期内系统最大电负荷，kW。

（20）新能源消纳率（Renewable Energy Consumption Rate，RECR）是综合智慧能源系统中可再生能源的实际发电量与最大发电量的比值。计算公式如下：

$$\mathrm{RECR} = \sum_{t=1}^{M} \frac{P_{\mathrm{total}}(t) - P_{\mathrm{use}}(t)}{P_{\mathrm{total}}(t)} \tag{9-77}$$

式中：RECR——新能源消纳率；

$P_{\mathrm{total}}(t)$——可再生能源总发电功率，kW；

$P_{\mathrm{use}}(t)$——用户用掉的可再生能源的发电功率，kW。

（21）网络损耗（Network Loss，NL）用于评价综合智慧能源系统各能源网络在输送过程中的能量损耗程度。针对综合智慧能源系统工程，考虑园区中包含电能、热能、冷能的传输，分别设置了配电网网损率、管网热损失率和管网冷损失率三个网络损耗指标，即

$$\mathrm{NL}_e = \frac{E_\rho - E_\sigma}{E_\rho} \times 100\% \tag{9-78}$$

$$\mathrm{NL}_H = \frac{Y \times R \times D_r}{Z_r} \times 100\% \tag{9-79}$$

$$\mathrm{NL}_C = \frac{Y \times L \times D_l}{Z_l} \times 100\% \tag{9-80}$$

式中：NL_e——配电网网损率，指电能损失量与目标系统外部供电量的比值；

NL_H——管网热损失率，指地源热泵系统直埋管道的热能损失率；

NL_C——管网冷损失率；

E_σ——目标系统实际使用的电能总量，kWh；

E_ρ——目标系统外部供电量，kWh；

Y——地源热泵系统直埋管道的长度，m；

R、L——单位管长热、冷损失，kW/m；

D_r、D_l——地源热泵系统实际的供热、供冷时间，h；

Z_r、Z_l——地源热泵系统供热、供冷量，kWh。

（22）选型选址匹配度（Selection Site Matching Index，SSMI）。综合智慧能源系统规划的核心工作是分布式电源型号及安装地点的选择、输电线路的规划，以及各种电力电子设备的选取。本节针对综合智慧能源系统利用自然资源发电的特性，提出选型选址匹配度指标，该指标可以反映发电设备自身的效率及其对自然资源的利用情况，指标定义如下：

$$\text{SSMI} = \frac{P_{\text{ND}} - P_{\text{DG}}}{P_{\text{ND}}} \tag{9-81}$$

式中：SSMI ——选型选址匹配度；

P_{ND} ——分布式电源选地自然资源全部有效利用时可以发出的功率，kW；

P_{DG} ——分布式电源在选址地可以发出的功率，kW。

（23）线路效用经济比（Line Utility Economic Rate，LUER）。综合智慧能源系统中的输电线路错综复杂，在众多线路中有些线路不仅价格昂贵，而且架设难度过高或输电效率不高，这些线路在优选出来的规划方案中是不应该存在的，因此定义线路效用经济比指标来衡量线路的利用效率。通常认为价格越低、输送电能越多的线路越有效，定义载流投资比（Current-Carrying Investment Ratio，CCIR）为

$$\text{CCIR} = \frac{P}{F} \tag{9-82}$$

式中：CCIR ——载流投资比；

P——线路上传输的功率，kW；

F——架设此条线路所需费用，元。

对待选线路按载流投资比由小到大排序，并设定一个阈值 α，认为载流投资比小于此阈值的线路为冗余线路，其条数为 n_1，线路总条数为 m_1。在此基础上进一步定义线路效用经济比指标：

$$\text{LUER} = \frac{n_1}{m_1} \tag{9-83}$$

需要注意的是，有些线路虽然载流投资比较低，但它对系统或其他线路影响很大，不能当作冗余线路。例如，减线后会产生孤立节点、引起系统解列或导致支路越线。

（24）负荷电源位置匹配度（Position Matching Degree of Power Supply，PMDPS）用于反映负荷与电源点分布的合理性，定义如下：

$$\text{PMDPS} = \sum_{i=1}^{m} \sum_{j=1}^{n_d} d_{ij} l_j \tag{9-84}$$

式中：PMDPS——负荷电源位置匹配度；

m——电源点总数；

n_d——负荷地块总数；

d_{ij}——负荷地块 j 到电源点 i 的供电线路长度；

l_j——负荷地块 j 的负荷。

（25）供电线路长度越线率（Overline Rate of Power Supply Line Length，ORPSLL）。根据《电能质量供电电压偏差》（GB/T 12325—2008）中的规定：380V 三相供电电压偏差为标称电压的 7%。由此计算出末端电压刚好符合-7%的边界条件的最大供电线路长度。供电线路长度越线率可以在一定程度上反映电源点的供电半径过大，个别供电线路过长引发末端电压问题而造成的用户电能质量不合要求。定义供电线路长度越线率为

$$\text{ORPSLL} = \frac{a}{b} \tag{9-85}$$

式中：a——综合智慧能源系统中供电线路长度超过最大允许值的线路条数；

b——综合智慧能源系统供电线路总条数。

（26）重要负荷供电线路可靠度（Reliability of Important Power Supply Line，RIPSL）。根据综合智慧能源系统用户对电力供给的不同需求将负荷分类，形成金字塔型负荷结构，越靠近上部，负荷越重要。在综合智慧能源系统电量供应不足时，能量管理系统会对综合智慧能源系统输出电量加以控制，保证对一级、二级负荷的电力供应，根据实际情况适量切除三级负荷。专家根据确保重要负荷可靠性供电的线路条数、供电方式等，对重要负荷供电线路可靠度进行打分。

（27）电压波动率（Voltage Fluctuation Rate，VFR）以用户公共供电点在时间上相邻最大、最小电压之差占电网额定电压的百分比表示。电压波动大会引起敏感负荷的非正常运行，电压波动率可作为考察电能合格程度的指标。计算公式如下：

$$\text{VFR} = \frac{U_{\max} - U_{\min}}{U_N} \tag{9-86}$$

式中：VFR——电压波动率，正常状态下位于[0,1]区间；

$U_{\max}$——单位时间内最大电压有效值，V；

$U_{\min}$——单位时间内最小电压有效值，V；

U_N——电网额定电压有效值，V。

(28) 电压偏差率(Voltage Deviation Rate,VDR)可以反映各点实际电压相对于综合智慧能源系统标称电压的偏离程度,电压偏差过大会影响电网正常运行,电压偏差率可作为考察用户供电合格程度的指标。计算公式如下:

$$\mathrm{VDR} = \frac{U - U_\mathrm{N}}{U_\mathrm{B}} \tag{9-87}$$

式中：VDR ——电压偏差率；

U——实际电压，V；

U_B——电网标称电压，V。

(29) 电压谐波畸变率(Voltage Harmonic Distortion,VHD)。综合智慧能源系统中存在大量电力电子设备,易产生谐波,使得电压波形偏离正弦波,影响用电设备运行,甚至会引发故障。电压波形畸变程度可以用电压谐波畸变率衡量,电压谐波畸变率计算公式如下：

$$\mathrm{VHD} = \frac{\sqrt{U_2^2 + U_3^2 + ... + U_n^2}}{U_1} \tag{9-88}$$

式中：VHD——电压谐波畸变率，正常状态下位于[0,1]区间；

U_n——第 n 次谐波电压有效值，V；

U_1——基波电压有效值，V。

(30) CPS 灵敏度(CPS Sensitivity Index,CPSSI)用于分析当综合智慧能源系统发生变化时各物理、信息、信息物理耦合节点的敏感程度。假设系统某一时刻状态方程为 $f(x,y)=0$，x 为状态变量，y 为控制变量，稳定运行点为 (x,y)，当系统受到扰动后稳定运行点为 $(x+\Delta x, y+\Delta y)$。此时，灵敏度可以用下式进行计算：

$$\dot{s} = \frac{\Delta x}{\Delta y} = -(\frac{\partial f(x,y)}{\partial x})^{-1} \frac{\partial f(x,y)}{\partial y} \tag{9-89}$$

式中：$\dot{s}$——参数灵敏度矩阵；

$\frac{\partial f(x,y)}{\partial x}$——雅可比矩阵；

$\frac{\partial f(x,y)}{\partial y}$——系统状态变量的导数。

(31) 有效替代电量(Effective Alternative Electricity,EAE)。园区综合智慧能源系统工程的建设实施将提高终端电能的使用量,有效替代电量是园区电能使用量提升和能源结构优化效果的直观反映。由于无法确定电能替代设备的驱动电力是否来源于清洁能源发电,

本节假设第 y 年清洁能源发电占比为 $\alpha_{re,y}$，则有效年替代电量为园区年替代电量的 $\alpha_{re,y}$ 倍。

$$EAE = \alpha_{re,y} \sum_{m=1}^{M_{es}} E_{es,m} \tag{9-90}$$

式中：EAE——有效替代电量，kWh；

$E_{es,m}$——电能替代设备 m 的年替代电量，kWh；

M_{es}——电能替代设备总数。

（32）电能替代设备等效年利用小时数（Equivalent Annual Utilization Hours of Power Replacement Equipment，EAUHPRE）是电能替代设备工作状态和利用效率的直接体现，其值与设备配置的合理性直接相关，也是电能替代技术实施效果的间接体现。

$$EAUHPRE = \frac{E_{es,m}}{P_{es,m}} \tag{9-91}$$

式中：$P_{es,m}$——电能替代设备 m 的配置容量，kW。

（33）综合能源系统与电网交互功率年波动量（Annual Fluctuation of Interactive Power Between Integrated Energy System and Grid，AFIPIESG）。园区综合智慧能源系统从上级配电网购买电能时，二者之间的交互功率会随负荷变动而出现一定幅度的波动，波动越大，则系统运行越不稳定。可采用均方差值表征园区与主网间交互功率的波动量。

$$AFIPIESG = \sum_{l \in L} D_l \times \sqrt{\frac{1}{T} \sum_{t=1}^{T} \left[P_{l,t}^{SYS} - P_{SYS,l} \right]^2} \tag{9-92}$$

式中：$AFIPIESG$——综合能源系统与电网交互功率年波动量，kW；

$P_{l,t}^{SYS}$——场景 l 下 t 时刻系统与外界交互功率瞬时值，kW；

$P_{SYS,l}$——场景 l 下系统与外界交互功率平均值，kW。

（34）失负荷概率（Load Loss Probability，LLP）。失负荷概率指标由电力系统的平均停电频率指标延伸而来，可表示系统受到元件故障等随机因素影响无法满足负荷需求的概率，同时能够反映系统供能不足的风险。

$$LLP = \frac{N_{SAM} - \sum_{X_i \in X_{SAM}} F_L(X_i)}{N_{SAM}} \tag{9-93}$$

式中：LLP——失负荷概率；

N_{SAM}——抽样次数；

X_{SAM}——系统抽样状态集合；

$F_L(X_i)$——系统状态 X_i 的失负荷情况，为 0-1 变量。

（35）智能终端设备覆盖率（Intelligent Terminal Equipment Coverage Rate，ITECR）。智能终端设备不仅具有传统的计量功能，而且具有负荷信息的采集与存储、保护控制、用户终端控制等智能化功能，可作为用户与综合智慧能源系统互动的保障，优化用户用能体验，推动综合智慧能源系统的发展。本章采用智能终端设备覆盖率指标反映综合智慧能源系统需求响应的完善度，体现园区硬件设施建设情况和智能化发展进程。

$$\text{ITECR} = \frac{N_{\text{int}}}{N_{\text{user}}} \times 100\% \tag{9-94}$$

式中：ITECR——智能终端设备覆盖率；

N_{int}——智能终端设备覆盖的用户数；

N_{user}——用户总数。

（36）冷热电供需平衡度（Matching Rate Between Supply and Demand of Cold, Heat and Power，MRBSDCHP），用冷热电联产机组年实际生产的发电量与用户年用电量的差值与冷热电联产机组年实际供热供冷量与用户年供热供冷使用量差值的比值表示，计算公式如下：

$$\text{MRBSDCHP} = \frac{Q_{\text{elc}}^{\text{act}} - Q_{\text{elc}}^{\text{need}}}{\left(Q_{\text{hot}}^{\text{act}} + Q_{\text{cold}}^{\text{act}}\right) - \left(Q_{\text{hot}}^{\text{need}} + Q_{\text{cold}}^{\text{need}}\right)} \tag{9-95}$$

式中：$Q_{\text{elc}}^{\text{act}}$、$Q_{\text{hot}}^{\text{act}}$ 和 $Q_{\text{cold}}^{\text{act}}$——冷热电联产机组年实际生产的发电量、年供热量和年供冷量；

$Q_{\text{elc}}^{\text{need}}$、$Q_{\text{hot}}^{\text{need}}$ 和 $Q_{\text{cold}}^{\text{need}}$——用户年用电量、年供热使用量和年供冷使用量。

（37）扩容延迟系数（Expansion Delay Coefficient，EDC），用风、光等可再生能源协调后综合智慧能源系统实际所需的备用容量与综合智慧能源系统规划的备用容量比值表示，计算公式如下：

$$\text{EDC} = \frac{Q_{\text{improve}}}{Q_{\text{act}}} \times 100\% \tag{9-96}$$

式中：EDC——扩容延迟系数；

Q_{improve}——风、光等可再生能源协调后综合智慧能源系统实际所需的备用容量，kW；

Q_{act}——综合智慧能源系统规划的备用容量，kW。

（38）日负荷波动系数（Daily Load Fluctuation Coefficient，DLFC），用某一典型日中 i 时段的区域负荷与典型日区域的平均负荷差值累计和的平均值表示。计算公式如下：

$$DLFC = \sqrt{\frac{1}{n}\sum_{i=1}^{n}(Q_i - Q_{avg})}$$ （9-97）

式中：DLFC——日负荷波动系数；

Q_i——某一典型日中 i 时段的区域负荷，kW；

Q_{avg}——典型日区域的平均负荷，kW。

（39）高峰负荷变化率（Peak Load Change Rate，PLCR），用综合智慧能源协调前本年度预期高峰负荷和综合智慧能源协调后本年度实际高峰负荷的相对误差表示，计算公式如下：

$$PLCR = \frac{Q - Q^*}{Q} \times 100\%$$ （9-98）

式中：PLCR——高峰负荷变化率；

Q 和 Q^*——区域综合智慧能源协调前本年度预期高峰负荷和综合智慧能源协调后本年度实际高峰负荷。

（40）N-1 通过率（N-1 Pass Rate，PR_{N-1}），用某电压等级下满足 N-1 的线路条数与该电压等级的线路总条数的比值表示，计算公式如下：

$$PR_{N-1} = \frac{L_{N-1}}{L_T} \times 100\%$$ （9-99）

式中：PR_{N-1}——N-1 通过率；

L_{N-1}——某电压等级下满足 N-1 的线路条数；

L_T——该电压等级的线路总条数。

（41）减少用户停电损失（Reduction of User Outage Losses，RUOL），用区域综合智慧能源系统协调前用户的停电损失与综合智慧能源系统协调后用户的停电损失的相对误差表示，计算公式如下：

$$RUOL = \frac{S_{ruol} - S_{ruol}^*}{S_{ruol}} \times 100\%$$ （9-100）

式中：RUOL——减少用户停电损失；

S_{ruol} 和 S_{ruol}^*——区域综合智慧能源系统协调前用户的停电损失与综合智慧能源系统协调后用户的停电损失。

（42）系统响应速度（Response Speed，RS），用日内平均优化耗时表示，计算公式如下：

$$RS = \frac{\sum_{i=1}^{24n_y} SA_i}{24n_y}$$ （9-101）

式中：RS——系统响应速度；

SA_i——第 i 次优化耗时，ms；

n_y——日内优化每小时优化次数。

（43）热电比（Heat to Power Ratio，HPR）。在相关文献中，对热电比是这样定义的：计算期内，热电企业产生的供热量与换算成热量的供电量的比值，亦即热电企业有效利用热量中供热量与换算成热量的供电量之比。其计算公式如下：

$$HPR = 100 \times \frac{Q_{wh} + Q_{wc}}{0.0036W} \tag{9-102}$$

式中：HPR——热电比；

Q_{wh} 和 Q_{wc}——有效余热供热总量和有效余热供冷总量，GJ。

对于热电联产企业的热电比，国家相关部委有明确规定。但是，对于天然气冷热电三联供系统目前没有相应的规定，而热电比也是三联供系统的一个重要指标。

（44）发电量与负荷匹配度（Matching Index Between Power Generation and Load，MIBPGL）指规划年内综合智慧能源系统年发电量与负荷的比值的均值，反映了综合智慧能源系统在规划年内的供电能力，其值远大于 1 表示可供容量过多，势必造成资源浪费；其值远小于 1 表示综合智慧能源系统适应性差，不能满足负荷增长需求。计算公式如下：

$$MIBPGL = \frac{\sum_{i=1}^{n} \frac{P_{G_i}}{P_{L_i}}}{p_y} \tag{9-103}$$

式中：MIBPGL——发电量与负荷匹配度；

P_{G_i}——每年综合智慧能源系统总发电量，kWh；

P_{L_i}——每年综合智慧能源系统负荷量，kWh；

p_y——规划目标年。

（45）发电量与负荷均衡度（Balance Degree Between Power Generation and Load，BDBPGL）。发电量与负荷均衡度越大，表明发电量曲线与负荷曲线波动越小，计算公式如下：

$$BDBPGL = \lim_{\Delta t \to 0} \sum_{j=0}^{n} \left| P_{G_j} - P_{L_j} \right| \Delta t = \int_{0}^{j} \left| P_{G_j} - P_{L_j} \right| dt \tag{9-104}$$

式中：BDBPGL——发电量与负荷均衡度；

P_{G_j}——j 时刻发电机发电量，kWh；

P_{L_j}——j 时刻负荷用电量，kWh。

(46) 用户的补偿收益占比（Users' Compensation Income Rate，UCIR），用户在使用综合能源服务微电网时所取得的补贴与原来的电费支出之比来表示。用户的补偿收益占比越高，表示综合能源服务微电网项目给用户带来的补贴水平越高，能够降低用户的用电成本，从而提升用户的经济效益。用户的补偿收益占比可以通过下式计算：

$$UCIR = \frac{P_{DR}}{P_{NDR}} \times 100\% \qquad (9-105)$$

式中：$UCIR$ ——用户的补偿收益占比；

P_{DR} ——一年内用户获得的补贴总和，元；

P_{NDR} ——用户在不进行需求侧响应的情况下一年内所应支付的动态电费总和，元。

(47) 供电可靠率（Power Supply Reliability，PSR）可以反映统计期内（本章定为一年，即 8760h），综合能源服务对用户供电的可靠度。供电可靠率用用户有效供电时间与统计期总时间的比值来表示，计算公式如下：

$$PSR = \frac{T_e}{8760} \times 100\% \qquad (9-106)$$

式中：PSR ——供电可靠率；

T_e ——一年中系统对用户有效供电时间，h。

(48) 供热可靠率（Heat Supply Reliability，HSR）能够反映综合能源服务对用户供热的可靠度。供热可靠率计算公式如下：

$$HSR = \frac{T_h}{N_h} \times 100\% \qquad (9-107)$$

式中：HSR ——供热可靠率；

N_h ——一年中系统对用户有效供热时间，h；

T_h ——用户用热时间，h。

(49) 供冷可靠率（Refrigeration Reliability，RR）可以反映综合能源服务对用户供冷的可靠度，计算公式如下：

$$RR = \frac{T_c}{N_c} \times 100\% \qquad (9-108)$$

式中：RR ——供冷可靠率；

N_c ——一年中系统对用户有效供冷时间，h；

T_c ——用户用冷时间，h。

（50）系统稳态绝对安全裕度（Absolute Security Margin of Steady-State，ASMSS）定义为所有节点和支路稳态绝对安全裕度中的最小值，其物理意义为稳态时综合智慧能源系统能承受的最大扰动程度。

$$\mathrm{ASMSS} = \min\{\mathrm{SMS}_i | i \in C \cup J\} \tag{9-109}$$

$$\mathrm{SMS}_i = \min\{\mathrm{sms}_{i,j,t}\} \tag{9-110}$$

$$\mathrm{sms}_{i,j,t} = \min\left\{\frac{|F_{j,t} - F_{\mathrm{CR}_{k,j}}|}{|F_{N,j} - F_{\mathrm{CR}_{k,j}}|}\right\} \tag{9-111}$$

式中：ASMSS——系统稳态绝对安全裕度；

C——节点集；

J——支路集；

$F_{j,t}$——t 时刻指标 j 的实际值；

$F_{N,j}$——指标 j 的标准值；

$F_{\mathrm{CR}_{k,j}}$——指标 j 的临界值。

节点或支路的稳态绝对安全裕度 SMS_i 定义为节点或支路 i 中单一指标稳态安全裕度中的最小值。其中，单一指标稳态安全裕度 $\mathrm{sms}_{i,j,t}$ 定义为 t 时刻节点或支路 i 中指标 j 的实际值与临界值之差的绝对值和其标准值与临界值之差的绝对值之比。按能源类型划分节点，可分为电节点、气节点、热节点，节点安全裕度所涉及的单一指标为强度量；按功能划分支路，可分为传输支路、转换支路、储能支路，支路安全裕度所涉及的单一指标为广延量。

（51）系统稳态综合安全裕度（Synthesis Security Margin of Steady-State，SSMSS）定义为综合智慧能源系统中所有节点和支路稳态绝对安全裕度的平均值，其物理意义为稳态时系统整体能承受的扰动程度。

$$\mathrm{SSMSS} = \frac{1}{N_{I \cup J}} \sum_{i \in I \cup J} \mathrm{SMS}_i \tag{9-112}$$

式中：SSMSS——综合智慧能源系统稳态综合安全裕度；

$N_{I \cup J}$——节点和支路总数量。

9.3 综合智慧能源评价指标选取原则

综合智慧能源评价指标的选取应遵循"P-I-C-H-O-S"原则，即目的性、独立性、重点性、可比性、可操作性和显著性，如图9-2所示。

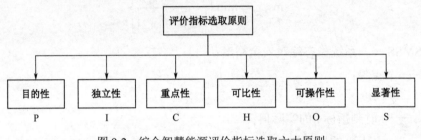

图 9-2 综合智慧能源评价指标选取六大原则

9.3.1 目的性原则

评价指标应对综合智慧能源系统进行详细描述，应准确体现评价目的，真实反映系统特征，涵盖整个综合智慧能源系统的各方面信息。例如，经济指标应体现综合智慧能源系统在投资、燃料费、回收期、收益等方面的信息，为能源系统经济方面的改善提供导向；能源指标应从能耗、能源利用率等方面体现综合智慧能源系统的能源利用信息；环境指标应从污染物排放、噪声等方面体现综合智慧能源系统的环保性。选取评价指标最重要的原则就是目的性，其直接决定了评价结果的导向性、可行性与准确性。

9.3.2 独立性原则

独立性原则要求同一层次的指标相互独立，同一层次不同方面的指标不应相互交叉，指标含义应尽可能避免相互重叠，指标关系不存在因果限制。评价指标体系呈多层次时，上一层次指标与下一层次指标应保持隶属关系，体现多层次指标体系的递阶关系。多层次指标体系中指标层与指标层之间、指标层内部的各指标之间应相互独立，避免相互反馈。对于信息量庞大且复杂的综合智慧能源系统的综合评价，指标数量繁多容易导致指标之间具有一定的相关度，为了避免指标之间的重复信息导致评价结果偏离，美国匹兹堡大学的 Saaty 教授提出了一种适应非独立递阶层次结构的网络分析法来解决指标间的相互依赖问题。

9.3.3 重点性原则

评价指标应对评价对象的特征进行描述。评价指标体系能通过多个维度、多个层次反映评价对象的性能属性，但不能反映评价对象的全部特性。因此，综合评价并不需要表达出评价对象的完整信息，而应从主要关注点出发，体现评价对象的主要信息和主要特性。对于一个复杂的综合智慧能源系统，应从重点方面构建综合评价指标体系以涵盖主要信息，避免过多无用信息增加综合评价的复杂程度。在综合评价综合智慧能源系统时，可从经济、能源、环境、社会、技术等方面进行考虑，但不同类型的综合智慧能源系统的设计目的及生产用途不同，导致评价指标倾向性不同，一般从某几个重点方面构建指标体系即可。

9.3.4 可比性原则

评价指标除了从重点方面对评价对象进行特性描述，还应具有可比性，以便明显反映出评价对象的差异。对于多个对象之间的比较，若指标之间差异性较小，则会造成评价对象的评价结果差距不大，无法明显区分出各评价对象的优势，导致指标的对比性失效。一般情况下，在评价综合智慧能源系统的优劣时，应保留对比性较强的关键指标，剔除对比性较弱的次要指标，使评价结果在不同方面的区分度均较高。

9.3.5 可操作性原则

评价指标的筛选应具有可操作性，指标的信息获取应较为容易，便于综合评价指标体系计算赋值。通常，综合评价指标体系中同时存在定量指标与定性指标，定量指标的数据应可被赋值，定性指标的信息应可被衡量，否则指标的选择就毫无意义。若定量指标所需数据的采集成本过高或人力消耗较大，则会造成资源的过度浪费，并且容易造成指标量化结果不精准。由于定性指标包含模糊性，如果指标体系中存在大量不确定性因素，必然会使评价过程难以进行，并且会降低评价结果的区分度。

9.3.6 显著性原则

评价指标必须具有显著性，典型指标能准确反映评价对象某方面的效益。指标体系中的指标显著性越强，越能体现评价对象各方面的主要信息。由于实际项目中的信息量巨大，并且需要考虑的因素繁多，因此，评价指标的选取应遵循显著性原则，以凸显不同评价对象在不同方面的优劣。

综上所述，可在综合智慧能源系统综合评价指标体系的基础上，结合系统实际运行特点，提出综合智慧能源系统的综合评价方法。可以采用主观评价和客观评价相结合的方式，并且引入博弈论理论，更合理地确定各评价指标的综合权重，构建综合智慧能源系统综合评价模型，并给出评价指标的标准化处理方法。

9.4 综合智慧能源的评价及优化方法

总结相关研究，梯级利用系统的评价和优化方法基本可以分为以下两种类型。

（1）基于简单的模糊体系的综合评价方法，其借助统计学和运筹学等理论，对综合能源系统进行不同指标下多个方案的非连续性综合评价，其难点在于方案的设计和不同指标间权重的确定。其中，以层次分析法、灰色关联分析法应用较多。

（2）基于复杂数学优化模型的能量分析及优化方法，其借助人工智能算法在解决复杂优化模型方面的优势，实现综合能源系统单目标或多目标的连续性优化，其难点在于优化模型的求解。其中，以 Pareto 优化和㶲经济分析及优化为研究热点。

常用评价方法如表 9-1 所示。

表 9-1 常用评价方法

名称	说明	优势	劣势	适用范围
灰色关联分析法	灰色系统分析方法之一，主旨是使用离散数据代替连续概念，并根据因素之间发展趋势的相似或不同程度来计算因素之间的相关程度	对于样本数量没有太多的要求，不需要构造复杂模型且操作步骤简单，计算量小	受定量分析最优值的影响较大，有些指标的最优值难以确定	适合多个方案的比较分析，能满足大多数系统对于选取最佳设计方案的评价需要

续表

名称	说明	优势	劣势	适用范围
主成分分析法	将多个指标更改为几个综合指标,依旧可以反映评估目标的大多数信息	能够有效消除指标间的相互影响,降低选择指标的工作量	对于不同样品组中的同一样品,综合评估值可能不唯一	适用于能够轻易对评估目标做出分类的情况
层次分析法	根据系统的多层次结构,通过对各个因素的比较分析,确定多个判断矩阵,取对应于特征值的特征向量作为权重,最后得出总的权重,并进行排序	评价步骤具备简单、实用等优点,同时具有较强的系统性	通常评价对象中的因素不超过9个,在评价时具有一定的主观性	经济效益分析、系统能源配置顺序分析等,适用范围比较广
熵权法	充分挖掘原始指标数据,以求利用完整的客观数据信息,确定指标权重,最终完成对于评价目标的客观评价	适用范围比较广,评价精度较高,能保持评价的客观性	评价结果受指标数据的误差影响较大,评价结果可能会因为客观性太强而不能满足决策者期望	商业方案分析与评价、电力系统评价、经济效益分析等,适用范围广

9.4.1 多属性评价方法

多属性评价方法的基本操作流程如图 9-3 所示。

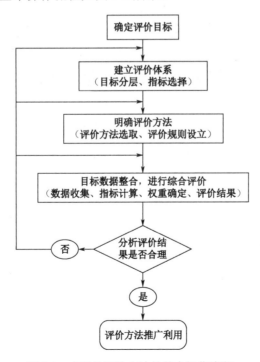

图 9-3 多属性评价方法的基本操作流程

1. 指标标准化处理

对于评价来说，指标值的获取是前提。对于综合评价指标来说，不同指标值的获取和处理也不相同。有的指标值可以直接获取，有的需要通过公式计算获得，有的则需要从现场运行信息中获得。对于无法直接获取的指标值，可以通过专家对比进行主观赋值。

由于不同评价指标的量纲、等级不同，需要采用的量化方式也是不一样的，这非常不利于评价工作的进行。为了消除各评价指标之间量纲不同导致的差异，需要对得到的数据进行无量纲化处理。

假设有 m 个待评价的方案和 n 个综合评价指标，则可以建立原始数据矩阵为 $X=(x_{ij})_{m\times n}$。为了更方便地对获得的数据进行处理，将评价指标分成两大类：一类是效益型指标，这类指标的特点是数值越大越好；另一类是成本型指标，这类指标的特点是数值越小越好。数据处理后得到的矩阵为 $Y=(y_{ij})_{m\times n}$。不同类型指标的具体处理方式如下。

（1）效益型指标的处理方式。

第 j 项指标为正指标，也就是指标的数值越大越好，对其进行如下处理：

$$y_{ij}=\frac{x_{ij}-\min(x_{ij})}{\max(x_{ij})-\min(x_{ij})} \tag{9-113}$$

式中：y_{ij} ——归一化后的数据，$i=1,2,\cdots,m$，$j=1,2,\cdots,n$。

（2）成本型指标的处理方式。

第 j 项指标为负指标，也就是指标的数值越小越好，对其进行如下处理：

$$y_{ij}=\frac{\max(x_{ij})-x_{ij}}{\max(x_{ij})-\min(x_{ij})} \tag{9-114}$$

式中：y_{ij} ——归一化后的数据，$i=1,2,\cdots,m$，$j=1,2,\cdots,n$。

2. 指标权重的分配

对于综合评价来说，指标的权重表示某个指标在系统发展中的自身价值和决策者对该指标的重视程度，也代表该指标对系统效果的贡献程度。指标的权重在很大程度上决定了综合评价的精度。目前，计算指标权重的方法主要分三种：主观赋权方法、客观赋权方法和主观、客观相结合的综合赋权方法。在赋权过程中，主观赋权和客观赋权都有自己的优缺点。主观赋权主要是基于专家成熟的科学理论和实践做出主观性决策，在处理一些难以定量的问题时，具有明显优势。但是，主观赋权也存在主观性过强的劣势。客观赋权是以原始的基础数据为依据，同时以数学理论方法为工具得到指标的权重。该方法有严谨的科学理论作为依据，但缺少人的主观意见,也具有一定的局限性。因此,在评价过程中,应该充分利用主观赋权和客观赋权各自的优势,尽可能避免它们的劣势。目前,大多采用主观赋权和客观赋权相结合的方式来确定各个指标的权重,使其更接近实际情况。本章的主观赋权方法采用层次分析法进行赋权,客观赋权方法采用熵权法进行赋权。此外,将博弈论理论引入组合赋权过程中,通过求解主观和客观权重的系数来求解指标的综合权重,使指标的赋权更加科学合理。

9.4.2 多目标优化方法

本节将介绍多目标优化问题与 Pareto 解集的定义与相关知识。

一个存在 n 个决策变量和 m 个目标变量的无约束的多目标优化问题可以表示为

$$\begin{cases} \min F(x) = \left(f_1(x), \cdots, f_m(x)\right)^{\mathrm{T}} \\ \mathrm{st.} x \in \Omega \end{cases} \quad (9\text{-}115)$$

式中:x——决策向量,由 n 个决策变量构成,$x = (x_1, \cdots, x_n) \in \Omega$。$\Omega$ 为所有决策向量构成的 n 维决策空间;

$F(x)$ ——目标向量,由 m 个目标变量构成,$F(x) = (f_1(x), \cdots, f_m(x)) \in Y \subset R^m$。$Y$ 为所有目标向量构成的 m 维目标空间。$F: \Omega \to Y$ 为从决策空间到目标空间的映射函数。

图 9-4 为包含 3 个决策变量和 2 个目标变量的多目标优化问题示意图。其中,$x = (1,1,2)$ 就是一个决策向量,而 $y = (3,2)$ 就是其映射到目标空间的目标向量。

Pareto 支配关系:假设 x_1 和 x_2 为目标空间中任意两个点,若它们满足式(9-116),则称 x_1 支配 x_2,记作 $x_1 \prec x_2$。

$$\begin{cases} \forall i = 1, \cdots, m, f_i(x_1) \leqslant f_i(x_2) \\ x_1 \neq x_2 \end{cases} \quad (9\text{-}116)$$

Pareto 最优解:假设 x_1 为目标空间中的一点,若在目标空间中没有点 x_2 满足式(9-116),则 x_1 为 Pareto 最优解。

Pareto 解集:目标空间中所有 Pareto 最优解的集合。

Pareto 前沿:Pareto 解集映射到目标空间中所得到的所有目标向量的集合。

为了便于理解,图 9-5 给出了 Pareto 相关知识示意图。此为一个双目标优化问题。假设其决策域仅有 x_1、x_2、x_3、x_4 这 4 个决策向量。由图 9-5 显然可知,存在如下 Pareto 支配关系:$x_1 \prec x_2$,$x_3 \prec x_2$,$x_3 \prec x_4$;x_1、x_3 为 Pareto 最优解;Pareto 解集为 $\{x_1, x_3\}$;Pareto 前沿为 $\{y_1, y_3\}$。

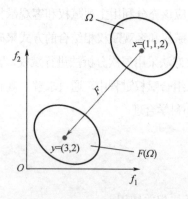 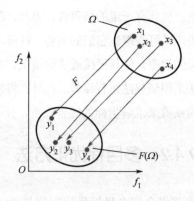

图 9-4 多目标优化问题示意图　　图 9-5 Pareto 相关知识示意图

下面介绍多目标优化的经典方法。

线性加权法：这是多目标优化广泛使用的一种方法，SAW（Simple Additive Weighting）是其中一类经典的线性加权求和方法。它忽略不同目标函数有不同的单位和范围，通过给不同的目标函数设定相应的权重，将所有的目标函数进行线性加权，用综合的效用函数来代表总体优化目标。最优的效用函数对应的解被认为是问题的最优解，从而将多目标优化问题转化成单目标优化问题。根据 $f_i(x)$ 的重要程度，设定权重进行线性加权，将多个目标表示成

$$\begin{cases} \min \sum_{i=1}^{m} w_i f_i(x) \\ \text{st.} \begin{array}{l} g_u(x) \geqslant 0, u=1,2,\cdots,p \\ h_v(x) = 0, v=1,2,\cdots,q \end{array} \end{cases} \quad (9\text{-}117)$$

w_i 表示权重系数，根据模型中目标函数的重要性进行确定，方法主要有专家判别法和熵权法。线性加权法的优点是实现简单，单目标优化问题有成熟的算法求解；缺点是 w_i 比较难确定，求出的解的优劣性无法保证。

主要目标法：由 Haimes 等人于 1971 年提出，也称 ε-约束法。从 m 个目标函数中选出一个最为重要的目标函数，将其余的 $m-1$ 个目标函数通过约束限制在一定范围内，从而将多目标优化问题转化为单目标优化问题。

$$\begin{cases} \min \sum_{i=1}^{m} f_1(x) \\ \text{st.} \begin{array}{l} g_u(x) \geqslant 0, u=1,2,\cdots,p \\ h_v(x) = 0, v=1,2,\cdots,q \\ f_i(x) \leqslant ob_i, i=2,3,\cdots,m \end{array} \end{cases} \quad (9\text{-}118)$$

ε-约束法从 m 个子目标中选择最重要的子目标作为优化目标，将其余的子目标作为约束条件。每个子目标通过上界 ε_k 进行约束。

理想点法和平均加权法：使各个目标函数尽可能接近各自的最优解，从而求出目标函数的较好 Pareto 解。优化前，需要先求出各个目标函数的最优解，构造理想点。平均加权法是在理想点法的基础上引入权重系数。

$$\begin{cases} \min \sum_{i=1}^{m} \sqrt{[f_i(x) - f_i^*]^2} \\ \text{st.} \begin{matrix} g_u(x) \geq 0, u = 1, 2, \cdots, p \\ h_v(x) = 0, v = 1, 2, \cdots, q \end{matrix} \end{cases} \quad (9\text{-}119)$$

$$\begin{cases} \min \sum_{i=1}^{m} w_i \sqrt{[f_i(x) - f_i^*]^2} \\ \text{st.} \begin{matrix} g_u(x) \geq 0, u = 1, 2, \cdots, p \\ h_v(x) = 0, v = 1, 2, \cdots, q \end{matrix} \end{cases} \quad (9\text{-}120)$$

分层序列法：将多目标优化问题中的 m 个目标按重要程度逐一排序，然后依次对各目标函数求最优解，但应注意，后一目标应在前一目标最优解集合内进行寻优。设目标函数的重要程度排序为 $f_1(x), f_2(x), \cdots, f_m(x)$。首先对第一个目标函数 $f_1(x)$ 进行寻优：

$$\min f_1(x), \quad x \in D_x \quad (9\text{-}121)$$

在第一个目标函数的最优解集合内，求第二个目标函数 $f_2(x)$ 的最优解，相当于添加一个约束，照此继续下去，最后求得第 m 个目标函数的最优解。

$$\begin{cases} \min f_2(x), \quad x \in D_x \\ \text{st.} f_1(x) \leq f_1^* \end{cases} \quad (9\text{-}122)$$

9.5 参考文献

[1] 王永真，张靖，潘崇超，等. 综合智慧能源多维绩效评价指标研究综述[J]. 全球能源互联网，2021，4(03):207-225.
[2] 综合能耗计算通则[S]．GB/T 2589—2020.
[3] 胡枭，尚策，陈东文，等. 考虑能量品质的区域综合能源系统多目标规划方法[J]. 电力系统自动化，2019，43(19):22-31+139.
[4] 原凯. 区域能源互联网综合评价技术综述与展望[J]. 电力系统自动化，2019，43(14):41-52+64.

[5] 能量系统㶲分析技术导则[S]. GB/T 14909—2019.

[6] 李克成, 刘铠诚, 唐艳梅, 等. 综合能源系统中能量和（㶲）在管线传输的特征规律[J]. 南方电网技术, 2019, 013(001):53-59.

[7] 李迎建. 总能系统能量利用效率分析[J]. 深圳大学学报, 2004(04):363-366.

[8] 李梦露. P2G参与气电综合能源系统优化及效益评价研究[D]. 北京：华北电力大学, 2020.

[9] 李家熙, 王丹, 贾宏杰. 面向综合能源系统的㶲流机理与分析方法[J]. 电力系统自动化, 2022, 46(12):163-173.

[10] 齐莹. 基于信息物理融合的综合能源系统广义评估方法研究[D]. 北京：华北电力大学, 2021.

[11] 高建宇. 考虑电能替代效果的综合能源系统效益评价方法研究[D]. 北京：华北电力大学, 2021.

[12] 龚萍, 罗舒琦, 张远欣, 等. 综合能源系统的技术评价指标体系[J]. 电器与能效管理技术, 2021(12):28-33.

[13] 陈嘉鹏, 汤乃云, 汤华. 考虑可再生能源利用率的风-光-气-储微能源网经济调度研究[J]. 可再生能源, 2020, 38(01):70-75.

[14] 徐宝萍, 徐稳龙. 新区规划可再生能源利用率算法研究与探讨[J]. 暖通空调, 2013(10):52-55.

[15] 张俊礼, 沈炯, 李益国, 等. 可再生能源渗透率的热力学定义及其分析[J]. 太阳能学报, 2019, 40(02):522-529.

[16] 王守相, 张齐, 王瀚, 等. 高可再生能源渗透率下的区域多微网系统优化规划方法[J]. 电力自动化设备, 2018, 38(12):39-44+58.

[17] 李扬. 基于多属性模糊决策的多能互补系统综合评价研究[D]. 西安：西安建筑科技大学, 2021.

[18] 鲁瑜亮. 城市智慧能源系统评价体系的研究[D]. 南京：东南大学, 2020.

[19] 李长吉. 多能互补冷热电联供系统综合评价研究[D]. 济南：山东大学, 2020.

[20] 张乙. 综合能源服务下的微电网效益综合评价方法研究[D]. 北京：华北电力大学, 2020.

[21] 祖航. 分布式能源系统优化运行及多属性综合评价方法研究[D]. 南京：东南大学, 2021.

[22] 郝艳红, 冯杰, 李文英, 等. 双气头多联产系统的㶲经济优化与分析[J]. 中国电机工程学报, 2014, 34(20):3266-3275.

[23] 袁秀霞, 闫浩春, 付淑英. GB/T 23331—2012《能源管理体系要求》标准差异性的分析研究[J]. 中国建材科技, 2020, 29(03):6-11.

[24] 能量系统绩效评价通则[S]. GB/T 30716—2014.

[25] 洪潇. 区域能源互联网多能源协调评价模型研究[D]. 北京：华北电力大学, 2018.

[26] 王丹, 周天烁, 李家熙, 贾宏杰. 面向能源转型的高㶲综合能源系统理论与应用[J]. 电力系统自动化, 2022, 46(17):114-131.

[27] 陈柏森, 廖清芬, 刘涤尘, 等. 区域综合能源系统的综合评估指标与方法[J]. 电力系统自动化, 2018, 42(04):174-182.

[28] 屈小云, 吴鸣, 李奇, 等. 多能互补综合能源系统综合评价研究进展综述[J]. 中国电力, 2021, 54(11):153-163.

[29] 罗洋. 基于AHP-熵权法的综合能源系统多指标评价研究[D]. 北京：华北电力大学, 2021.

[30] 苏朋飞. 基于市场评价的微电网用户间端对端电能交易竞拍策略研究[D]. 天津：天津大学, 2019.

[31] 梁周媛. 考虑储能影响的分布式综合能源系统配置优化研究[D]. 南京：东南大学, 2020.

[32] 左克祥，王安，张晋阳，等．我国多能互补项目政策分析及技术评价指标[J]．中外能源，2022，27(05):24-28.

[33] 王永真，朱轶林，康利改，等．计及能值的中国电力能源系统可持续性综合评价[J]．全球能源互联网，2021，4(01):19-27.

[34] 刘祥民．综合智慧能源的多元贡献[J]．能源，2020(09):23-25.

[35] 王永真，张宁，关永刚，等．当前能源互联网与智能电网研究选题的继承与拓展[J]．电力系统自动化，2020，44(04):1-7.

[36] 曾博，杨雍琦，段金辉，等．新能源电力系统中需求侧响应关键问题及未来研究展望[J]．电力系统自动化，2015，39(17):10-18.

[37] 吕智林，廖庞思，杨啸．计及需求侧响应的光伏微网群与主动配电网双层优化[J]．电力系统及其自动化学报，2021，33(08):70-78.

[38] 赵凤展，李奇，张启承，等．多能互补能源系统多维度综合评价方法[J]．农业工程学报，2021，37(17):204-210.

[39] 孟菁．基于情景分析理论的微电网规划综合评价[D]．秦皇岛：燕山大学，2015.

[40] 吴悠．计及可靠性的综合能源系统配置优化研究[D]．北京：华北电力大学，2021.

[41] 钱梦羽，窦真兰，陈洪银，等．双碳目标下综合能源系统评价指标体系与方法研究进展[J]．电气应用，2021，40(12):72-79.

[42] 张璇哲．天然气冷热电三联供系统的综合效益分析[D]．武汉：华中科技大学，2020.

[43] 周雷．微电网规划综合评价研究[D]．秦皇岛：燕山大学，2013.

[44] 舒梦迪．多能互补条件下分布式能源投资效益分析及优化研究[D]．北京：华北电力大学，2020.

[45] 李志会．基于博弈论和灰色模型的高校节水研究与应用[D]．邯郸：河北工程大学，2021.

[46] 雷德明，严新平．多目标智能优化算法及其应用[M]．北京：科学出版社，2009.

[47] 杨光．求解多目标优化问题的NWSA研究及其工程应用[D]．长春：吉林大学，2015.

[48] 张宁．对复杂帕累托前沿的MOEA/D研究[D]．镇江：江苏科技大学，2020.

[49] 苏亚纳．基于帕累托优化的IES多目标运行优化方法[D]．北京：华北电力大学，2020.

第 10 章

综合智慧能源系统规划优化案例

本章作者 田 冉（北京理工大学） / 张晓烽（长沙理工大学） / 韩俊涛（北京理工大学）
冶兆年（北京理工大学） / 王永真（北京理工大学）

为揭示综合智慧能源的理论规划方法及流程，本章列举了综合智慧能源规划调度的两个经典案例并给出了具体的操作流程，一是为实现分布式综合能源系统内部中低温余热高效利用及系统可持续性评价，本章提出基于能值理论、经济和环境的计及余热回收的低碳分布式综合能源系统架构及其可持续性评价方法；二是提出基于纳什议价的共享储能能源互联网络双目标优化，并以 1 个共享储能运营商和 4 个分布式冷热电能源系统的模式为例进行分析。

10.1 低碳分布式综合能源系统的能值、经济和环境优化评价

10.1.1 研究背景及意义

分布式综合能源系统（Distributed Integrated Energy System，DIES）作为能源互联网的典型业态，具有"多能耦合、协调互补"的优势，是实现碳达峰、碳中和愿景的重要抓手。但是相对于传统能源系统，分布式综合能源系统具有内部设备耦合度高、非线性强及多种异质能源互补协调的特征，这给分布式综合能源系统的优化调度带来了挑战。因此，DIES 拓扑设计和规划策略是实现 DIES 绿色高效、经济安全运行的关键。

为实现分布式综合能源系统内部中低温余热高效利用及系统可持续性评价，本节提出基于能值理论、经济和环境的计及余热回收的低碳 DIES 架构及其可持续性评价方法，并建立基于混合整数非线性规划的 DIES 低碳优化调度模型，实现以燃气轮机（GT）和固体氧化物燃料电池（SOFC）驱动 DIES 的容量配置及运行优化。本研究的主要贡献包括：

（1）建立计及 ORC 余热发电技术的 DIES 多目标优化模型，通过模糊隶属度法对帕累托非劣解集进行决策，对比 GT 和 SOFC 两种方案下 DIES 的年总成本和 CO_2 排放。

（2）引入能值分析法对两种架构驱动的 DIES 进行可持续性评估，采用能值可持续性指数（ESI）进行最优方案决策，以得出既考虑低碳运行和经济效益，又兼顾系统可持续性的分布式综合能源系统规划方案。

10.1.2 研究对象

与传统能源系统相比，DIES 可以协调冷、热、电等不同能源子系统的规划运行，实现异质能源互补和能源梯级利用。本节选取北京某园区分布式综合能源系统作为研究对象，其结构和能量流向如图 10-1 所示。系统设备可选类型包括：电力子系统——光伏发电（Photovoltaic，PV）、风力发电（Wind Turbine，WT）、燃气轮机（GT）、固体氧化物燃料电池（SOFC）、有机朗肯循环（ORC）、储电单元（Electrical Energy Storage，EES）和电网；热力子系统——电热泵（Electric Heat Pump，EHP）、余热锅炉（Waste Heat Boiler，WHB）和储热单元（Thermal Energy Storage，HES）；冷力子系统——电热泵、吸收式制冷机（Absorption Chiller，AC）和储冷单元（Cold Energy Storage，CES）。分布式综合能源系统中 GT 和 SOFC 产生的高温烟气余热可以通过 ORC 装置转化为电能，也可以通过余热锅炉和吸收式制冷机用于加热或者制冷，从而提高系统的灵活性。

10.1.3 能值分析法

不同物质和不同类型的能量在数量和价值上难以比较，电能等优质能源易于转化为劣质能源，反之则难度很大。能值理论由美国生态学家 Odum 提出，该理论以热力学和一般系统理论为基础，认为地球上几乎所有能量都来自太阳能，所以用能值表示物质或能量内部所蕴含的太阳能总量，单位为太阳能焦耳（sej）。能值分析将能源系统的热力学、经济和生态相结合,解决不同类型物质及能量难以比较的难题,全面评估系统的生产可持续性。能值分析将用于提供产品或服务的系统输入和输出分为本地可再生能源(R)、本地不可再生能源(N)、购买的服务和产品(F)及能源产品(Y)。针对本节中的研究对象,能源系统的能值分析示意图如图 10-2 所示。

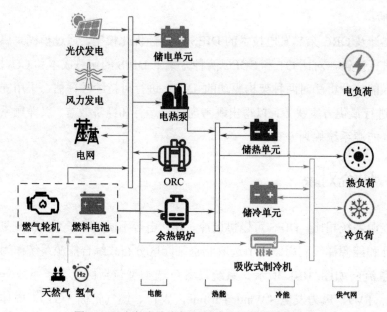

图 10-1 分布式综合能源系统的结构和能量流向

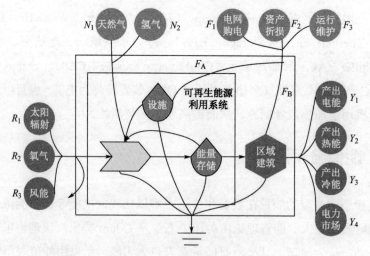

图 10-2 分布式综合能源系统的能值分析示意图

本研究用于评估能源系统环境和可持续性的主要能值指标如下。

（1）能值收益率（EYR）：表示系统输出总能值与购买的能值之比。它用于衡量系统输出能量及其对经济的贡献，其值越大，表明系统的生产效率和经济价值就越大。

$$EYR = Y/F \tag{10-1}$$

（2）能值投资率（EIR）：表示购买的能值在整体能值中所占的份额。它可以反映经济发展水平，其值越大，表明经济发展水平越高，对环境资源依赖程度越低。

$$EIR = F/(R+N) \tag{10-2}$$

（3）环境负载率（ELR）：表示系统不可再生能源和外购能源的能值之和与可再生能源的能值之比。其值越大，表明对周围环境的压力越大。

$$ELR = (F+N)/R \tag{10-3}$$

（4）可持续性指数（ESI）：表示能源效益、环境压力和自组织能力等方面的系统特征。当 $ESI \leqslant 1$ 时，生产系统是不可持续的；当 $1 < ESI < 5$ 时，意味着系统朝着更具可持续性的方向发展。

$$ESI = EYR/ELR \tag{10-4}$$

10.1.4 数学模型及计算方法

本研究的目的是在满足终端用户负荷的情况下获得 DIES 各机组容量及运行情况，建立考虑系统经济性、碳排放的多目标优化调度模型，提出基于能值理论的能源系统可持续性评价方法。

1. 数学模型

1）目标函数

综合能源系统多目标优化可以描述为同时优化多个目标，属于多变量的非线性问题，通过确定决策变量来满足所有约束。模型的优化目标为系统年总成本（ATC）和 CO_2 排放，决策变量为风力发电、PV、燃气轮机、SOFC、ORC、AC、电热泵、储能单元的机组容量，如下式所示。

$$\text{opt} \quad f(x) = \min \ (f_1(x), f_2(x))$$
$$x \in \begin{Bmatrix} IC^{WT} & IC^{PV} & IC^{GT} & IC^{SOFC} & IC^{ORC} \\ IC^{EHP} & IC^{WHB} & IC^{EES} & IC^{HES} & IC^{CES} \end{Bmatrix} \tag{10-5}$$

式中:IC——设备容量;

x——决策变量。

(1) 经济指标。

年总成本是 DIES 优化评价中常用的经济指标,分为机组年化投资成本(C_{inv})和运行成本(C_{ope})两部分。机组投资成本由于资金规模大,运行时间长,需要考虑资金折损。

① 机组年化投资成本包括风力发电、光伏发电、燃气轮机、SOFC、电热泵、ORC、储能单元、吸收式制冷机及余热锅炉。其计算公式如下:

$$C_{inv} = \sum_i \left(IC_i \times U_{inv,i} \times A_i \right) \quad (10\text{-}6)$$

$$A_i = \frac{r(1+r)^{y_i}}{(1+r)^{y_i} - 1} \quad (10\text{-}7)$$

式中:i——设备类型;

r——年利率;

y_i——设备生命周期;

A_i——资本回收因子;

$U_{inv,i}$——单位容量投资成本。

② 运行成本包括维护成本(C_{om})、购气成本(C_f)、电网交互成本(C_{grid})和弃风惩罚成本(C_{ab})。其计算公式如下:

$$C_{ope} = \sum_{k}^{d_k} \left(C_{om} + C_f + C_{grid} + C_{ab} \right) \quad (10\text{-}8)$$

$$C_{om} = \sum_{t=1}^{24} \left(P_{i,t} \times c_{om,i} \right) \quad (10\text{-}9)$$

式中:$P_{i,t}$——第 i 台设备在第 t 时刻的输出功率;

$c_{om,i}$——第 i 台设备的单位维护成本。

$$C_f = \sum_{t=1}^{24} \left(F_{gt,t} \times c_{gas} + F_{sofc,t} \times c_{H_2} \right) \quad (10\text{-}10)$$

式中:$F_{gt,t}$——t 时刻的天然气消耗量;

$F_{sofc,t}$——t 时刻的氢气消耗量;

c_{gas}——每 m^3 天然气的价格;

c_{H_2}——每 m^3 氢气的价格。

$$C_{grid} = \sum_{t=1}^{24}\left(E_{buy,t} \times c_{grid,t}\right) \tag{10-11}$$

式中：$c_{grid,t}$——t 时刻的电网购电价格；

$E_{buy,t}$——t 时刻的电网购电量。

$$C_{ab} = \sum_{t=1}^{24}\left(P'_{wt,t} - P_{wt,t}\right) \times c_{ab} \tag{10-12}$$

式中：c_{ab}——每 kWh 弃风的惩罚成本；

$P'_{wt,t}$——t 时刻的风力发电功率；

$P_{wt,t}$——t 时刻的风力消纳功率。

因此，年总成本可以表示为

$$f_1 = C_{inv} + C_{ope} \tag{10-13}$$

（2）环境指标。

随着全球变暖，温室气体排放及碳交易政策不断升级，温室气体排放，尤其 CO_2 排放成为评估 DIES 的重要指标。燃料消费（天然气、氢气）和电网购电是 DIES 碳排放的主要来源。年碳排放量计算公式如下：

$$f_2 = \sum_{k}^{d_k}\sum_{t=1}^{24}\mu_{gas}F_{gt,t} + \mu_{H_2}F_{sofc,t} + \mu_{grid}E_{buy,t} \tag{10-14}$$

式中：μ_{gas}、μ_{H_2}、μ_{grid}——分别为天然气、氢气和电网的碳排放因子。

2）约束条件

构建 DIES 各机组约束，主要包括机组能源转换效率、机组启停状态和爬坡率、储能单元充放及能量平衡约束。

（1）风力发电机组仅在实时风速处于切入风速至切出风速范围内时运行，其约束如下：

$$E_t^{WT} = \begin{cases} 0 & v_t > v_{co},\ v_t \leqslant v_{ci} \\ \dfrac{v_t^3 - v_{ci}^3}{v_r^3 - v_{ci}^3}IC^{WT} & v_{ci} < v_t \leqslant v_r \\ IC^{WT} & v_r \leqslant v_t \leqslant v_{co} \end{cases} \tag{10-15}$$

式中：v_{ci}——风力涡轮的切入风速；

v_{co}——风力涡轮的切出风速；

v_r——风力涡轮的额定风速。

（2）光伏发电功率主要由太阳辐射强度、电池板面积和发电效率决定，其约束如下：

$$E_t^{PV} = E_t^{STC} \frac{G_t}{G_{stc}}(1+k(T_{c,t}-T_r))IC^{PV} \qquad (10\text{-}16)$$

式中：E_t^{STC}——额定条件下 PV 的最大功率；

G_t——t 时刻的实际光照强度；

G_{stc}——额定条件下的光照辐射强度；

$T_{c,t}$——t 时刻电池板实际温度；

T_r——t 时刻实际环境温度。

（3）燃气轮机是驱动 DIES 的关键设备，其燃烧产生的高温余热可用于 ORC 发电、余热锅炉和吸收式制冷机，其约束如下：

$$\begin{aligned}
E_t^{GT} &= P_t^{GT}\eta_e^{GT} \\
H_t^{GT} &= P_t^{GT}\eta_h^{GT} \\
H_t^{ORC} + H_t^{WHB} + H_t^{AC} &\leqslant H_t^{GT} \\
\alpha_t\gamma_t IC^{GT} \leqslant E_t^{GT} &\leqslant \gamma_t IC^{GT} \\
-r_t IC^{GT} \leqslant E_{t+1}^{GT} - E_t^{GT} &\leqslant r_t IC^{GT}
\end{aligned} \qquad (10\text{-}17)$$

式中：E_t^{GT}——t 时刻燃气轮机的电输出功率；

H_t^{GT}——t 时刻燃气轮机的余热功率；

H_t^{orc}、H_t^{whb}、H_t^{ac}——分别为 t 时刻被 ORC、余热锅炉和吸收式制冷机组利用的余热；

η_e^{GT}、η_h^{GT}——分别为燃气轮机的电效率、热效率；

α_t——燃气轮机的最小启动负荷率，本节取 0.2；

γ_t——t 时刻设备的启停状态；

r_t——设备的爬坡率。

（4）固体氧化物燃料电池作为一种将化学能直接转化为电能的装置，无须经过热能、机械能的中间变化，发电效率不受卡诺热机效率的限制。其约束如下：

$$\begin{aligned}
E_t^{SOFC} &= P_t^{SOFC}\eta_e^{SOFC} \\
H_t^{SOFC} &= P_t^{SOFC}\eta_h^{SOFC} \\
H_t^{ORC} + H_t^{WHB} + H_t^{AC} &\leqslant H_t^{SOFC} \\
\alpha_t\gamma_t IC^{SOFC} \leqslant E_t^{SOFC} &\leqslant \gamma_t IC^{SOFC} \\
-r_t IC^{SOFC} \leqslant E_{t+1}^{SOFC} - E_t^{SOFC} &\leqslant r_t IC^{SOFC}
\end{aligned} \qquad (10\text{-}18)$$

式中：P_t^{SOFC}——t 时刻固体氧化物燃料电池的输入热值；

E_t^{SOFC}——t 时刻的电输出功率；

H_t^{SOFC}——t 时刻的余热功率；

η_e^{SOFC}、η_h^{SOFC}——分别为燃料电池的电效率、热效率。

（5）有机朗肯循环可以利用高温余热进行发电，提高源荷侧能源供需匹配度及系统热电比调节灵活性。其约束如下：

$$\begin{aligned}
&E_t^{\text{ORC}} = H_t^{\text{ORC}} \eta_e^{\text{ORC}} \\
&\alpha_t \gamma_t \text{IC}^{\text{ORC}} \leqslant E_t^{\text{ORC}} \leqslant \gamma_t \text{IC}^{\text{ORC}} \\
&-r_t \text{IC}^{\text{ORC}} \leqslant E_{t+1}^{\text{ORC}} - E_t^{\text{ORC}} \leqslant r_t \text{IC}^{\text{ORC}}
\end{aligned} \qquad (10\text{-}19)$$

式中：H_t^{ORC}——t 时刻 ORC 吸收的余热；

E_t^{ORC}——t 时刻 ORC 的电输出功率；

η_e^{ORC}——ORC 的热电转换效率。

（6）吸收式制冷机可以将热能转换为冷能，是余热利用终端，其约束如下：

$$\begin{aligned}
&C_t^{\text{AC}} = H_t^{\text{AC}} \eta_c^{\text{AC}} \\
&\alpha_t \gamma_t \text{IC}^{\text{AC}} \leqslant H_t^{\text{AC}} \leqslant \gamma_t \text{IC}^{\text{AC}} \\
&-r_t \text{IC}^{\text{AC}} \leqslant C_{t+1}^{\text{AC}} - C_t^{\text{AC}} \leqslant r_t \text{IC}^{\text{AC}}
\end{aligned} \qquad (10\text{-}20)$$

式中：H_t^{AC}——t 时刻吸收式制冷机吸收的余热；

C_t^{AC}——t 时刻吸收式制冷机的冷输出功率；

η_c^{AC}——吸收式制冷机的 COP。

（7）电热泵可以同时用于系统加热和制冷，但这两种情况不能同时发生。其约束如下：

$$\begin{aligned}
&H_t^{\text{HP}} = E_{h,t}^{\text{HP}} \eta_h^{\text{HP}} \\
&C_t^{\text{HP}} = E_{c,t}^{\text{HP}} \eta_c^{\text{HP}} \\
&\alpha_t \gamma_{h,t} \text{IC}^{\text{HP}} \leqslant E_{h,t}^{\text{HP}} \leqslant \gamma_{h,t} \text{IC}^{\text{HP}} \\
&\alpha_t \gamma_{c,t} \text{IC}^{\text{HP}} \leqslant E_{c,t}^{\text{HP}} \leqslant \gamma_{c,t} \text{IC}^{\text{HP}} \\
&-r_t \text{IC}^{\text{HP}} \leqslant E_{t+1}^{\text{HP}} - E_t^{\text{HP}} \leqslant r_t \text{IC}^{\text{HP}} \\
&0 \leqslant \gamma_{h,t} + \gamma_{c,t} \leqslant 1
\end{aligned} \qquad (10\text{-}21)$$

式中：$E_{h,t}^{\text{HP}}$、$E_{c,t}^{\text{HP}}$——分别为 t 时刻电热泵的制热、制冷耗电量；

H_t^{HP}、C_t^{HP}——分别为 t 时刻电热泵的制热、制冷输出功率；

η_h^{HP}、η_c^{HP}——分别为电热泵的制热、制冷效率；

$\gamma_{h,t}$、$\gamma_{c,t}$——分别为电热泵的制冷、制热工况的启停状态。

（8）储能单元（EES/HES/CES）在充放过程中，充放状态和功率应满足一定限制，其约束如下：

$$E_{t+1}^{es} = \eta_t^{es} E_t^{es} + E_{cha,t}^{es}\eta_{cha}^{es} - E_{dis}^{es}/\eta_{dis}^{es}$$
$$0 \leq \gamma_{cha,t}^{es}\eta_{cha}^{es} E_{cha,t}^{es} \leq r^{es}\gamma_{cha,t}^{es}\text{IC}^{es}$$
$$0 \leq \gamma_{dis,t}^{es} E_{dis}^{es}/\eta_{dis}^{es} \leq r^{es}\gamma_{dis,t}^{es}\text{IC}^{es} \quad (10\text{-}22)$$
$$\alpha_t^{es}\text{IC}^{es} \leq E_t^{es} \leq \text{IC}^{es}$$
$$0 \leq \gamma_{cha,t}^{es} + \gamma_{dis,t}^{es} \leq 1$$
$$es \in \{\text{EES, HES, CES}\}$$

式中：E_{t+1}^{es}、E_t^{es}——分别为 $t+1$、t 时刻储能设备的荷电容量状态；

η_{cha}^{es}、η_{dis}^{es}——分别为储能设备的蓄能、释能效率；

$\gamma_{cha,t}^{es}$、$\gamma_{dis,t}^{es}$——分别为储能设备蓄能、释能的启停状态。

（9）当 DIES 电力不能满足用户需求时，将电网作为补充，其约束如下：

$$0 \leq E_{buy,t} \leq \gamma_t^{buy}\text{EL}_t$$
$$0 \leq E_{sell,t} \leq \gamma_t^{sell}\text{EL}_t \quad (10\text{-}23)$$
$$0 \leq \gamma_t^{sell} + \gamma_t^{buy} \leq 1$$

式中：$E_{buy,t}$——t 时刻的电网购电量；

$E_{sell,t}$——t 时刻的电网售电量；

γ_t^{sell}、γ_t^{buy}——第 t 时刻的电网购电、售电状态。

（10）DIES 除满足各部件的运行约束外，还应满足电、冷、热平衡，其约束如下：

$$E_t^{PV} + E_t^{WT} + E_t^{GT}/E_t^{SOFC} + E_t^{ORC} + E_{dis,t}^{EES} + E_{buy,t} = E_t^{HP} + E_{cha,t}^{EES} + \text{EL}_t$$
$$H_{h,t}^{WHB} + H_{h,t}^{HP} + H_{dis,t}^{HES} = H_{cha,t}^{HES} + \text{HL}_t \quad (10\text{-}24)$$
$$C_{c,t}^{AC} + C_{c,t}^{HP} + C_{dis,t}^{CES} = C_{cha,t}^{CES} + \text{CL}_t$$

式中：EL_t、HL_t、CL_t——分别为终端用户的电负荷、热负荷和冷负荷需求。

2. 模型求解及多目标决策

求解上述多目标优化模型，一种方式是通过智能算法如 NSGA-II 等直接求解，但求解效率不高，且理论上很难保证获得全局最优解。该多目标优化模型的本质为混合整数非线性规划问题（MINLP），为有效求解该问题，首先将原问题转化为凸规划问题，然后在 MATLAB 环境下通过 CPLEX 进行求解，求解过程如图 10-3 所示。

首先，输入模型基本参数，包括用户负荷需求、太阳辐射强度、风速和机组的技术经济参数；其次，建立各机组运行约束和系统能量平衡，将机组最小启动功率约束通过 Big-M 法进行线性化，再运用 ε-约束法得到优化模型的非劣解集；最后，采用模糊隶属度法和能值分析法确定最优解,得出兼顾低碳、经济、可持续的 DIES 规划方案。

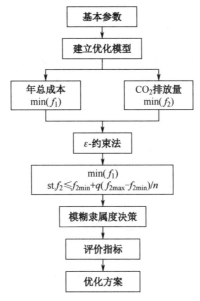

图 10-3 基于帕累托的多目标优化问题求解过程

(1) 机组启停约束。规划层的机组出力包括连续变量与 0-1 变量,属于混合整数非线性规划问题,这里采用 Big-M 法对机组启停约束进行转换。

原问题:

$$r^i \gamma_t^j \mathrm{IC}^i \leq P_t^i \leq \gamma_t^j \mathrm{IC}^i \tag{10-25}$$

转换后:

$$\begin{cases} r^i \mathrm{IC}^i - M(1-\gamma_t^j) \leq P_t^i \leq \mathrm{IC}^i + M(1-\gamma_t^j) \\ -M\gamma_t^j \leq P_t^i \leq M\gamma_t^j \end{cases} \tag{10-26}$$

(2) 帕累托曲线生成。ε-约束法通过从优化目标中选择一个主目标函数,并将其他目标作为约束,将多目标优化问题转化为可求解的单目标优化问题。对于多目标优化问题 $\min\{f_1(x), f_2(x), \cdots, f_p(x)\}$,$\varepsilon$-约束法的基本原理如下:

$$\begin{aligned} &\min f_1(x) \\ &\mathrm{st.}\ f_2(x) \leq \varepsilon_2, \cdots, f_p(x) \leq \varepsilon_p \end{aligned} \tag{10-27}$$

$$\varepsilon_i^q = f_{i,\min} + \frac{f_{i,\max} - f_{i,\min}}{n} \cdot q,\ \ q=0,\cdots,n \tag{10-28}$$

式中:$f_p(x)$——目标函数,下标 p 是目标函数的数量。

该方法需要计算 ε，最常见的做法是将目标变化范围划分为一系列等距网格点，ε 由点的划分数量决定。

（3）多目标决策。通过 ε-约束法求解得到多目标优化问题的帕累托前沿，由于各目标间存在矛盾，帕累托前沿中任何非支配解都无法满足各目标同时最优，因此最优解的选择需要在多目标间进行折中考虑。目前较为成熟的多目标决策方法包括模糊隶属度法、LINMAP 法及 TOPSIS 法等。本节采用模糊隶属度法，这种方法可以表征实际目标值和最优目标值的偏离程度，最小化和最大化目标函数的隶属度定义如下式所示，通过两目标间的乘积最大确定最优解。

$$\mu_i = \begin{cases} 0 & f_i \leqslant f_{i,\min} \\ \dfrac{f_{i,\max} - f_i}{f_{i,\max} - f_{i,\min}} & f_{i,\min} \leqslant f_i \leqslant f_{i,\max} \\ 1 & f_i \geqslant f_{i,\max} \end{cases} \tag{10-29}$$

$$\mu_i = \begin{cases} 1 & f_i \leqslant f_{i,\min} \\ \dfrac{f_i - f_{i,\min}}{f_{i,\max} - f_{i,\min}} & f_{i,\min} \leqslant f_i \leqslant f_{i,\max} \\ 0 & f_i \geqslant f_{i,\max} \end{cases} \tag{10-30}$$

10.1.5 案例分析

1. 初始参数

为减少模型计算量，考虑到负荷需求的季节性特征，将该区域全年分为夏季（153 天）、过渡季（102 天）、冬季（110 天）三个典型场景。以 24h 为优化调度的运行周期，最优调整时间为 1h。该园区拥有丰富的风能和太阳能资源，具备安装风力及光伏发电设备的条件，风速和太阳辐射强度是影响 WT 和 PV 输出功率的重要参数，三种典型场景下的太阳辐射强度和风速如图 10-4 所示。

园区的能源需求包括冷、热、电负荷，夏季、过渡季和冬季典型日负荷如图 10-5 所示。园区电价为分时电价，高峰期为 0.8886 元/kWh，平段期为 0.5644 元/kWh，低谷期为 0.3483 元/kWh，天然气价格为 2.423 元/m³，氢气市场价格为 60 元/kg。氢气的碳排放因子考虑市场氢气的制取、运输和存储引起的碳排放，电网、天然气和氢气的碳排放因子如表 10-1 所示。

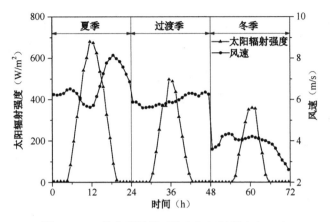

图 10-4 三种典型场景下的太阳辐射强度和风速

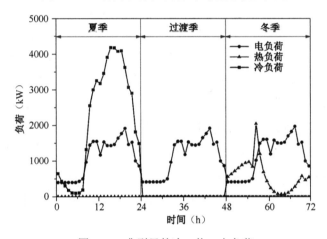

图 10-5 典型日的冷、热、电负荷

表 10-1 能源的碳排放因子

项目	数值
电网碳排放因子	0.968 kg/kWh
天然气碳排放因子	0.22 kg/kWh
氢气碳排放因子	0.0438 kg/kWh

2. 结果与讨论

基于上述模型与参数,对以 GT 和 SOFC 驱动 DIES 这两种方案进行对比分析。

(1) GT 方案:市管网燃气供 GT 驱动 DIES,兼顾年总成本和 CO_2 排放量的多目标优化。

(2) SOFC 方案:市场购入氢气供 SOFC 驱动 DIES,兼顾年总成本和 CO_2 排放量的多目标优化。

帕累托前沿将表明在不同设备配置和运行方案下 DIES 年总成本和 CO_2 排放量的变化趋势。

1）两种方案的 ATC-CO_2 帕累托曲线

如图 10-6 所示为两种方案的 ATC-CO_2 帕累托曲线。

由图 10-6 可以看出，两种方案下 CO_2 排放量均随着年总成本的增加而减少。图中 A（A'）、C（C'）点分别为以系统年总成本、CO_2 排放量为单目标时的优化结果。可以看出，GT 方案 CO_2 最低排放量（C'）为 4277.2 t / 年，而 SOFC 方案 CO_2 最低排放量（C）低至 772.1t / 年，但此时 SOFC 方案年总成本达到 2375.6 万元 / 年，相比于 GT 方案的年总成本 1248.9 万元 / 年增加了 90.2%。主要原因是本研究考虑的氢气为市场购入，单位能量氢气的碳排放因子远低于天然气，但其价格要高出天然气很多。

图 10-6 中包含两种方案，每种方案的帕累托解集包含 25 组容量配置及对应的目标函数值。但是，帕累托解集只能提供两个目标在不同范围内的相对可行解。因此，采用模糊隶属度法对 25 组目标函数值进行处理，其中 B（B'）点为两种方案的最优决策点。可以看出，GT 方案 B' 点的年总成本为 978.3 万元 / 年，CO_2 排放量为 4926.7 t / 年；SOFC 方案 B 点年总成本为 1758.7 万元 / 年，CO_2 排放量为 2792.0 t / 年。也就是说，SOFC 方案比 GT 方案年总成本高 79.8%，但 CO_2 排放量减少 43.3%。

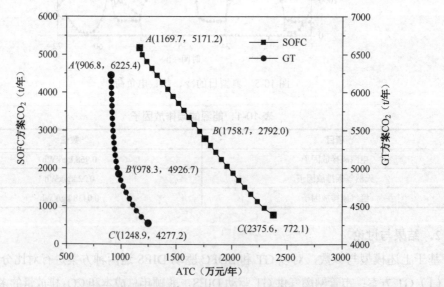

图 10-6　GT 和 SOFC 方案的 ATC-CO_2 帕累托曲线

2）两种方案的能值评价

综合能源系统的能值评价首先需要进行相关数据资料的收集并绘制能值分析图，然后根据能值转换率计算各项能值，最终得到两种方案的能值指标。两种方案的能值对比如表 10-2 所示。

表 10-2　两种方案的能值对比

符号	名称	GT 能值（sej）	SOFC 能值（sej）
R_1	太阳辐射	1.95 E+17	1.95 E+17
R_2	风能	3.84 E+17	4.75 E+17
R_3	氧气	3.45 E+17	1.14 E+17
N_1	天然气	3.67 E+18	—
N_2	氢气	—	4.55 E+18
F_1	机组投资	5.49 E+17	5.99 E+17
F_2	运行成本	1.12 E+17	9.36 E+16
F_3	购入电力	5.06 E+17	1.67 E+18
Y_1	消耗电能	5.81 E+18	5.81 E+18
Y_2	消耗冷量和热量	2.07 E+18	2.07 E+18

由表 10-2 可以算出两种方案的各项能值指标，结果如图 10-7 所示。由图 10-7 可以看出，SOFC 方案的环境负载率（ELR）达到 8.82，高于 GT 方案的 5.24。也就是说，SOFC 方案不可再生能源、外购能源的能值之和与可再生能源的能值之比较大，其主要原因是氢气投入能值较大，且消耗的可再生能源氧气较少，其生产活动对周围环境产生的压力更大。SOFC 方案的能值收益率（EYR）为 3.82，GT 方案为 6.75，即 SOFC 方案的输出总能值与购买性质的能值之比低于 GT 方案，这意味着 SOFC 方案生产效率和经济价值更低，主要原因是以 SOFC 驱动 DIES 时系统的外部购电量较高。

此外，SOFC、GT 两种方案的能值投资率（EIR）分别为 0.45、0.25，主要原因是 SOFC 方案的电网购电较多，表明该系统的经济发展水平较高，对环境资源依赖程度较低。值得关注的是，SOFC 方案的能值可持续性指数（ESI）为 0.43，低于 GT 方案的 1.27。该指数表明 SOFC 方案在系统能源效益、资源永续利用和生态环境协调方面表现较差。其主要原因是以 SOFC 驱动 DIES 时氢气、电网购电投入能值较大，可再生能源氧气投入能值占比较小。

3）GT 方案的规划调度

由上述分析可知，能值可持续性指数评估了系统的综合指标，所以本节基于 ESI 对

SOFC 和 GT 两种方案进行决策。显然，GT 方案具有更好的系统可持续性。图 10-8 给出了 GT 方案 B' 点的机组容量规划方案。

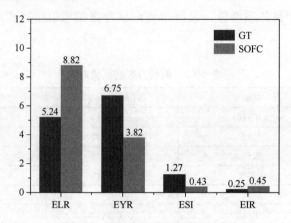

图 10-7　两种方案的能值指标对比

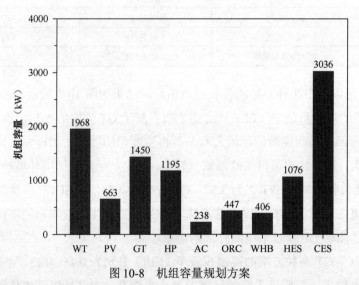

图 10-8　机组容量规划方案

由图 10-8 可以看出，风力机组容量最大，因为增加可再生能源消纳可以降低 DIES 碳排放。此外，储冷单元容量较大，主要原因是夏季冷负荷很大，且其单位投资成本仅为 160 元。储电单元则不进行配置，原因是投资成本很高，系统可通过电热泵进行电到冷、热的转换，及时消纳电力。

如图 10-9 所示为各机组电负荷运行方案，如图 10-10 所示为相应的冷、热负荷运行方案。

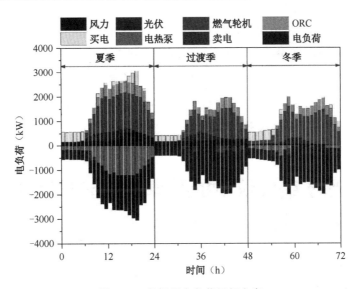

图 10-9　各机组电负荷运行方案

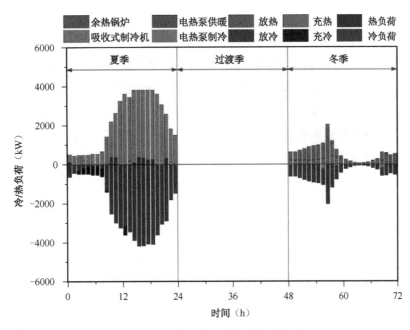

图 10-10　各机组冷、热负荷运行方案

由图 10-9 可知，三个季节 ORC 机组均运行，充分利用 GT 产生的余热，其电出力占到总负荷需求的 17.3%，提升了源荷侧能源供需匹配度，避免将所有余热用于加热或制冷。还可以看出，GT 机组在 0:00~6:00 时段不启动，主要原因是此时电网价格较低，同时电负

荷需求较小，达不到 GT 机组最小启动功率，此时开启 GT 机组不具备经济性；其他时段 GT 机组出力占据电负荷需求的主要部分，电网购电则几乎没有。另外，夏季由于太阳辐射强度较高，所以光伏机组出力占比较高，冬季则相对较低。

由图 10-10 可知，夏季的冷负荷主要来源于电热泵制冷，其次来源于吸收式制冷机和储冷单元。冬季的热负荷主要来源于电热泵和余热锅炉。

10.2 基于纳什议价的共享储能能源互联网络双目标优化

10.2.1 研究背景及意义

在风电和光电装机量不断提升的大背景下，发展储能技术是解决供需匹配问题、降低风光波动性对电网冲击的必要途径。业界提出了共享储能（Shared Energy Storage，SES）的商业模式，为一个区域内的多个用户提供高容量储能系统，而不是为用户设立单独的储能系统，从而消除投资个人储能的要求，减少购买、维护、维修和更换电池的成本。可以看出，计及共享储能的能源系统的规划优化成为"双碳"愿景下能源系统向能源互联网络发展的热点问题。一方面，共享储能有望解决传统能源系统自建储能系统的高投资、低回报问题；另一方面，共享储能可以促进独立能源系统间的共享，实现能源的高效利用。

但目前共享储能的研究还处于起步阶段，共享储能服务商与能源互联网络间的规划调度多采用双层优化方法、粒子群算法等，其对能源互联网络与共享储能系统的优化不够科学；同时，分布式冷热电能源系统间的利益分配机制还不清晰，如规划优化方法是建立共享储能系统的关键，需要采取合适的方法确立共享储能系统与分布式冷热电能源系统间的收益与成本博弈下的储能系统容量，在确定容量下分布式冷热电能源系统间的合作博弈也需要进行合理规划。基于上述问题，本节提出基于纳什议价的共享储能能源互联网络双目标优化，并以 1 个共享储能运营商（Shared Energy Storage Operator，SESO）和 4 个分布式冷热电能源系统（Multi-Distributed Energy System，MDES）的模式为例进行分析。为解决现有共享储能系统存在的储能收益增加与用户成本相悖的问题，提出基于帕累托非劣解的双目标优化及调度方法,实现共享储能容量及 MDES 设备容量的优化;针对 MDES 间能量交互存在的合作博弈现象,采用交互收费和纳什议价两种模式对 MDES 交互进行研究。

10.2.2 基于共享储能的 MDES 构型

1. 共享储能系统概述及模型建立

本节研究对象包含由 4 个冷热电 MDES 组成的能源互联网络、能源信息调度管控系统、SESO,以及配套的配电网、燃气网,其拓扑如图 10-11 所示。假设用户仅在冬季有热负荷需求(少量的生活热水负荷不计),仅在夏季有冷负荷需求,冬季、夏季及过渡季均存在电负荷需求,但不同的 MDES 各季节需求有所不同。

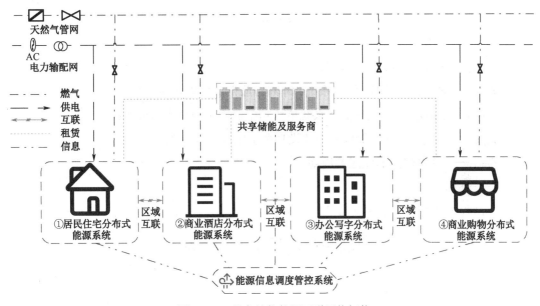

图 10-11 共享储能能源互联网络拓扑

如图 10-11 所示,本节所述 MDES 采用共享储能的建设运行模式,即通过 SESO 同时为 4 个 MDES 提供容量与能量共享的电化学储能服务,SESO 投资建设一定运营周期的储能设备,在不同时间为 4 个 MDES 分配不同的共享储能容量。共享储能商业模式为在 MDES 向共享储能系统存储电能或使用共享储能系统内已储存的电能时收取流量费;同时,通过共享储能系统可实现 MDES 之间的能量交互,此时费用仅在发生交互的两个

MDES 之间产生。

1）共享储能系统模型

SESO 为 MDES 提供储能容量，在能源信息调度管控系统的调度下，通过收取 MDES 利用储能容量充放电时的流量费用实现盈利，其收益 G_{SESO} 由收入与成本决定。

$$G_{SESO} = C_{SESO1} - C_{SESO2} - C_{SESO3} \quad (10\text{-}31)$$

式中：C_{SESO1}——SESO 收入；

C_{SESO2}——共享储能系统建设成本；

C_{SESO3}——共享储能系统维护成本。

$$\begin{cases} C_{SESO1} = C_{SESO,L} \sum_{t=1}^{T} (|P_{SESO,c}^t| + |P_{SESO,d}^t|) \\ C_{SESO2} = (C_{SESO,P} P_{SESO}^{max} + C_{SEOS,U} U_{SESO}) \times \\ \qquad \dfrac{r(1+r)^{T_{SESO}}}{365((1+r)^{T_{SESO}} - 1)} \end{cases} \quad (10\text{-}32)$$

式中：$C_{SESO,L}$——单位功率租赁费用；

$P_{SESO,c}^t$，$P_{SESO,d}^t$——共享储能系统 t 时刻的总充、放电功率；

$C_{SESO,P}$，$C_{SESO,U}$——共享储能系统单位功率成本和单位容量成本；

P_{SESO}^{max}，U_{SESO}——共享储能系统建设功率上限和容量上限；

T_{SESO}——共享储能系统运营周期；

r——利率。

运行过程中共享储能系统须满足以下约束。

$$\begin{cases} E_{SESO}^{t+1} = E_{SESO}^t + \sum_{i=1}^{n} (\eta_{c/d} P_{SESO,ci/di}^t) \Delta t \\ 0.1 U_{SESO} \leqslant E_{SESO}^t \leqslant 0.9 U_{SESO} \\ E_{SESO}^0 = E_{SESO}^T \\ 0 \leqslant P_{SESO,ci}^t \leqslant P_{SESO}^{max} \\ -P_{SESO}^{max} \leqslant P_{SESO,di}^t \leqslant 0 \\ P_{SESO}^{max} = \alpha U_{SESO} \end{cases} \quad (10\text{-}33)$$

式中：E_{SESO}^t——t 时刻共享储能系统容量；

$\eta_{c/d}$——共享储能系统充放电效率；

$P_{SESO,ci/di}^t$——各 MDES 与共享储能系统进行充放电的交互功率；

α——共享储能系统功率上限与容量上限的比例系数。

2）MDES 间电能交互模型

MDES 间进行电能交互时，购电方须向售电方支付一定的购电费用。

$$\begin{cases} C_{M_i}^t = -C_M^t P_{i,j}^t \Delta t \\ C_{M_j}^t = C_M^t P_{i,j}^t \Delta t \end{cases} \quad (10\text{-}34)$$

式中：$C_{M_i}^t$，$C_{M_j}^t$ ——第 i 个 MDES 与第 j 个 MDES 交互时各自的交互费用；

C_M^t ——MDES 间单位交互功率费用；

$P_{i,j}^t$ ——第 i 个 MDES 与第 j 个 MDES 的交互功率。

MDES 间交互功率须满足以下约束：

$$-P_{i,j}^{\max} \leqslant P_{i,j}^t \leqslant P_{i,j}^{\max} \quad (10\text{-}35)$$

式中：$P_{i,j}^{\max}$ ——MDES 间交互功率上限。

2. 冷热电 MDES 模型及约束

单个冷热电 MDES（以居民住宅 MDES 为例）由光伏发电装置（Photovoltaic Panel，PV）、热电联产机组（Combined Heat And Power Generation，CHP）、电锅炉（Electric Boiler，EB）、吸收式制冷机组（Absorption Refrigeration，AC）、电压缩式制冷机组（Electric Compression Refrigeration，EC）等组成，其内部能量流动示意图如图 10-12 所示。

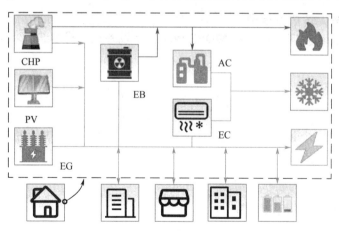

图 10-12 MDES 内部能量流动示意图

在 MDES 中，AC 和 EC 满足冷负荷需求，CHP 和 EB 满足热负荷需求，CHP 和 PV 在满足电负荷需求的同时可将冗余电量向其他系统出售或通过 SESO 的服务进行存储，设备约束如表 10-3 所示。

表 10-3 冷热电 MDES 设备约束

名称	约束	变量说明
热电联产机组	$\begin{cases} P_{CHP,ei}^{min} \leq P_{CHP,ei}^{t} \leq P_{CHP,ei}^{max} \\ P_{CHP,hi}^{t} = \dfrac{(1-\eta_{CHP,ei}-\eta_{CHP,lossi})\eta_{CHP,hi}}{\eta_{CHP,ei}} P_{CHP,ei}^{t} \\ -\lambda_{CHP,ei}^{max}\Delta t \leq P_{CHP,ei}^{t+1} - P_{CHP,ei}^{t} \leq \lambda_{CHP,ei}^{max}\Delta t \end{cases}$	$P_{CHP,ei}^{t}$ 为电出力；$P_{CHP,hi}^{t}$ 为热出力；$\eta_{CHP,ei}$ 为发电效率；$\eta_{CHP,lossi}$ 为热损失效率；$\eta_{CHP,hi}$ 为制热系数；$\lambda_{CHP,ei}^{max}$ 为爬坡率上限
电锅炉	$P_{EB,hi}^{t} = \eta_{EB} P_{EB,ei}^{t}$ $P_{EB,hi}^{min} \leq P_{EB,hi}^{t} \leq P_{EB,hi}^{max}$	$P_{EB,hi}^{t}$ 为热出力；η_{EB} 为制热效率；$P_{EB,ei}^{t}$ 为耗电功率
吸收式制冷机组	$P_{AC,ci}^{t} = C_{OP} P_{AC,hi}^{t}$ $P_{AC,ci}^{min} \leq P_{AC,ci}^{t} \leq P_{AC,ci}^{max}$	$P_{AC,ci}^{t}$ 为冷出力；$P_{AC,hi}^{t}$ 为耗热功率；C_{OP} 为制冷性能系数
电压缩式制冷机组	$P_{EC,ci}^{t} = \eta_{EC} P_{EC,ei}^{t}$ $P_{EC,ci}^{min} \leq P_{EC,ci}^{t} \leq P_{EC,ci}^{max}$	$P_{EC,ci}^{t}$ 为冷出力；$P_{EC,ei}^{t}$ 为耗电功率；η_{EC} 为制冷效率
电、热、冷平衡	$\begin{cases} P_{CHP,ei}^{t} + P_{PVi}^{t} + P_{EGi}^{t} = P_{EB,ei}^{t} + P_{EC,ei}^{t} + P_{load,ei}^{t} \\ P_{CHP,hi}^{t} + P_{EB,hi}^{t} = P_{AC,hi}^{t} + P_{load,hi}^{t} \\ P_{AC,ci}^{t} + P_{EC,ci}^{t} = P_{load,ci}^{t} \end{cases}$	P_{PVi}^{t} 为光伏电出力；P_{EGi}^{t} 为电网购电量；$P_{load,ei}^{t}$ 为电负荷；$P_{load,hi}^{t}$ 为热负荷；$P_{load,ci}^{t}$ 为冷负荷
加入共享储能后电平衡	$P_{CHP,ei}^{t} + P_{PVi}^{t} + P_{SESO,di}^{t} + P_{EGi}^{t} + \sum_{j \neq i}^{n} P_{i,j}^{t} =$ $P_{EB,ei}^{t} + P_{EC,ei}^{t} + P_{SESO,ci}^{t} + P_{load,ei}^{t}$	$P_{SESO,ci}^{t}$ 和 $P_{SESO,di}^{t}$ 为 t 时刻 SESO 的总充、放电功率

3. 冷热电 MDES 成本模型

在无共享储能的模式下，单个 MDES 成本包括设备建设成本 C_{b_i}、设备维护成本 C_{m_i}、购电成本 C_{EG_i} 和购气成本 C_{gas_i}。

$$C_{b,X_i} = C_{b,X_i}^{U} \lambda_{X_i} U_{X_i} \frac{r(1+r)^{T_{X_i}}}{365[(1+r)^{T_{X_i}} - 1]} \quad (10\text{-}36)$$

式中：C_{b,X_i} ——第 i 个 MDES 内设备 X（CHP、EB、AC、EC、PV）的建设成本；

C_{b,X_i}^{U} ——设备 X 的单位建设成本；

U_{X_i} ——设备 X 的装机规模；

T_{X_i} ——设备 X 的运营周期。

$$C_{m,X_i} = f_m C_{b,X_i} \quad (10\text{-}37)$$

式中：C_{m,X_i} ——设备 X 的维护成本；

f_m ——维护成本与建设成本的比例系数。

$$C_{\text{EG}_i} = \sum p_{\text{EG}_i}^t P_{\text{EG}_i}^t \qquad (10\text{-}38)$$

式中：p_{EG}^t ——t 时刻电网售电价。

$$C_{\text{gas}_i} = \sum \frac{p_{\text{gas}} P_{\text{CHPe}_i}^t}{\eta_{\text{CHPe}_i} Q_{\text{LHV}}} \qquad (10\text{-}39)$$

式中：p_{gas} ——天然气单价；

Q_{LHV} ——天然气低热值。

假设不计系统的施工、管网、前期规划等成本投入，MDES 总成本 $C_{\text{MDES\_all}}$ 可由下式求得：

$$C_{\text{MDES\_all}} = \sum_{i=1}^{4}(C_{\text{b}_i} + C_{\text{m}_i} + C_{\text{EG}_i} + C_{\text{gas}_i}) \qquad (10\text{-}40)$$

在共享储能接入的情况下，相较于无共享储能的系统，第 i 个 MDES 增加了与 SESO 的交互成本 C_{SESO_i} 及与其他 MDES 的交互成本 C_I。

$$C_{\text{MDES}} = \sum_{i=1}^{4}\left(C_{\text{EG}_i} + C_{\text{gas}_i} + C_{\text{SESO}_i} + C_\text{I}\right) \qquad (10\text{-}41)$$

由于优化目标为 MDES 的成本之和，可能会出现总成本最优但个别 MDES 成本上升的情况，为保证各 MDES 自身利益，须添加成本约束：

$$C_{\text{MDES}_i} \leqslant C'_{\text{MDES}_i} \qquad (10\text{-}42)$$

式中：C'_{MDES_i} ——无共享储能时第 i 个 MDES 的运行成本；

C_{MDES_i} ——设置共享储能后第 i 个 MDES 的运行成本。

10.2.3 多目标优化及其求解

1. 双目标优化及其优化指标

共享储能能源互联网络的规划优化，不仅要考虑 MDES 的运行成本，还要考虑 SESO 的收益。本节采用非劣解的双目标优化进行计及共享储能的 MDES 的优化。优化的自变量为共享储能系统容量 U_{SESO}、对应设备逐时出力状态 P_{X_i} 及独立系统的交互功率 $P_{i,j}$。优化目标分别为 MDES 日均运行成本 $C_{\text{MDES\_avg}}$ 和 SESO 日均收益 $G_{\text{SESO\_avg}}$，对应的约束条件见上节。

$$\begin{cases} f_1(U_{\text{SESO}}, P_{X_i}, P_{i,j}) = \min C_{\text{MDES\_avg}} \\ f_2(U_{\text{SESO}}, P_{X_i}, P_{i,j}) = \max G_{\text{SESO\_avg}} \end{cases} \qquad (10\text{-}43)$$

本节采用主目标函数法（ε-约束法）将上述多目标优化问题转化为单目标优化问题。

主目标函数法通过设置一个优化目标为主目标函数，把其他目标转化为约束，将多目标优化问题转变为可解的单目标优化问题。本节进行双目标优化时将 $C_{\text{MDES\_avg}}$ 作为主目标，对 $G_{\text{SESO\_avg}}$ 添加约束，求解 $C_{\text{MDES\_avg}}$-$G_{\text{SESO\_avg}}$ 的帕累托前沿曲线，进而通过设置不同的约束实现帕累托曲线求解，其数学表达为

$$\min \sum_{i=1}^{m} f_1(x) \\ \text{st.} \begin{cases} h_u(x) \geqslant 0, u=1,2,\cdots,v \\ f_2(x) \geqslant \varepsilon_2 \end{cases} \tag{10-44}$$

式中：$f_1(x)$——主要优化目标（$C_{\text{MDES\_avg}}$）；

$h_u(x)$——原约束；

v——约束个数；

$f_2(x)$——转化为约束的目标（$G_{\text{SESO\_avg}}$）；

ε_2——须满足的约束。

通常将 $f_2(x)$ 划分为 n 个等间距的点并逐个作为约束：

$$\varepsilon_2 = f_{2,\min} + q \frac{f_{2,\max} - f_{2,\min}}{n}, q=0,1,\cdots,n \tag{10-45}$$

式中：$f_{2,\min}$ 和 $f_{2,\max}$——$f_2(x)$ 的最大值和最小值。

2. 纳什议价

在以能源互联网络运行总成本最低为优化目标时，获得的最优解可能存在个别 MDES 在参与共享储能后成本降低较少或成本持平的情况。为提高各 MDES 参与的积极性，需要对其成本进行合理配置。本节采用纳什议价方法对各 MDES 的成本进行分配，具体流程如下：以各 MDES 无共享储能下的单日运行成本作为纳什议价的谈判崩裂点，即所有 MDES 所能接受的运行成本最大值；经过谈判各方的讨价还价，以各 MDES 谈判后的运行成本与不参与共享储能时运行成本之差的乘积最大为目标，得到所有 MDES 共同接受的运行成本，即纳什谈判解。该方法能同时满足对称性、帕累托最优、独立与无关选择及线性变换不变性 4 个性质，具体表达式为

$$\max \prod_{i=1}^{n} \left(C_i^0 - C_i \right) \\ \text{st.} \quad C_i \leqslant C_i^0 \tag{10-46}$$

式中：C_i^0 与 C_i——第 i 个 MDES 在一个周期内不参与共享储能运行时的成本与参与共享储能并进行交互不收费的纳什议价后的运行成本。

考虑到式（10-46）为非凸非线性问题，将其分解为两个凸子问题，利用 IPOPT 求解器求解，所分解的子问题依次为

$$\min \sum_{i=1}^{n} C_i \tag{10-47}$$

$$\max \sum_{i=1}^{n} \ln\left(C_i^0 - C_i^* + Z_i\right) \tag{10-48}$$

式中：C_i^*——式（10-47）优化后第 i 个 MDES 的运行成本；

Z_i——第 i 个 MDES 的议价转移。

3. 求解流程

在 MATLAB 软件中使用 YALMIP 环境进行建模并利用 CPLEX 求解器进行求解。本节多目标优化求解流程如图 10-13 所示。

首先，设置 m 个共享储能系统容量及 n 个多目标优化节点，在某一容量下分别以 SESO 收益和 MDES 成本为单目标进行优化，在得出 SESO 收益的最大、最小值后，将收益的取值区间分成 n 等份，进行以 MDES 成本为目标的单目标优化；然后，对 m 个共享储能系统容量进行遍历得到帕累托前沿曲线，选取合适的共享储能系统容量并通过模糊隶属度法求取帕累托最优解。

10.2.4 共享储能对冷热电 MDES 的影响

对上述共享储能能源互联网络而言，涉及的 4 个 MDES 的冷热电负荷需求如图 10-14、图 10-15 所示。根据当地典型日光照、温度及各能源系统建筑面积规划得出 PV 出力，如图 10-16 所示。电网售电价如图 10-17 所示。其中，冬季为 12 月至次年 2 月，共 90 天；过渡季为 3～5 月、9～11 月，共 183 天；夏季为 6～8 月，共 92 天。其余参数如表 10-4 所示。此处容量规划是为了确定无共享储能设备时 MDES 的最优设备装机容量，为计及共享储能的 MDES 的优化做基础。MDES 全年总成本由年均建设及维护成本和全年运行成本构成。其中，年均建设及维护成本由装机规模决定，全年运行成本为各季节单日运行成本乘以对应天数并求和。此处以 MDES 全年总成本为优化目标，求出各 MDES 最优装机规模（表 10-5），在该模式下最低总成本为 25826 元。

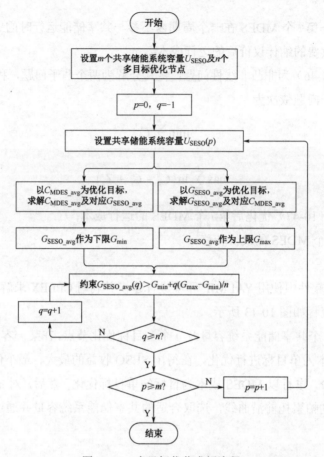

图 10-13 多目标优化求解流程

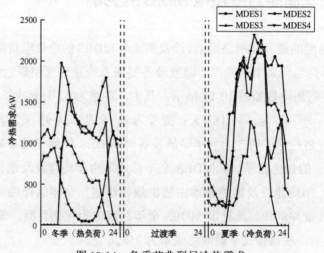

图 10-14 各季节典型日冷热需求

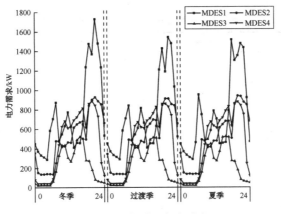

图 10-15　典型日电力需求

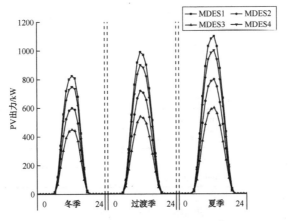

图 10-16　各季节典型日 PV 出力

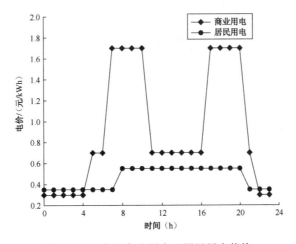

图 10-17　电网商业用电及居民用电价格

表 10-4 冷热电 MDES 内各机组参数

参数	数值
共享储能系统单位功率租赁费用（元/kW）	0.28
共享储能系统单位功率成本（元/kW）	1000
共享储能系统单位容量成本（元/kWh）	1100
共享储能系统运营周期（a）	8
共享储能系统功率上限与容量上限的比例系数	0.20
CHP 机组发电效率	0.35
CHP 机组散热损失率	0.15
EB 制热效率	0.95
AC 机组 COP	1.50
EC 制冷效率	2.50
天然气单价（元/m³）	2.54
CHP 机组单位规模建设成本（元/kW）	3200
EB 机组单位规模建设成本（元/kW）	1200
AC 机组单位规模建设成本（元/kW）	1200
EC 机组单位规模建设成本（元/kW）	1080
PV 机组单位规模建设成本（元/kW）	2400
设备运营周期（a）	20
利率	0.05
维护成本与建设成本之比	0.02

表 10-5 系统装机规模

系统	CHP	EB	AC	EC	PV
MDES1	1500	300	1100	300	1100
MDES2	1200	600	1600	700	800
MDES3	600	400	1200	1000	600
MDES4	900	600	1500	900	1000

上述 MDES 引入共享储能后会带来运行成本的变化，为了进一步实现 SESO 与能源互联网络的共赢，需要进行储能容量的敏感性分析。设置 case1 优化目标为 $C_{\text{MDES\_avg}}$，case2 优化目标为 $G_{\text{SESO\_avg}}$，研究不同优化目标下共享储能系统容量变化对 $C_{\text{MDES\_avg}}$ 及 $G_{\text{SESO\_avg}}$ 的影响，如图 10-18 所示。

由图 10-18 可知，在以 $C_{\text{MDES\_avg}}$ 为优化目标时，随着共享储能系统容量的上升，$C_{\text{MDES\_avg}}$ 不断降低，但由于边际效应，$C_{\text{MDES\_avg}}$ 降低幅度逐渐减小。在以 $G_{\text{SESO\_avg}}$ 为优化目标时，

随着共享储能系统容量的上升，G_{SESO_avg} 呈现先上升后下降的趋势，这是由于 C_{MDES_avg} 需要小于不引入共享储能时的成本，当共享储能系统容量超过一定值后，MDES 由于成本限制无法提供与容量上升相平衡的费用，故导致 G_{SESO_avg} 下降。G_{SESO_avg} 与 C_{MDES_avg} 是相悖的，需要对储能系统的容量及二者的收益和成本进行合理的规划。

为得到综合考虑 G_{SESO_avg} 与 C_{MDES_avg} 最优的共赢结果，通过主目标函数法对交互收费和纳什议价模式求解 $C_{MDES\_avg}(p,q)$-$G_{SESO\_avg}(p,q)$ 帕累托前沿曲线，如图 10-19 所示。

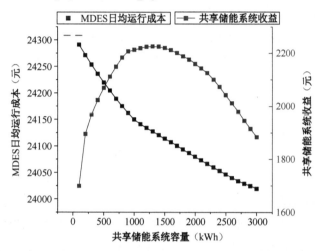

图 10-18 不同优化目标下的 SESO 收益及 MDES 成本

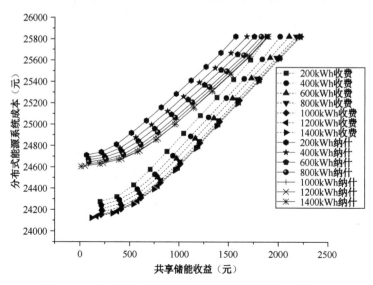

图 10-19 交互收费和纳什议价模式的帕累托前沿曲线对比

可以发现，随着共享储能系统容量的增加，在各模式下得到的帕累托前沿曲线均向最优解靠近，且靠近的趋势随容量的增大而减缓。例如，在纳什议价模式下共享储能系统容量为200kWh时，优化目标为C_{MDES_avg}时的结果为24709元，优化目标为G_{SESO_avg}时的结果为1578元；共享储能系统容量为600kWh时，优化目标为C_{MDES_avg}时的结果为24664元，优化目标为G_{SESO_avg}时的结果为1764元，均优于共享储能系统容量为200kWh时的结果。但随着共享储能系统容量的增加，优化效果逐渐减弱，当共享储能系统容量增加至1000kWh时，优化目标为C_{MDES_avg}时的结果为24624元，优化目标为G_{SESO_avg}时的结果为1870元。各微能源网之间进行交互收费与纳什议价时帕累托前沿曲线随储能系统容量变化的趋势相同，但由于进行了多个主体间的利益均衡，能量交互时限制条件增加，导致帕累托前沿曲线相比于交互收费向理论最劣点移动。当共享储能系统容量增大至1000kWh后，各自的帕累托曲线近似重合，出于设备投资回收周期的考虑，在共享储能系统容量为1000kWh的帕累托曲线上确定帕累托最优推荐解。

由于不同目标函数的尺度不同，难以直接从帕累托前沿获得表征实际目标与最优目标偏差值的最优解。模糊隶属度法可以表征实际目标与最优目标的偏差程度，在此通过线性方法计算目标函数的隶属度。

在共享储能系统容量为1000kWh的情况下，两种模式的隶属度曲线如图10-20所示。通过仿真计算可得：在交互收费模式下，推荐最优解为C_{MDES_avg}为24825元，G_{SESO_avg}为1214元；在纳什议价模式下，推荐最优解为C_{MDES_avg}为25043元，G_{SESO_avg}为977元。两种模式下MDES的成本与无共享储能时相比均有所下降。

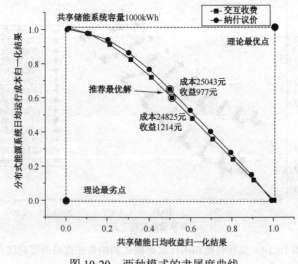

图10-20 两种模式的隶属度曲线

由图 10-21、图 10-22 可以看出，在加入各系统之间运行成本的纳什议价后，单一能源系统交互的输入输出能量差值减小，使 MDES 通过共享储能获得的效益更加均衡，从而提高其参与共享储能的积极性。两种模式下的共享储能系统交互图如图 10-23 所示。

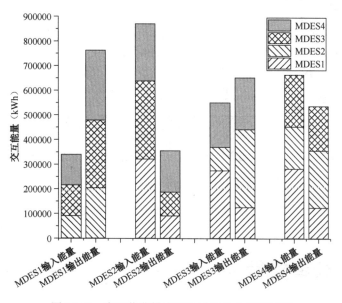

图 10-21 交互收费模式下各系统的电能交互图

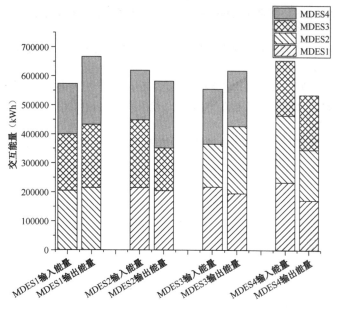

图 10-22 纳什议价模式下各系统的电能交互图

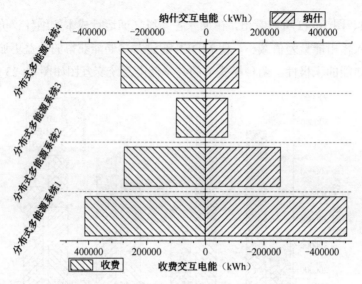

图 10-23 两种模式下的共享储能系统交互图

10.3 参考文献

[1] 王永真，康利改，张靖. 综合能源系统的发展历程、典型形态及未来趋势[J]. 太阳能学报，2021，42(08):84-95.

[2] 冶兆年，赵长禄，王永真. 基于纳什议价的共享储能能源互联网络双目标优化[J]. 综合智慧能源，2022，44(07):40-48.

[3] 刘超凡，韩恺，王永真. 计及共享储能分布式多能源系统的多目标优化[J/OL]. 电测与仪表，2022:1-11.

[4] 王永真，朱轶林，康利改. 计及能值的中国电力能源系统可持续性综合评价[J]. 全球能源互联网，2021，4(01):19-27.

[5] 韩俊涛，韩恺，王永真. 低碳分布式能源系统的能值、经济和环境优化评价[J]. 动力工程学报，2022，42(08):693-700.

第 11 章

综合智慧能源工程设计案例

本章作者 谢胤喆（中国电力工程顾问集团华东电力设计院有限公司） / 景 锐（厦门大学）
王永真（北京理工大学）

本章以某工业园区综合智慧能源系统实际工程为例，介绍了综合智慧能源典型工程的设计过程，给出了综合智慧能源从顶层设计到施工过程的衔接，为两个环节提供参考（备注：所述内容不用做商业用途，相关数据仅供规划设计的技经参考，与实际工程的差别不做论证）。具体地，该项目充分利用工业园区热电厂蒸汽利用后的冷凝热水，满足园区内已有的存量建筑及拟建的创新中心的冷热需求，实现能源梯级利用。同时，设置分布式光伏、储能、充电站单元，通过智慧微网保障各类分布式能源的安全接入和智能控制，利用用户互动服务平台实现用能需求管理，为示范区用户提供冷热电综合服务，为公共电网提供电网有功备用、无功支撑服务。

11.1 规划区用户情况

本章所述项目位于上海某工业园区新设创新中心，该园区规划面积为 2.2km^2。创新中心将打造转化服务、中试创新和专业孵化三大平台。能源站的供能范围主要包括中试厂房、中试基地综合楼、酒店、办公大厦、行政楼、商务中心和体育场。

11.1.1 新增用户概况

中试厂房 1~4 为标准化厂房，建筑面积均为 970 m^2，中试厂房 5 建筑面积为 1190 m^2，中试厂房 6 建筑面积为 3900 m^2，供冷供热需求根据招商情况确定；中试基地综合楼建筑面积为 7466 m^2，所有房间均需要供冷供热。

中试厂房 7~9 的建筑方案尚未明确，根据初期规划，建筑面积约为 10000 m^2，本项目能源站建筑须预留设备安装场地，待中试厂房建成后再投运。

11.1.2 存量用户概况

酒店作为综合性活动场所，集运动健身、休闲娱乐、度假商住、文化美食、社交商务于一体，拥有全灯光高尔夫球场，以及集客房、餐饮、会务、娱乐于一体的多功能会所楼。酒店建筑面积为 42562 m^2，目前主要采用热泵机组供冷供热。

另外，本项目存量用户还包括工业区待改造的项目，其中行政楼面积为 1408 m^2，商务楼面积为 4455 m^2，体育场面积为 3895 m^2，上述建筑均有供冷供热需求。

11.2 规划区用能需求分析

根据存量建筑提供的《空调冷热负荷情况说明》和用户需求，能源站空调冷热源系统总体规划包括一期一阶段、一期二阶段。一期一阶段用户包括：存量建筑——大厦（部分）、酒店、置业大楼、商务一号楼、体育场，以及新增建筑——科创综合楼、中试厂房 1~6、中试厂房 5~6 车间、一年增长体量。一期二阶段用户包括：中试厂房 7~9、四年增长体量。本项目按一期一阶段用户负荷纳入冷热源系统设备选型、一期二阶段用户负荷预留设备场地进行设计。

11.2.1 空调冷负荷

1. 一期一阶段用户冷负荷

根据《空调冷热负荷情况说明》，一期一阶段用户典型日逐时冷负荷如表 11-1 所示。

表 11-1 一期一阶段用户典型日逐时冷负荷

时间	存量冷负荷（kW）					新增冷负荷（kW）					总冷负荷（kW）
	大厦（部分）	酒店	置业大楼	商务一号楼	体育场	科创综合楼	中试厂房1~6	中试厂房5车间	中试厂房6车间	一年增长体量	总计
0:00~1:00	0.00	558.14	0.00	0.00	0.00	0.00	0.00	0.00	0.00	0.00	558.14
1:00~2:00	0.00	558.14	0.00	0.00	0.00	0.00	0.00	0.00	0.00	0.00	558.14
2:00~3:00	0.00	872.09	0.00	0.00	0.00	0.00	0.00	0.00	0.00	0.00	872.09
3:00~4:00	0.00	872.09	0.00	0.00	0.00	0.00	0.00	0.00	0.00	0.00	872.09
4:00~5:00	0.00	872.09	0.00	0.00	0.00	0.00	0.00	0.00	0.00	0.00	872.09
5:00~6:00	0.00	1744.19	0.00	0.00	0.00	0.00	0.00	0.00	0.00	0.00	1744.19
6:00~7:00	0.00	2058.14	0.00	0.00	0.00	0.00	0.00	0.00	0.00	0.00	2058.14
7:00~8:00	900.00	2337.21	60.54	191.57	0.00	576.20	207.69	232.20	154.80	129.00	4789.21
8:00~9:00	1465.11	2337.21	98.56	311.85	0.00	938.00	338.10	378.00	252.00	210.00	6328.84
9:00~10:00	1862.79	2616.28	125.31	396.50	136.62	1192.60	429.87	480.60	320.40	267.00	7827.97
10:00~11:00	1904.65	2930.23	128.13	405.41	173.05	1219.40	439.53	491.40	327.60	273.00	8292.40
11:00~12:00	1800.00	3139.53	121.09	383.13	218.59	1152.40	415.38	464.40	309.60	258.00	8262.12
12:00~13:00	1800.00	3488.37	121.09	383.13	282.35	1152.40	415.38	464.40	309.60	258.00	8674.72
13:00~14:00	1862.79	3488.37	125.31	396.50	346.10	1192.60	429.87	480.60	320.40	267.00	8909.54
14:00~15:00	2093.02	3209.30	140.80	445.50	364.32	1340.00	483.00	540.00	360.00	300.00	9275.95
15:00~16:00	2093.02	2930.23	140.80	445.50	382.54	1340.00	483.00	540.00	360.00	300.00	9015.09
16:00~17:00	1883.72	2930.23	126.72	400.95	382.54	1206.00	434.70	48600	324.00	270.00	8444.86
17:00~18:00	1193.02	2581.40	80.26	253.94	391.64	763.80	275.31	307.80	205.20	171.00	6223.36
18:00~19:00	0.00	2581.40	0.00	0.00	423.52	0.00	0.00	0.00	0.00	0.00	3004.92
19:00~20:00	0.00	1744.19	0.00	0.00	455.40	0.00	0.00	0.00	0.00	0.00	2199.59
20:00~21:00	0.00	1744.19	0.00	0.00	446.29	0.00	0.00	0.00	0.00	0.00	2190.48
21:00~22:00	0.00	1151.16	0.00	0.00	387.09	0.00	0.00	0.00	0.00	0.00	1538.25
22:00~23:00	0.00	558.14	0.00	0.00	0.00	0.00	0.00	0.00	0.00	0.00	558.14
23:00~24:00	0.00	558.14	0.00	0.00	0.00	0.00	0.00	0.00	0.00	0.00	558.14

2. 一期二阶段用户冷负荷

根据《空调冷热负荷情况说明》,一期二阶段用户设计冷负荷如表 11-2 所示。

表 11-2 一期二阶段用户设计冷负荷

序号	用户名称	设计冷负荷(kW)
1	中试厂房 7	63
2	中试厂房 8	63
3	中试厂房 9	198
4	四年增长体量	1200
	总计	1524

11.2.2 空调热负荷

1. 一期一阶段用户热负荷

根据《空调冷热负荷情况说明》,一期一阶段用户典型日逐时热负荷如表 11-3 所示。

表 11-3 一期一阶段用户典型日逐时热负荷

时间	存量热负荷(kW)					新增热负荷(kW)					总热负荷(kW)
	大厦(部分)	酒店	置业大楼	商务一号楼	体育场	科创综合楼	中试厂房1~6	中试厂房5车间	中试厂房6车间	一年增长体量	总计
0:00~1:00	0.00	558.14	0.00	0.00	0.00	0.00	0.00	0.00	0.00	0.00	558.14
1:00~2:00	0.00	247.67	0.00	0.00	0.00	0.00	0.00	0.00	0.00	0.00	247.67
2:00~3:00	0.00	146.51	0.00	0.00	0.00	0.00	0.00	0.00	0.00	0.00	146.51
3:00~4:00	0.00	282.56	0.00	0.00	0.00	0.00	0.00	0.00	0.00	0.00	282.56
4:00~5:00	0.00	913.95	0.00	0.00	0.00	0.00	0.00	0.00	0.00	0.00	913.95
5:00~6:00	0.00	1806.98	0.00	0.00	0.00	0.00	0.00	0.00	0.00	0.00	1806.98
6:00~7:00	0.00	1765.12	0.00	0.00	0.00	0.00	0.00	0.00	0.00	0.00	1765.12
7:00~8:00	2011.63	1545.35	112.64	356.40	0.00	940.00	224.00	432.00	288.00	240.00	6150.02
8:00~9:00	1454.41	1479.07	81.44	257.68	0.00	679.62	161.95	312.34	208.22	173.52	4808.24
9:00~10:00	957.54	1754.65	53.62	169.65	303.60	447.44	106.62	205.63	137.09	114.24	4250.07
10:00~11:00	1219.05	1266.28	68.26	215.98	229.83	569.64	135.74	261.79	174.53	145.44	4286.53
11:00~12:00	1241.18	1398.84	69.50	219.90	184.89	579.98	138.21	266.54	177.70	148.08	4424.81
12:00~13:00	1219.05	1587.21	68.26	215.98	168.80	569.64	135.74	261.79	174.53	145.44	4546.44
13:00~14:00	993.75	1479.07	55.64	176.06	134.80	464.36	110.66	213.41	142.27	118.56	3888.57

续表

时间	存量热负荷（kW）					新增热负荷（kW）					总热负荷（kW）
	大厦（部分）	酒店	置业大楼	商务一号楼	体育场	科创综合楼	中试厂房1~6	中试厂房5车间	中试厂房6车间	一年增长体量	总计
14:00~15:00	969.61	1538.37	54.29	171.78	123.87	453.08	107.97	208.22	138.82	115.68	3881.69
15:00~16:00	1076.22	1646.51	60.26	190.67	131.16	502.90	119.84	231.12	154.08	128.40	4241.16
16:00~17:00	661.83	1820.93	37.06	117.26	158.18	309.26	73.70	142.13	94.75	78.96	3494.04
17:00~18:00	1126.51	2086.05	63.08	199.58	163.34	526.40	125.44	241.92	161.28	134.40	4828.00
18:00~19:00	0.00	2912.79	0.00	0.00	236.81	0.00	0.00	0.00	0.00	0.00	3149.60
19:00~20:00	0.00	334.88	0.00	0.00	273.24	0.00	0.00	0.00	0.00	0.00	3608.12
20:00~21:00	0.00	3488.37	0.00	0.00	285.38	0.00	0.00	0.00	0.00	0.00	3773.76
21:00~22:00	0.00	3013.95	0.00	0.00	242.88	0.00	0.00	0.00	0.00	0.00	3256.83
22:00~23:00	0.00	1932.56	0.00	0.00	0.00	0.00	0.00	0.00	0.00	0.00	1932.56
23:00~24:00	0.00	924.42	0.00	0.00	0.00	0.00	0.00	0.00	0.00	0.00	924.42

2. 一期二阶段用户热负荷

根据《空调冷热负荷情况说明》，一期二阶段用户设计热负荷如表 11-4 所示。

表 11-4　一期二阶段用户设计热负荷

序号	用户名称	设计热负荷（kW）
1	中试厂房 7	43
2	中试厂房 8	43
3	中试厂房 9	136
4	四年增长体量	960
	总计	1182

11.2.3　电负荷

根据中试厂房的变压器报装情况，创新中心电负荷如表 11-5 所示。

表 11-5　创新中心电负荷

序号	用户名称	设计电负荷（kW/kVA）
1	中试厂房 1	75 / 200
2	中试厂房 2	75 / 200

续表

序号	用户名称	设计电负荷（kW/kVA）
3	中试厂房3	75 / 200
4	中试厂房4	75 / 200
5	中试厂房5	75 / 200
6	中试厂房6	75 / 200
	总计	450 / 1200

11.3 综合能源系统规划方案

11.3.1 供冷供热系统方案

1. 系统结构

针对本项目，利用工业区热电厂提供的冷凝水和蒸汽，实现能量的梯级利用。余热利用采用热水型溴化锂机组、水-水热交换机组、汽-水热交换机组等。由于用户冷/热负荷在各时间段内的不均匀性，存在冷/热负荷高峰，调峰设备的加入有利于调节用能平衡，维持系统稳定。调峰设备主要在高负荷时调峰，冷负荷调峰设备采用离心式水冷冷水机组、螺杆式冷水机组、水蓄冷装置等，热负荷调峰设备采用水蓄热装置等。

供冷系统原理示意图如图11-1所示。

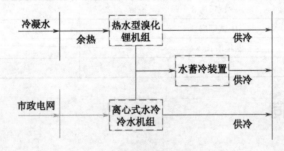

图11-1 供冷系统原理示意图

供热季利用工业区热电厂冷凝水作为水-水热交换机组一次侧热源进行制热，同时设置汽-水热交换机组、水蓄热装置。

供热系统原理示意图如图11-2所示。

图 11-2 供热系统原理示意图

2．集中空调冷冻水系统

（1）主要设计参数。

溴化锂机组热源：工业区热电厂冷凝水（夏季：80℃/60℃，150t/h）。

冷冻水供水温度：5℃，回水温度：13℃。

冷却水供水温度：32℃，回水温度：38℃。

集中空调冷冻水系统补水采用工业区热电厂除盐水。

集中空调冷冻水系统采用一次泵定流量、二次泵变流量系统，系统由如下主要设备组成。

◆ 1 台热水型溴化锂机组（制冷量：2093 kW），对应 1 台冷冻水一次泵（流量：236 m³/h，扬程：24mH₂O）和 1 台冷却水泵（流量：750 m³/h，扬程：31mH₂O）。

◆ 1 台离心式水冷冷水机组（制冷量：2638kW），对应 1 台冷冻水一次泵（流量：297 m³/h，扬程：24mH₂O）和 1 台冷却水泵（流量：475 m³/h，扬程：28mH₂O）。

◆ 2 台螺杆式冷水机组（制冷量：1055kW），对应 2 台冷冻水一次泵（每台流量：119 m³/h，扬程：24mH₂O）和 2 台冷却水泵（每台流量：190 m³/h，扬程：28mH₂O）。当溴化锂机组热源冷凝水量无法保证时，螺杆式冷水机组依次投入运行，平时不运行。

◆ 2 台冷却塔（每台由 2 个模块组成，总水量：800 m³/h）。

◆ 1 个水蓄冷罐（直径：22m，总高：19.5m，液位高：16.5m）。

◆ 4×33.3%容量的蓄冷水泵（每台流量：200m³/h，扬程：24mH₂O）。

◆ 5×25%容量的 E7 地块冷热水二次泵（每台流量：176m³/h，扬程：100mH₂O）。

◆ 3×50%容量的 F6 地块冷热水二次泵（每台流量：171m³/h，扬程：35mH₂O）。

◆ 1 台补水机组，主要包括 2×100%容量的补水泵（每台流量：11m³/h，扬程：24mH₂O）、1 个补水箱（有效容积：5.1m³）等。

（2）运行模式。

◆ 100%负荷工况（图 11-3）。

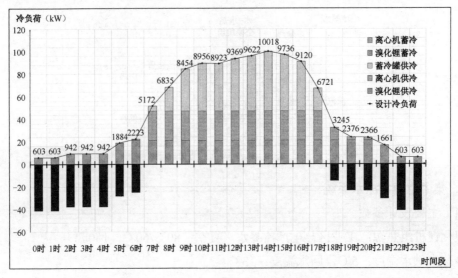

图11-3 供冷运行策略图（100%负荷）

运行策略说明：溴化锂机组为余热利用机组，为充分利用余热，故全天运行；电制冷机组按最小装机容量设计。优先采用溴化锂机组向用户供冷，不足部分采用电制冷机组，仍不足部分采用蓄冷罐释冷。

◆ 50%负荷工况（图11-4）。

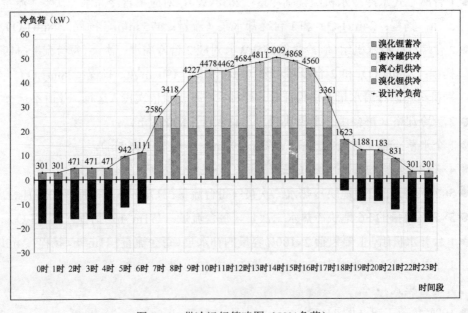

图11-4 供冷运行策略图（50%负荷）

运行策略说明：溴化锂机组为余热利用机组，为充分利用余热，故全天运行；电制冷机组优先在电价低谷的部分时段运行。优先采用溴化锂机组向用户供冷，不足部分采用蓄冷罐释冷。

◆ 无热源热水工况（100%负荷）（图11-5）。

考虑到工业区热电厂所供冷凝水（溴化锂机组热源）的水量存在无法保证的情况，故设置2台螺杆式冷水机组作为溴化锂机组因无热源而无法运行时的备用机组，总制冷量与溴化锂机组制冷量相同。

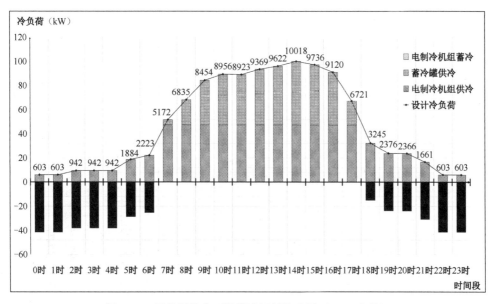

图11-5 无热源热水工况供冷运行策略图（100%负荷）

运行策略说明：当无热源热水时，溴化锂机组无法运行，由螺杆式冷水机组代替其与离心式冷水机组共同运行。采用电制冷机组向用户供冷，夜间多余部分由蓄冷罐蓄冷，白天不足部分采用蓄冷罐释冷。

3. 集中空调热水系统

（1）主要设计参数。

热源：工业区热电厂冷凝水（冬季：65℃/55℃，200t/h）和蒸汽（0.6MPa）。

空调热水供水温度：60℃，回水温度：50℃。

空调热水系统补水采用工业区热电厂除盐水。

集中空调热水系统采用一次泵定流量、二次泵变流量系统，系统由如下主要设备组成。

- ◆ 2×70%容量的水-水热交换机组（换热量：2400kW）和 2×100%容量的热水一次泵（每台流量：220m³/h，扬程：17mH₂O）。
- ◆ 2×70%容量的汽-水热交换机组（换热量：3300kW）和 2×100%容量的热水一次泵（每台流量：305m³/h，扬程：17mH₂O）。
- ◆ 1个水蓄热罐（冷热水共用）。
- ◆ 蓄热水泵（冷热水共用）。
- ◆ 二次泵（冷热水共用）。
- ◆ 1台补水机组（冷热水共用）。

（2）运行模式。

- ◆ 100%负荷工况（图11-6）。

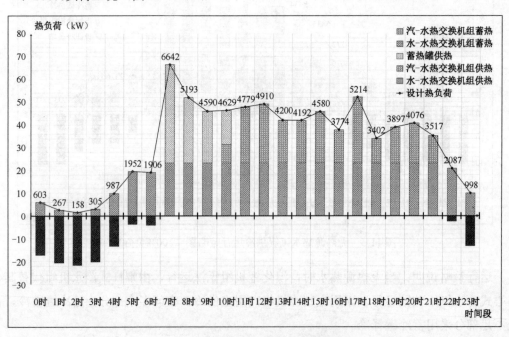

图 11-6　供热运行策略图（100%负荷）

运行策略说明：水-水热交换机组为余热利用机组，为充分利用余热，故全天运行；汽-水热交换机组容量按无热源热水工况选型。优先采用水-水热交换机组向用户供热，夜间多余部分蓄热；白天不足部分采用蓄热罐释热，释热完毕后不足部分投入汽-水热交换机组运行。

- ◆ 50%负荷工况（图11-7）。

运行策略说明：水-水热交换机组为余热利用机组，夜间满负荷运行2h，向用户供热，多余部分蓄热；其余时段根据用户需求直接供热，不足部分采用蓄热罐释热。

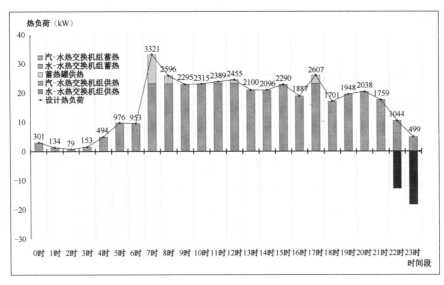

图 11-7　供热运行策略图（50%负荷）

◆ 无热源热水工况（100%负荷）（图 11-8）。

考虑到工业区热电厂所供冷凝水（水-水热交换机组热源）的水量存在无法保证的情况，故汽-水热交换机组的制热量按水-水热交换机组由于无热源而无法运行的工况进行选型。

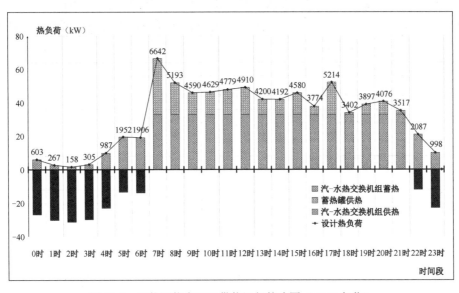

图 11-8　无热源热水工况供热运行策略图（100%负荷）

运行策略说明：当无热源热水时，水-水热交换机组无法运行，汽-水热交换机组全天运行。汽-水热交换机组向用户供热，夜间多余部分由蓄热罐蓄热，白天不足部分采用蓄热罐释热。

11.3.2 供冷供热设备电气配置方案

1. 负荷等级

消防设备用电、应急照明、安防设备用电及在正常市电停电时保证电制冷、蓄水系统、冷水管网运行的空调水泵为二级负荷，其余水泵、空调主机、一般照明、客梯用电等为三级负荷。

2. 电源

创新中心电源总进线为两路市政 10kV 电源。具体方案以当地供电公司供电方案批复为准。

能源站电源进线来自创新中心 2 台 1600kVA 降压变，供电电压为 0.4kV。

3. 主接线及运行方式

能源站设 2 段 380V 交流母线，接线形式为单母线分段，设母联断路器，平时分列运行，当任一组中的一台变压器出现故障时，在切除三级负荷等非保证负荷后，联络开关通过自投自复、自投不自复、手动等方式合闸，由另一台变压器负担该变压器组的所有二级以上负荷。故障排除后恢复常态。两主进线开关与联络开关设电气与机械联锁，任何情况下只能接通其中的 2 个开关。

4. 变配电房布置

380V 配电装置拟布置于能源站二层 380V 配电室。

本项目 0.4kV 低压电缆下进下出。

11.3.3 主要设备清册

集中供冷供热系统的主要设备情况如表 11-6 所示。

表 11-6 集中供冷供热系统的主要设备情况

序号	设备名称	技术规范	单位	数量
A	冷热源部分			
一	制冷加热站主要设备			

续表

序号	设备名称	技术规范	单位	数量
1	离心式水冷冷水机组	制冷量：2638kW，输入功率：460kW，电源：380V/50Hz；冷冻水供/回水温度：5℃/13℃，冷却水供/回水温度：38℃/32℃	台	1
2	螺杆式冷水机组	制冷量：1055kW，输入功率：185kW，电源：380V/50Hz；冷冻水供/回水温度：5℃/13℃，冷却水供/回水温度：38℃/32℃	台	2
3	热水型溴化锂机组	制冷量：2093kW，输入功率：9kW，电源：380V/50Hz；热源热水供/回水温度：80℃/60℃，冷冻水供/回水温度：5℃/13℃，冷却水供/回水温度：38℃/32℃	台	1
4	水蓄冷/热装置	直径：22m，总高：19.5m（液位高：16.5m），钢制	个	1
5	水-水热交换机组	换热量：2400kW，2×70%容量换热器，2×100%容量一次泵（流量：220m^3/h，扬程：17mH$_2$O，功率：18kW）；一次侧供/回水温度：65℃/55℃，二次侧供/回水温度：60℃/50℃	台	1
6	汽-水热交换机组	换热量：3300kW，2×70%容量换热器，2×100%容量一次泵（流量：305m^3/h，扬程：17mH$_2$O，功率：24kW）；一次侧供/回水温度：65℃/55℃，二次侧供/回水温度：60℃/50℃	台	1
二	制冷加热站辅助设备			
1	冷却塔	水量：800m^3/h，输入功率：36kW，电源：380V/50Hz，冷却水供/回水温度：32℃/38℃，分2个模块	组	2
2	冷冻水一次泵（离心机）	流量：297m^3/h，扬程：22mH$_2$O，功率：30kW	台	1
3	冷冻水一次泵（螺杆机）	流量：119m^3/h，扬程：22mH$_2$O，功率：12kW	台	2
4	冷冻水一次泵（溴化锂）	流量：236m^3/h，扬程：22mH$_2$O，功率：24kW	台	1
5	冷却水泵（离心机）	流量：475m^3/h，扬程：28mH$_2$O，功率：60kW	台	1
6	冷却水泵（螺杆机）	流量：190m^3/h，扬程：28mH$_2$O，功率：24kW	台	2
7	冷却水泵（溴化锂）	流量：750m^3/h，扬程：31mH$_2$O，功率：100kW	台	1
8	冷冻水/热水二次泵（F6地块）	流量：171m^3/h，扬程：35mH$_2$O，功率：28kW，变频	台	3
9	冷冻水/热水二次泵（E7地块）	流量：176m^3/h，扬程：100mH$_2$O，功率：80kW，变频	台	5
10	蓄冷/热水泵	流量：200m^3/h，扬程：24mH$_2$O，功率：22kW，变频	台	4
11	补水机组（空调冷冻水/热水）	补水箱（有效容积：5.1m^3）、2×100%补水泵（流量：11m^3/h，扬程：24mH$_2$O，功率：1.2kW）	套	1
三	管道/阀门/仪表控制			
1	管道/阀门		套	1
2	仪表/控制系统		套	1
B	用户末端改造			
C	管网部分			

续表

序号	设备名称	技术规范	单位	数量
1	水-水热交换机组		台	10
2	补水定压机组		台	10
3	冷凝水管道	DN200 无缝钢管，带保温	米	12000
4	冷凝水泵	流量：200m³/h，扬程：50mH₂O，功率：42kW	台	2
5	空调冷/热水管道	DN350 无缝钢管，带保温	米	4000
6	空调冷/热水管道	DN300 无缝钢管，带保温	米	2000

11.4 光伏与储能

11.4.1 总体布置

本项目光伏系统暂定采用 415Wp 单晶硅太阳能光伏组件。

在中试厂房 1~6、能源站的屋顶共布置 920kW 屋顶光伏，采用沿彩钢板屋顶平铺方案。

在二阶段场地地面布置 1000kW 光伏，先期采用固定支架方式布置，按最佳朝向，安装角度为 26°，前后中心间距为 3.8m；在二阶段实施期间，将 1000kW 地面光伏挪至二阶段厂房屋顶。

地面光伏容量按一阶段屋顶光伏铺装率考虑，一阶段可铺屋顶面积为 9000m²，二阶段规划厂房可铺屋顶面积约 10000m²。

在能源站建筑底层建设 1MW/4MWh 磷酸铁锂电池储能系统。

11.4.2 技术方案

1. 光伏方案

1）概况

为实现本项目多能互补示范，拟在中试厂房 1~6 及能源站的屋顶，规划建设 920kW 分布式屋顶光伏；在二阶段场地地面，布置固定支架式 1000kW 光伏，二阶段实施时将光伏组件挪至二阶段厂房屋顶；分布式光伏系统由光伏组件、支架系统、并网逆变器、交流汇流箱、升压变、配电系统、系统监控装置组成。

本期共布置光伏组件 1920kWp，占地 9396m²。其中，每 13~16 块为一个组串，共 339 个组串，构成 1920kW 光伏发电系统，电量自发自用。光伏方案如表 11-7 所示。

表 11-7 光伏方案

位置	光伏组件数量	备注
能源站	240	不设逆变器，直接接入直流母线
中试厂房 1~6	1976	—
二期场地	2408	—

考虑到园区结构紧凑，光伏发电须统一协调，提高使用率，方便能量分配，推荐光伏发电系统采用分块发电、集中并网的方案。地面光伏、中试厂房 1~6 屋面光伏通过 14 台 100kW 直接并网型组串式逆变器分别接入能源站 2 段 380V 母线；能源站屋顶光伏则在成串后直接接入能源站直流母线，为直流负荷直接供电。

中试厂房屋顶为彩钢板，光伏组件采取沿屋顶平铺方式布置，与房屋朝向一致，南偏东约 23°，带坡度 8°左右。

各个区域的组串式逆变器分散布置于各个厂房预留的房间内。

高低压电缆采用桥架或电缆沟敷设。

监控室等统一设在集控室内。

2）太阳能光伏组件选型

本项目暂按 415Wp 单晶硅太阳能光伏组件设计，其性能参数如表 11-8 所示。

表 11-8 415Wp 单晶硅太阳能光伏组件性能参数

最大工作功率（Wp）	415
光电转换效率	20.4%
工作点电压（V）	42.9
工作点电流（A）	9.68
开路电压（V）	50.2
短路电流（A）	10.29
短路电流随温度变化系数（%/℃）	0.05
开路电压随温度变化系数（%/℃）	-0.29
最大功率随温度变化系数（%/℃）	-0.37
组件规格（mm）	2024×1004×35
质量（kg）	22.8
最大系统电压	1500VDC
工作温度	-40~85℃

3）逆变器选型

考虑到本项目构筑物数量较多，分布相对集中，逆变器暂按 100kW 组串式逆变器设计，其性能参数如表 11-9 所示。

表 11-9 100kW 组串式逆变器性能参数

技术指标	SG100CX
最高效率	≥98.7%
中国效率	≥98.3%
最大输入电压	1000V
最大输入电流（每路 MPPT）	9×26A
最大短路电流（每路 MPPT）	9×40A
最低工作电压/启动电压	200V/250V
工作电压范围	200～1000V
满载 MPPT 电压范围	550～850V
额定输入电压	585V
MPPT 数量	9
额定有功功率	100kW
最大视在功率	110kVA
最大有功功率（cosΦ=1）	110kW
额定输出电压	3/N/PE, 230V/400V, 220V/380V
适配电网频率	50Hz
最大输出电流	158.8A
功率因数	0.8 超前，0.8 滞后
最大总谐波失真（额定功率）	<3%
尺寸（宽×高×深）	1051mm×660mm×362.5mm
净重	89kg
冷却方式	智能风冷

4）发电量计算

发电量计算如表 11-10 所示。

表 11-10 发电量计算

年份	发电量（MWh）	年利用小时数（h）
1	2095	1092
2	2082	1085
3	2070	1079

续表

年份	发电量(MWh)	年利用小时数(h)
4	2057	1072
5	2045	1066
6	2032	1059
7	2020	1052
8	2007	1046
9	1994	1039
10	1982	1033
11	1969	1026
12	1957	1020
13	1944	1013
14	1932	1007
15	1919	1000
16	1906	993
17	1894	987
18	1881	980
19	1869	974
20	1856	967
21	1844	961
22	1831	954
23	1818	948
24	1806	941
25	1793	935
25年发电量总和	48604	—
平均每年发电量	1944	—
平均每年利用小时数	—	1013
根据上述内容，本项目年发电量估算如下:		
(1) 25年总利用小时数(h)		25328
(2) 平均每年利用小时数(h)		1013
(3) 25年总发电量(MWh)		48604
(4) 平均每年发电量(MWh)		1944

5) 光伏消纳情况

本项目计划建设1920kW光伏，其中屋顶光伏为920kW，地面可移动式光伏为1000kW。根据PVsyst模拟计算，全年最好条件下的光伏出力功率为1475kW，逐月光伏最大出力特性如图 11-9 所示,光伏日内出力特性如图 11-10 所示。

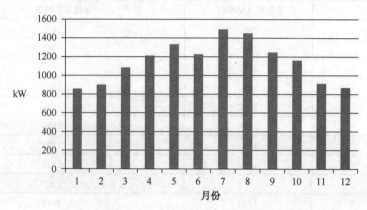

图 11-9 逐月光伏最大出力特性

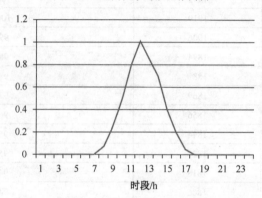

图 11-10 光伏日内出力特性

根据中试厂房 1~6、综合楼及能源站的负荷需求情况,创新中心工作日供冷季、供热季和过渡季的最大用电负荷约为 1500kWh、1200kWh 和 1000kWh,节假日供冷季、供热季和过渡季的最大用电负荷约为 1300kWh、700kWh 和 450kWh。工作日和节假日创新中心内光伏发电消纳情况如表 11-11 和表 11-12 所示。

表 11-11 工作日创新中心内光伏发电消纳情况

时段	电力需求(kWh)			光伏发电(kWh)			盈亏情况(kWh)		
	供冷季	供热季	过渡季	供冷季	供热季	过渡季	供冷季	供热季	过渡季
1	1300	600	350	0	0	0	-1300	-600	-350
2	1300	600	350	0	0	0	-1300	-600	-350
3	1300	600	350	0	0	0	-1300	-600	-350

续表

时段	电力需求（kWh）			光伏发电（kWh）			盈亏情况（kWh）		
	供冷季	供热季	过渡季	供冷季	供热季	过渡季	供冷季	供热季	过渡季
4	1300	600	350	0	0	0	-1300	-600	-350
5	1300	600	350	0	0	0	-1300	-600	-350
6	1300	600	350	0	0	0	-1300	-600	-350
7	800	600	350	5	3	4	-795	-597	-346
8	800	600	350	111	68	92	-689	-532	-258
9	1500	1200	1000	356	218	296	-1144	-982	-704
10	1500	1200	1000	714	438	594	-786	-762	-406
11	1500	1200	1000	1166	715	970	-334	-485	-30
12	1500	1200	1000	1495	916	1243	-5	-284	243
13	1500	1200	1000	1277	783	1062	-223	-417	62
14	1500	1200	1000	1033	633	859	-467	-567	-141
15	1500	1200	1000	601	368	500	-899	-832	-500
16	1500	1200	1000	290	178	241	-1210	-1022	-759
17	1500	1200	1000	79	48	65	-1421	-1152	-935
18	1500	1200	1000	0	0	0	-1500	-1200	-1000
19	800	600	350	2	1	2	-798	-599	-348
20	800	600	350	0	0	0	-800	-600	-350
21	800	600	350	0	0	0	-800	-600	-350
22	800	600	350	0	0	0	-800	-600	-350
23	1300	600	350	0	0	0	-1300	-600	-350
24	1300	600	350	0	0	0	-1300	-600	-350
日内盈亏电量（kWh）							-23071	-16031	-8972
日内最大盈亏（kWh）							-5	-284	243

表 11-12 节假日创新中心内光伏发电消纳情况

时段	电力需求（kWh）			光伏发电（kWh）			盈亏情况（kWh）		
	供冷季	供热季	过渡季	供冷季	供热季	过渡季	供冷季	供热季	过渡季
1	1300	700	450	0	0	0	-1300	-700	-450
2	1300	700	450	0	0	0	-1300	-700	-450
3	1300	700	450	0	0	0	-1300	-700	-450
4	1300	700	450	0	0	0	-1300	-700	-450
5	1300	700	450	0	0	0	-1300	-700	-450
6	1300	700	450	0	0	0	-1300	-700	-450
7	900	700	450	5	3	4	-895	-697	-446

续表

时段	电力需求（kWh）			光伏发电（kWh）			盈亏情况（kWh）		
	供冷季	供热季	过渡季	供冷季	供热季	过渡季	供冷季	供热季	过渡季
8	900	700	450	111	68	92	-789	-632	-358
9	900	700	450	356	218	296	-544	-482	-154
10	900	700	450	714	438	594	-186	-262	144
11	900	700	450	1166	715	970	266	15	520
12	900	700	450	1495	916	1243	595	216	793
13	900	700	450	1277	783	1062	377	83	612
14	900	700	450	1033	633	859	133	-67	409
15	900	700	450	601	368	500	-299	-332	50
16	900	700	450	290	178	241	-610	-522	-209
17	900	700	450	79	48	65	-821	-652	-385
18	900	700	450	0	0	0	-900	-700	-450
19	900	700	450	2	1	2	-898	-699	-448
20	900	700	450	0	0	0	-900	-700	-450
21	900	700	450	0	0	0	-900	-700	-450
22	900	700	450	0	0	0	-900	-700	-450
23	1300	700	450	0	0	0	-1300	-700	-450
24	1300	700	450	0	0	0	-1300	-700	-450
日内盈亏电量（kWh）							-17671	-12431	-4872
日内最大盈亏（kWh）							595	216	793

由表 11-11 可知，在工作日，供冷季和供热季每个时间段的光伏发电均可在创新中心内消纳，过渡季的正午时段光伏发电略有盈余，可通过储能电池（1MW/4MWh）完全消纳；由表 11-12 可知，在节假日，供冷季、供热季和过渡季的正午时段光伏发电均会出现盈余，盈余电量均可通过储能电池（1MW/4MWh）完全消纳。

由上述分析可知，本项目建设的 1920kW 光伏发电可在创新中心内完全消纳。

2．储能方案

1）工程概况

随着社会发展，电力系统白天与黑夜的电力需求之间的峰谷差不断增大。目前国内大多数城市每天的昼夜平均电力需求峰谷差超过 60%。想要真正达到节能减排的目标，必须着力解决白天与黑夜的电力需求之间的巨大峰谷差这一主要矛盾。在没有很好的储能介质的情况下，电网必须按照能满足最大用电负荷来规划，要求建设能够支持负荷用电最大峰值的发电厂和输电系统。用户侧也需要按照最大使用功率申请变压器，承担过多的容量费用。

针对本项目，一方面，先进的储能技术可在用户侧实现峰放谷充，减少用户变压器容量，节省电费，达到利用峰谷价差套利的目的；另一方面，储能系统可消纳部分光伏发电的电量，对微网起消纳平衡作用。

本项目新增的储能系统将接入能源站 380V 母线，由能量管控系统（EMS）控制储能系统的能量存储与释放。

2）整体方案

本期规划储能功率为 1MW/4MWh，选择采用磷酸铁锂电池。

储能容量确定主要考虑电力平衡及消纳、收益、用地等几个方面。

（1）电力平衡及消纳。

储能容量设置应考虑与最不利工况匹配。

在过渡季工作日，创新中心内用电缺口为 8972kWh，4000kWh 储能容量可提供给微网负荷，完全可以实现每日一充一放，没有电量溢出。

在过渡季节假日，创新中心内用电缺口为 4872kWh，该缺口可由储能容量 4000kWh 填补，没有电量溢出，正午时段光伏发电会出现盈余，但盈余电量可通过储能电池（1MW/4MWh）完全消纳。

（2）收益。

现在储能的投资与峰谷差收益不明显，考虑到项目总投资，不宜选择过大的储能容量，但考虑到造价将继续走低，且二阶段用电负荷会增加，应预留二阶段建设余地。过小的容量从规模效益的角度来说也是不经济的。

（3）用地。

本项目用地规划限制了增加储能容量的可能。

综合上述原因，储能容量暂定为 1MW/4MWh。

电池布置于能源站一层电池室内，直流柜、储能变流器（PCS）布置于一层 PCS 及直流屏室内。为二阶段预留一定布置空间，本期不建设。

本期工程采用 1 个储能单元+1 个集控单元。储能单元由 2 台 500kW 储能变流器、4MWh 磷酸铁锂电池、电池管控系统（BMS）、直流汇流柜组成。2 台 PCS 交流侧分别接入 2 段 380V 母线。

3）电池选型

综合考虑产品成熟度、安全性、效率等因素，本项目选用容量型 1C 磷酸铁锂电池。

4）储能电池安装方式

将电池柜布置于能源站一层电池室内，储能变流器、变压器、直流柜等布置于一层直流配电间内。

5）PCS 选型

PCS 是电化学储能系统中，连接在电池系统与电网（和／或负荷）之间的实现电能双向转换的装置，可控制蓄电池的充电和放电过程，进行交直流变换，在无电网的情况下可以直接为交流负荷供电。

本项目选用 2 台 500kW PCS，其技术参数如表 11-13 所示。

表 11-13　500kW PCS 技术参数

最大直流功率	550kW
直流输入电压范围	500～850V
最大直流输入电流	1000A
直流电压纹波	<1%
直流电流纹波	<3%
额定输出功率	500kW
最大输出功率	550kW
最大交流输出电流	1008A
总谐波畸变率（额定功率）	<3%
功率因数（额定功率）	>0.99
额定电网电压	315V
允许电网电压范围	280～350V
额定电网频率	50Hz
允许电网频率范围	47～51.5Hz
整体尺寸（高×宽×深）	2000mm×1400mm×800mm
质量	1300kg
冷却方式	风冷
允许最高海拔	6000m（>3000m 须降额使用）
隔离方式	无变压器
环境温度	-25～50℃
环境湿度	0～95%
紧急停机	有

续表

防护等级	IP20
显示	液晶
标准通信方式	以太网，RS485
与 BMS 通信方式	以太网，CAN，RS485

3. 直流微网组网方案

直流微网是智能配电系统的重要组成部分，对推进节能减排和实现能源可持续发展具有重要意义。相比于交流微网，直流微网可更高效地接纳风、光等分布式可再生能源发电系统、储能单元、电动汽车及其他直流用电负荷。

本项目在能源中心建设一段直流母线，消纳能源站屋顶光伏发电，为周边区域直流负荷供电。

直流母线电压运行区间暂定为 530～650VDC。

直流负荷暂定为 3 套 30kW 直流充电桩和 10 套 4.5m 高智慧路灯。

直流母线通过一台 100kW PCS 与楼内 380V 母线相连。

直流母线设备布置于能源站一层 PCS 及直流屏室内。

100kW PCS 技术参数如表 11-14 所示。

表 11-14 100kW PCS 技术参数

最大直流功率	110kW
直流输入电压范围	500～850V
最大直流输入电流	220A
直流电压纹波	<1%
直流电流纹波	<3%
额定输出功率	100kW
最大输出功率	110kW
最大交流输出电流	159A
总谐波畸变率（额定功率）	<3%
功率因数（额定功率）	>0.99
额定电网电压	400V
允许电网电压范围	360～440V
额定电网频率	50Hz
允许电网频率范围	47～51.5Hz
整体尺寸（高×宽×深）	2060mm×1200mm×700mm

续表

质量	800kg
冷却方式	风冷
允许最高海拔	6000m（>3000m 须降额使用）
隔离方式	内置隔离变
环境温度	−25~50℃
环境湿度	0~95%
紧急停机	有
防护等级	IP20
显示	液晶
标准通信方式	以太网，RS485
与 BMS 通信方式	以太网，CAN，RS485

4．微网控制系统

本项目由光伏发电、储能、直流母线、交流母线与各负荷组成微网系统，实现并网运行模式。

微网控制系统拟采用分层分布式设计，通过不同层次控制保护之间的协调配合，实现微网系统的稳定、经济运行，提高分布式清洁能源发电效益和并网安全性。

微网控制系统分为就地控制层、协调控制层和优化控制层。

就地控制层包含储能变流器、分布式发电并网接口装置及保护装置，响应速度快。当系统发生小的扰动或短路故障时，通过变流器自身的调节或保护的快速动作，能够快速平抑系统波动，恢复稳定供电。

协调控制层包含微网协调控制装置，需要通过控制通信网络采集风光系统、储能及重要负荷的信息，微网发生大的扰动（如电网非计划停电、孤岛运行时大容量的跳闸等）时，微网协调控制装置通过对储能及风光系统的控制，确保电压、频率均维持在允许的范围内，保证微网系统的稳定、安全运行。

优化控制层包含微网能量管理系统，在数据采集与监视控制、调度计划、负荷预测等相关系统提供的数据基础上，实现对特定应用进行数据分析、能量预测、负荷管理、优化运行和经济调度等功能，为实现网内能源综合利用效率的最大化提供保障。

方案特点：

（1）分层分布式控制系统设计，兼具分布式控制系统的高可靠性和集中式控制系统易于扩展的优点，通过不同层次控制保护间的协调配合，实现微网系统的稳定、经济运行。

（2）控制层网络采用冗余设计，相互独立，安全可靠。

（3）高性能微网协调控制装置具有 ms 级响应速度，能够实现微网不同运行方式之间的无缝切换。

能量管理系统包括分布式能源管理、发电计划管理、需求侧管理和交易管理。

分布式能源管理包括对分布式电源的安全、运行、设备和资料的管理等，保证分布式电源运行符合安全规范，实现对分布式电源资产的全生命周期管理。

发电计划管理包括制订微网日前、日内等不同周期的电力电量平衡计划，根据检修情况安排各分布式电源的电量、开停机和出力计划，统计并考核发电计划执行情况。

需求侧管理包括采取有效的激励和引导措施，引导微网用户改变用电方式，提高用电效率，优化资源配置，改善和保护环境，减少供电服务成本。

交易管理包括根据交易合同及微网实际运行情况，管理微网与配电公司的电力交易。

5．设备材料清册

设备材料清册如表 11-15 所示。

表 11-15 设备材料清册

序号	名称	技术规范	单位	数量
1	屋顶光伏发电系统	单晶硅 415W 组件	套	920kW
2	地面光伏	单晶硅 415W 组件	套	1000kW
3	组串式逆变器	100kW，直接并网型	台	14
4	光伏组件串联电缆	TUV 认证，光伏专用电缆 1×4mm²	km	20
5	低压电力电缆	ZRC-YJV-0.6/1.0kV，3×50+1×25	km	2
6	交流汇流箱	4 并 1	个	4
7	LED 智慧路灯	250W	台	10
8	电动车直流充电桩	30kW	台	3
9	储能系统	磷酸铁锂电池，按 2 套 500kW/2MWh，带隔离变	套	1
10	微网控制系统	控制直流微网、交流微网，含 2 台服务器和 1 台网络交换机组屏，另配 2 个操作员站及操作台	套	1
11	计量表屏	根据实际计量点确定电度表数量	面	2
12	UPS 系统	10kVA 输出 AC220V/50Hz，含主机柜、旁路柜及馈线柜	套	1
13	时间同步系统屏	—	面	1
14	故障录波器屏	—	面	1
15	直流母线	—	套	1
16	直流柜	—	个	4

续表

序号	名称	技术规范	单位	数量
17	直流微网双向变流器	100kW	台	1
18	380V 系统	—	—	—
19	380V 开关柜	—	个	24
20	动力电缆	—	km	6
21	控制电缆	—	km	10
22	桥架	热浸锌	T	20
23	视频监视系统	含固定式摄像头 20 个、服务器 1 台、机柜 1 个	套	1
24	站内通信系统	—	套	1
25	对讲机	—	部	10
26	行政与调度合用	行政通信容量不少于 20 门	套	1
27	暖通程控系统	PLC，1000 点	套	1

11.4.3 接入系统方案

考虑到本项目能源站发电容量较小，电力可在园区内就地消纳，暂定接入创新中心内配电站的 10kV 母线。接入系统方案最终以奉贤供电公司的评审意见为准。

根据业主的要求，本项目将同步建设直流母线段和交流母线段。直流母线段将接入照明、充电桩及能源站的屋顶光伏。交流母线段将接入创新中心的配变、储能、屋顶光伏、地面光伏及能源站的制冷制热设备。最终电气主接线方案以接入系统专题评审意见为准。

11.5 投资估算及财务评价

11.5.1 投资估算

1. 概述

本项目投资估算范围包括 1MW/4MWh 储能系统、制冷加热系统、区域 920kW 屋顶光伏和 1000kW 地面固定支架光伏、3 台充电桩和智能微网等子项目。

2. 编制原则及依据

（1）项目划分：执行国家能源局发布的《火力发电工程建设预算编制与计算规定》（2013

年版)。光伏发电项目执行国家能源局发布的《光伏发电工程设计概算编制规定及费用标准》(NB/T 32027—2016)。

(2) 工程量：根据各设计专业提供的资料、图纸、说明及设备材料清册确定。

(3) 定额：采用国家能源局发布的《电力建设工程估算指标》(2016年版)、《电力建设工程概算定额》(2013年版)、《电力建设工程定额估价表》(2013年版)。光伏发电项目采用国家能源局发布的《光伏发电工程概算定额》(NB/T 32035—2016)。

(4) 主要设备价格：参考近期同类型工程及市场询价。

(5) 其他费用：执行国家能源局发布的《火力发电工程建设预算编制与计算规定》(2013年版)。光伏发电项目执行《光伏发电工程设计概算编制规定及费用标准》(NB/T 32027—2016)。

(6) 建设期贷款利息：本项目注册资本金占总投资的20%，其余资金来自国内融资贷款。按照中国人民银行公布的利率，贷款名义年利率取基准利率4.9%。

3. 投资估算结论

本项目静态投资，具体投资部分如表11-16～表11-18所示。

表11-16 总概算表

金额单位：万元

序号	工程或费用名称
一	主辅生产工程
(一)	储能系统
(二)	制冷供热系统
(三)	交直流微网系统
(四)	光伏发电系统
四	其他费用
(一)	建设场地征用及清理费
(二)	项目建设管理费
(三)	项目建设技术服务费
(四)	整套启动试运费
(五)	生产准备费
五	基本预备费
	发电工程静态投资
	各项占静态投资的比例
	建设期可抵扣增值税

表 11-17 安装工程专业汇总概算表

金额单位：元

序号	工程项目名称	技术经济指标		
		单位	数量	指标
一	储能系统	kWh	4000	2031
二	制冷供热系统			
1	冷热源部分			
2	管网部分	m	18000	487
3	厂区生活上水系统			
4	电气系统			
三	交直流微网系统			
四	光伏发电系统	kW	1920	2306

表 11-18 建筑工程汇总概算表

金额单位：元

序号	工程项目名称	技术经济指标		
		单位	数量	指标
二	制冷供热系统			
1	空调冷/热水管道	m	6000	123
四	光伏发电系统			
2	屋顶光伏	kW	920	250
3	地面光伏	kW	1000	650

11.5.2 财务评价

1. 编制依据

本项目经济效益分析根据国家发展和改革委员会、建设部 2006 年 7 月颁发的《建设项目经济评价方法与参数》（第三版）进行。

2. 资金筹措及使用计划

本项目注册资本金比例为 20%，其余资金由银行贷款解决。

长期贷款利率（名义年利率）：4.9%，按季结息。

贷款还款方式：本金等额偿还。

贷款还款期限：15 年。

还款原则：经营期各还款年应付利息计入总成本费用。应归还的本金先以折旧费、摊销费归还，不足时用未分配利润补足，仍不足时可发生短期借款。

3．财务分析结论

制冷供热销售单价按照 0.5 元/kWh（含税）计算，基准收益率取值 6%，财务分析结论如表 11-19 所示。

表 11-19 财务评价指标一览表

1		工程静态投资（万元）
2		工程动态投资（万元）
3		总投资收益率（%）
4		资本金净利润率（%）
5		项目投资（所得税前）
6		内部收益率（%）
7		净现值（万元）(ic=6%)
8		投资回收期（含建设期）（年）
9		项目投资（所得税后）
10		内部收益率（%）
11		净现值（万元）(ic=6%)
12		投资回收期（含建设期）（年）
13		融资后分析（所得税后）
14		项目资本金内部收益率（%）
15		投资回收期（年）

制冷供热销售单价 0.5 元/kWh（含税）为计算条件，计算出项目资本金内部收益率，大于设定的财务基准收益率 6%，因此本项目在财务上是可行的。

11.6 社会经济效益分析

（1）本项目充分利用余热和可再生能源满足终端用户热、冷、电、蒸汽等多种用能需求，建成的一体化集成供能基础设施可实现多能协同供应和能源梯级综合利用；项目建成后，工业区热电余热将得到充分利用，整体能源利用率将进一步提高。

（2）本项目可减少地区对外部电网的需电量约 2400 万 kWh，按照 300g/kWh 计算，折合标煤约 7200t，降低碳排放约 4800t，有效降低了地区的碳排放总量。

（3）本项目可减少地区对外部电网的需电量约 2400 万 kWh，等效降低二氧化硫排放 119t，氮氧化物排放 112t，烟尘排放 69t，有效降低了污染物排放；同时，本项目建成后可向园区提供低价优质的热源、冷源及电力，为打造低碳节能、绿色生态园区提供支撑。

（4）本项目建成后可满足创新中心负荷发展需求，项目中的光伏系统及储能电池可缓解电网供电压力，也可作为备用电源保障用户的电力需求；同时，本项目制冷供热系统采用冷凝水和蒸汽双重保障，可满足周边用户的冷热需求。

第 12 章

综合能源服务的市场态势、体系架构及政策分析

本章作者 潘崇超（北京科技大学） / 韩 恺（北京理工大学） / 王永真（北京理工大学）

系统审视综合能源服务的发展态势，辨析综合能源服务的业态特征，完善和明确综合能源服务的基本理论、基本模型及体系架构，对"双碳"愿景下的综合能源服务理论科学研究和产业高质量发展具有重要意义，对推动综合能源服务的有序发展具有关键作用。因此，本章在梳理我国 2100 余家综合能源服务企业的发展态势与业态特征的基础上，从"物理、信息、价值"的视角出发，提出了综合能源服务"三元驱动"的体系架构，以及"物理驱动""数据驱动""模式驱动"的理论基础，完善了我国综合能源服务的理论体系。同时，梳理了综合能源服务最新国家政策，从产业生态、关键技术及典型场景等方面对我国"双碳"愿景下综合能源服务的发展提出了几点建议。

12.1 我国综合能源服务的市场特征分析

12.1.1 我国综合能源服务的总体市场特征

我国综合能源服务发轫于传统的能源服务与节能服务，扩张于能源互联网的发展过程，始终与国家的低碳能源战略紧密耦合。20 世纪 90 年代末，我国与世界银行、全球环境基金合作，在山东、辽宁、北京成立了示范性节能服务公司，其目的就在于引进、示范和推广合同能源管理机制，孕育节能服务产业。随后，中国节能协会节能服务产业委员会的成

立、融资担保机制的建立，以及财政奖励、税收优惠、金融扶持、会计制度优化等扶持政策措施的实施，推动节能服务产业逐步成长，节能服务公司主要从事的业务范围也逐年拓宽，从传统的节能逐渐转变为广义综合能源服务。图 12-1 给出了近 30 年我国碳排放强度与综合能源服务企业数量的变化，可以看出，碳排放强度的降低与节能服务和综合能源服务的发展不无关系。从图 12-1 右半部分可以看出，近 10 年我国综合能源服务企业数量呈现出指数级增长态势，仅仅企业名字中包含"综合能源"的企业数量从 2012 年的 96 家快速增加到 2022 年的 2146 家。同时，从图 12-1 左半部分可以看出，在能耗双控、能源革命等低碳转型战略下，我国碳排放强度实现了历史性降幅，从 2.6kg/美元 GDP（2000 年）快速下降到 0.7kg/美元 GDP（2020 年）。

2022 年，我国综合能源服务行业的市值已逾越万亿元大关。在"双碳"愿景下，我国碳排放将从 2022 年预估的 115 亿吨 / 年左右增加到 2030 年的 135 亿吨 / 年，并将在 2060 年前实现净零排放。但是，我国综合能源服务的发展仍处于初级阶段，"十四五"伊始，我国综合能源服务也将面临"碳排放强度减速下降"的新挑战。从图 12-1 可以看出，不同于"十四五"前粗放型、集中式的碳排放强度快速下降的情景，"十四五"后"双碳"发展格局下综合能源服务将面临精细化、分散化转型的新约束，我国碳排放强度的下降空间将不及 2000 年的 30%，碳排放强度将在"双碳"愿景下逐渐触底。因此，如何助力碳排放与经济发展脱钩，将成为新阶段综合能源服务的新挑战和新机遇。

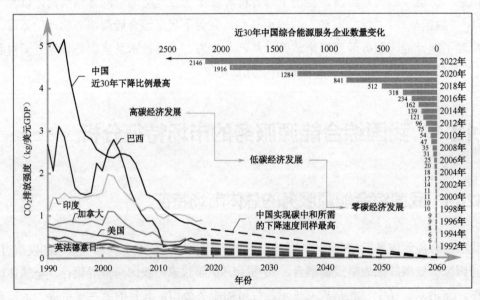

图 12-1　我国碳排放强度与综合能源服务企业数量

12.1.2 我国综合能源服务的行业和省域特征

截至 2022 年 6 月 15 日，全国共有 2100 余家以综合能源命名的综合能源服务企业（来源：企查查），分布在以电力、热力、燃气及水力供应业为代表的国民经济的各行各业。一方面，全国 2134 家综合能源服务企业分布于国民经济的十余个行业。其中，电力、热力生产和供应业与批发业的企业数量分别占据企业总数的 45.4%和 32.9%。另一方面，全国 31 个省市均有综合能源服务企业。其中，浙江省（占比 21.8%）、山东省（占比 10.0%）、江苏省（占比 7.4%）和广东省（占比 10.3%）是我国综合能源服务企业的主要聚集区，四者企业数量之和占全国企业总数的 49.5%。

图 12-2 显示的经济环境发展与综合能源服务企业数量关联关系表明，综合能源服务企业主要集中在省域 GDP 高、CO_2 排放量大的省份，企业数量与 GDP 和碳排放呈现较强的相关关系。例如，浙江省企业数量达到 467 家，广东省达到 220 家，山东省达到 215 家，江苏省达到 158 家。特别地，在单位能耗较高的省份中，山西省近年来不断推进"能源革命"进程，其以煤为主的能源生产和利用方式逐步向以新能源为主的综合能源服务转型，其企业数量达到 95 家；在有较强脱钩趋势的北京、四川、湖北、福建等省市，综合能源服务企业数量也较多，揭示了企业数量分布与低碳经济发展具有一定的耦合性。

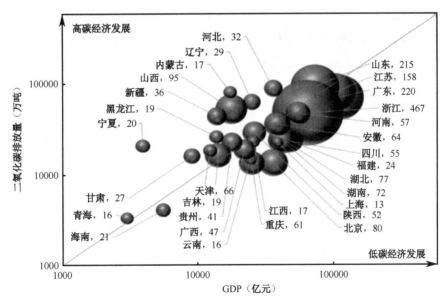

图 12-2 经济环境发展与综合能源服务企业数量关联关系

12.2 我国综合能源服务的业态及特征分析

12.2.1 我国综合能源服务的业态分析

综合能源服务是能源互联网产业发展的重要业态，是能源互联网泛在的、有机的组成分子。其泛在性和有机性体现在：广泛分布于能源系统各环节形形色色的综合能源服务，通过电网、热网、气网及信息网和交通网的连接，形成有机协调互动的能源互联的星链时空网络，最终不断逼近"满足支付能力""维持安全可靠""达到低碳清洁"的目标。因此，综合能源服务的业态将渗透到能源生产、输配、消费的各个环节，将与生产者、输配者、消费者紧密耦合。截至目前，综合能源服务的参与者已经包括两大电网、电力行业"六大四小"，以及交通、油气、物联网等行业企业，还有不少新能源、新服务的科技型企业。

图 12-3 揭示了当前我国综合能源服务的业态分布。如图 12-3 所示，当前我国综合能源服务可划分为综合能源供应和能源综合服务两大板块。其中，综合能源供应是指基于多能互补、能量梯级综合利用及综合能效提升等手段，实现更加低碳高效的冷、热、电、气的供应。可见，综合能源供应一般指狭义综合能源服务，其具体业态包括但不限于多能联供服务、清洁用能服务、综合能效服务等。具体地，多能联供服务多指因地制宜为客户提供涵盖冷、热、电、气等多种能源协同供应和梯级利用的整体解决方案；清洁用能服务多指为客户提供风、光、地热、生物质能等多能互补一体化新能源项目建设的整体解决方案；综合能效服务多指以用能托管、节能改造、余能利用、智能表计等业态为抓手，为用户提供定制化、专业化的综合能效提升解决方案。异质能源耦合是狭义综合能源服务区别于传统配电网、供热热网、集中制冷等单一能源系统的最显著特征。不难发现，随着综合能源系统中异质多流能量的耦合程度不断提高，不同能源子系统之间的相互作用也变得越来越明显，某个局部元件的干扰可能通过耦合的组件传到整个多能源网络，因此狭义综合能源服务的安全性将面临更大的挑战。

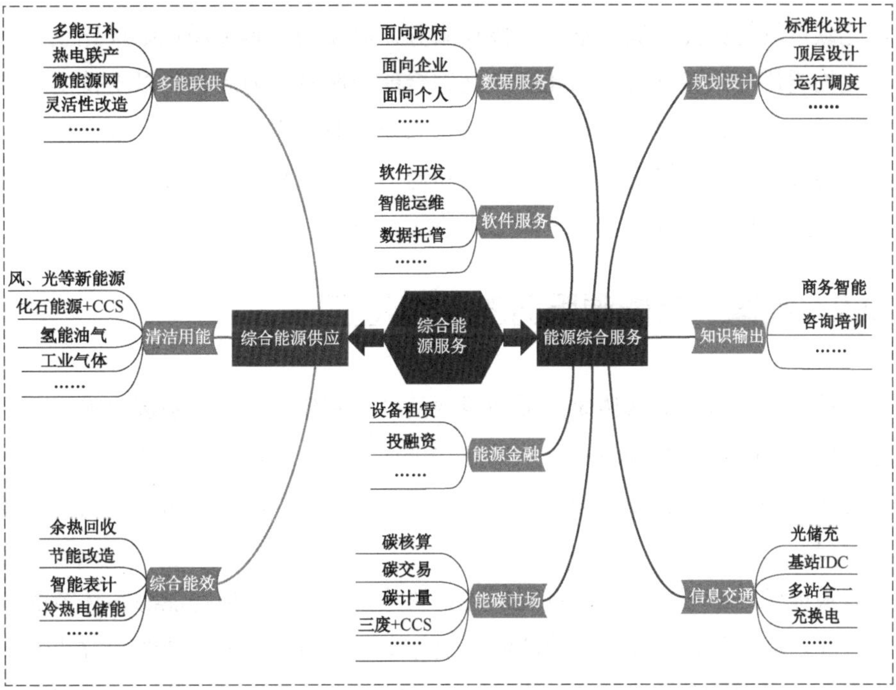

综合能源服务的市场态势、体系架构及政策分析 第12章

图 12-3 我国综合能源服务的业态分布

能源综合服务是指在综合能源供应的基础上，创新商业模式，以用户为中心而进行的新型能源综合性服务，以轻资产运营为手段，实现能源资源、数据、生态的价值最大化。可见，能源综合服务一般指广义综合能源服务，其具体业态包括但不限于知识输出、软件服务、规划设计、数据服务、能源金融、能碳市场、信息交通等。其中，知识输出是指面向企业各业务流程，打造以咨询培训、商务智能和标准化为知识链与价值链交互作用的知识输出服务板块业务，建立和合共生、生态发展的资源群；软件服务是指面向具有数字化发展目标和建设需求的用户，开展综合智慧能源软件销售服务板块业务，提供集成监-管-控数字一体化、聚焦用户实际需求、具有灵活性和适用性的软件产品；规划设计是指提升规划设计资质能力，提供综合能源规划设计的标准化服务，为用户提供工程的整体布局方案，作为项目建设和推进的依据和纲领；数据服务是指聚焦各行业不同主体的数字化发展需求，利用能源大数据进行多维分析，为用户、行业、城市的发展提供精准"画像"服务；能源金融是指提供临时电源和设备一体化租赁及运维的临电共享服务，开展涉及分布式能源与综合能源工程项目规划、设计、施工、运维的投融资服务；信息交通是指打造即插即用充电设施、5G+智慧路灯及自动驾驶+车路协同服务系统，提供智慧化的能源交通网络解

决方案；能碳市场是指提供碳计量、碳核算服务，以及基于碳市场规则优化企业能源系统的能量流、物质流与碳流分布。因此，广义综合能源服务的内涵强调以支持实现国家能源经济高质量发展目标、满足全社会日趋多样化的能源服务需求为导向，综合投入人力、物力、财力等要素资源，集成采用能源、信息和通信等技术和管理手段，提供多能源品种、多环节、多客户类型、多种内容、多种形式的能源服务。

12.2.2 我国综合能源服务的业态特征

当前，综合能源服务正从传统的强调能源基础设施建设，转向强调"就地解决、就地消纳的能源供应+个性化增值服务"，从以往注重在量上做大，支持产能扩张和产量增加，转向推动传统能源行业与服务业深度融合，以提升综合能源服务的品质，支持质量和效率综合效益的提升。

综合智慧能源是经济社会高质量发展的重要基础，将催生横跨能源各环节的智慧能源新业态。首先，基于传统物理机制的能源解决方案正在与数据驱动的能源解决方案相互融合，形式多样、虚实结合的能源信息物理融合系统正在逐步形成；其次，面向多竞争主体的智慧能源共商、共建、共治、共赢的产业生态不断迭代，形形色色、包罗万象的智慧能源新业态正在积极孵化；最后，智慧能源的应用场景和需求无处不在，随之而来的智慧能源的交易模式与服务模式也将喷涌而出。

总的来说，智慧能源新业态的发展趋势将更加强调充分运用互联网思维，以用户为中心，将能源价值链的每个环节与互联网相结合，产生各式各样的商业模式。第一，通过市场化激发所有参与方的活力，形成能源营销电商化、交易金融化、投资市场化、融资网络化等创新商业模式，建设能源共享经济和能源自由交易，促进能源消费生态体系建设，凸显能源商品属性；第二，通过互联网方式将能源系统基础设施抽象成虚拟资源，突破地域分布限制，有效整合各种形态和特性的能源基础设施，提升能源资源利用率，如盘活分散存在的海量电池储能存量资源，形成大型虚拟储能电站；第三，通过计算能力赋予能量信息属性，使能量能像计算资源、宽带资源和存储资源等信息通信领域的资源一样进行灵活的管理与调控，实现未来个性化、定制化的能量运营服务。具体而言，智慧能源新业态将表现出规划调度、有序管控、数字赋能、跨界创新的发展趋势。

1. 规划调度

（1）数字化技术驱动能源系统优化从局部走向全局。

智慧能源的本质就是通过系统优化以实现"能源三角"的多目标全局优化。当前"云、大、物、移、智、链"数据驱动相关技术的发展，推动能源系统逐渐跳出了传统物理驱动模型，破解了包含多变量强耦合、非线性约束能源优化问题的瓶颈。同时，智慧能源系统优化逐渐从局部部件走向全局系统，智慧能源系统全局优化展现的系统优化潜力也将越来越明显。

业态列举：过往数据中心为了追求高性能、保证服务质量和可靠性，通常采用冗余设计的运行策略，加之数据中心在资源分配上的均衡性，致使数据中心的能耗成本达到数据中心运行成本的50%以上。而基于人工智能技术的智慧能源理论及技术，给数据中心"上游供电""中游算力""下游负荷"联动的全局优化带来了可行性，通过数字化优化技术的探究及应用，也为数据中心"算力""能效""成本"系统性全局优化提供了可能。

（2）智慧能源的调度从粗略走向精细、从静态走向动态。

随着数据驱动技术在能源系统功率预测、负荷预测和智能规划方面的深化应用，智慧能源的系统优化已逐渐由天、小时的稳态尺度，迈入分钟、秒甚至毫秒的暂态尺度。同时，信息物理耦合模型的发展，使智慧能源系统内部设备性能模型更加精细，以实现驱动热源、冷源变化甚至设备内部参数的动态精准刻画。如此，智慧能源系统"源、网、荷、储"供用能设备与资源之间的动态关系及匹配特性将得到最大限度的挖掘，能源系统的节能降耗空间也将最大化释放。

业态列举：基于厂网一体化预测调节技术、数据挖掘的热网运行决策构建的"一站一优化曲线"在智慧供热中已初步得到应用。其中，"一站一优化曲线"智能调节模块通过综合考虑室外气温、太阳辐射及建筑物热惯性对供热负荷的影响，折算出一个综合环境温度，实现对温度调节曲线的优化。同时，热力首站根据预测的综合环境温度进行分时调节，热力二网换热站根据"一站一优化曲线"进行实时调节，以实现智慧供热的按需供热、精准调节。

2．有序管控

（1）需求侧用能从无序用能向有序用能转变。

智慧能源系统的提质增效，就是不断通过物理和信息的方法，优化能源系统的架构及能流分布，在满足日益增长的负荷需求的前提下，有序管控如电动汽车、分布式光伏、建筑冷热负荷、闲散电池等可控资源，赋能供给侧能源调节。例如，开展大规模电动汽车接入电网后对电网影响的定量评估，以及以减少负面影响为目标的充电控制策略研究，已成为人们关注的热点问题，而有序充电的概念随之产生。从电网角度讲，有序充电是指在满足电动汽车充电需求的前提下,运用实际有效的经济或技术措施引导、控制电动汽车充电,对电网负荷曲线进行削峰填谷,使负荷曲线方差较小,减少发电装机容量建设,保证电动汽车与电网的协调互动发展。

业态列举:"基于数据挖掘与精准调节的生产设备有序控制技术",针对某企业轮胎密炼工艺的密炼机单元设备,通过对密炼机能耗数据的挖掘与分析,形成有序生产的电力调控策略,将无序生产设备调整为有序运行,在不影响正常生产的情况下平抑负荷曲线,能削减峰值负荷约20%,具备节约配电投资及节能降耗的潜力。

(2)需求侧管理推动智慧能源从实体转向虚拟。

利用存量能源载体的热惯性或者可调节负荷,也可以实现与同等实体设备投入等价的效果,这正是智慧能源数字化改造创新的业态之一。可调节负荷是指能够根据电价、激励或者交易信息,实现启停、调整运行状态或调整运行时段的需求侧用电设备、电源设备及储能设备。虚拟储能和虚拟电厂就是两个典型的智慧能源从实体转向虚拟的例子,它们可以参与电网调峰调频、促进清洁能源消纳、促进客户能效提升等。此外,基于大数据技术的云储能,可以盘活泛在的存量实体储能和等效虚拟储能资源,是一种基于现有电网的共享式储能技术,使用户可以随时、随地、按需使用由集中式或分布式储能设施构成的共享储能资源,并按照使用需求支付服务费。

业态列举:虚拟电厂是一种通过先进的信息通信技术和软件系统,实现分布式发电、储能系统、可控负荷、电动汽车等分布式资源的聚合和协调优化,以作为一个特殊电厂参与电力市场和电网运行的电源协调管理系统。虚拟电厂概念的核心可以总结为"通信"和"聚合",其关键技术主要包括协调控制技术、智能计量技术及信息通信技术。另外,从建筑自身保温性能来看,围护结构的热惯性使其温度变化相较于空调耗电量的瞬变具有一定滞后性,某种程度上具有热储备的能力。通过改变空调的设定温度,改变空调的耗电量,可以将空调的制冷制热量在短时间内存储在建筑中。把空调-建筑系统等效为虚拟储能装置,在保证用户舒适度的前提下,可以实现负荷削峰填谷的功能。

3. 数字赋能

(1)能源数字化平台催生能源网络平台效益。

能源数字化平台本质上是智慧能源平台生态中形成的新型基础设施,利用大数据、区块链、人工智能等数字技术为能源供给、消费注入数字化新动能,显著提升能源生产、消费、交易的效率和效益,重新塑造未来经济活动形态。不同于以往的单一要素推动,在智慧能源思维下,数据要素对现代能源产业体系的推动作用,体现为依托能源网络平台发挥的规模经济效益和溢出效益。能源数字化平台将创造虚实互动的平行能源世界，传统的生产关系、生产角色会发生变化。传统的能源网络在融合传感设备、感应装置的基础上，通过利用人工智能、云计算、复杂程序、区块链等工具库实现移动应用、数据整合、预测算法、集成运算等功能，建设各能源用户端的学习、思维、交流能力及它们之间相互连接的网络。

业态列举：针对电力系统故障影响全局化、系统复杂度高、客观性弱等问题，建立基于能源人工智能的智能调控模式，开展电网数据与多源数据关联分析，用海量场景分析替代典型日场景分析，实现系统级特征事件识别溯源，增强预测预判与控制能力。例如，基于能源人工智能的智能调控数字平台，帮助电网调控业务实现数字化、智慧化升级。其核心要点如下：一是多源的数据驱动，特别是对分布式电源侧的数据采集，以及对其他非结构化数据的采集；二是建立调控业务的数字化闭环，使电网事件监测、方案推送、任务执行始终得到数字化赋能与支撑，并将结果返回到知识库系统，保证数据与业务的双向反馈。

（2）数字能源产品促使能源经济价值释放。

能源数字化的新价值在于数据驱动的价值，不仅能够服务能源产业链和供应链，还能够提高产业协同互动能力，对国家"双碳"目标实现与治理现代化都具有重要促进作用。数字能源产品，本质上是由算法、算力、数据、知识构成的一种新型能源产品，用数据"轻资产"破解能源电力"重资产"传输转换中的时空损耗，为能源产业分工体系涌现新的价值发现机制与产业组织形态提供可能性。其中，典型的"能源电力大数据"具有价值密度高、分秒级实时准确、全方位真实可靠和全生态独占性连接的特点，基于新型电力系统的能源电力大数据，将有利于创新性提出低碳数字产品。

业态列举：随着能源大数据中心在全国范围内的建设，能源数据对区域高质量协同发展的赋能效应将更加显著。能源大数据中心不仅涵盖电、煤、油、气、水、热等各类能源的生产、输送、转化、存储、消费等数据，中长期也将集成环境、GDP、投资、消费、进出口、地理、交通等多元经济社会数据。由于能源对地区的社会、经济、生态、环境等方面都有重要影响，准确发现、深入挖掘能源与地区发展不同维度之间的关系，可以助力区域高质量协同发展。例如，结合第六、七次人口普查数据，通过分析国家电网经营区2011—2020年南北地区用电量数据发现：能源利用效率"南高北低"特征进一步强化，产业链用电"南下北上"布局特征明显，新旧动能转化呈现明显的"南快北慢"分化趋势。

4．跨界创新

（1）智慧能源跨界思维催生多能互补与综合利用。

跨界思维是重要的互联网思维之一。跨界思维是从多角度、多视野看待问题和提出解决方案的一种思维方式，其突破原有行业范围和惯例，借鉴其他行业的理念和技术，创新性地解决原行业旧方法难以解决或解决起来成本过高的问题。智慧能源的提出和发展借鉴了互联网思维，跨界思维在智慧能源中发挥了破除能源系统各项壁垒的重要作用。智慧能源的实施离不开具体对象，跨界思维重点要突破对象之间的界限，包括部门间、主体间、行业间的界限。同时，智慧能源的实现手段分为能量层、信息层、价值层，每个层面都要打破相应的壁垒，释放跨界的效益。

业态列举：从智能电网到智慧能源，在能量流层面发生了实质性变化，即从智能电网的纯电流拓展为智慧能源的电、热、冷、气耦合的多能流，形成综合能源系统。传统电网管理系统只管控电一种能流，而综合能量管理系统同时管控电、热、冷、气等多种能流，实现智慧化的协同优化。传统能源系统由冷、热、电等独立主体能源公司及管网公司分别实现用户能源的供应，能源之间存在很大的交互协同优化空间。同时，随着风、光等间歇式可再生能源的快速发展，需要通过挖掘气、热、冷系统中的慢动态特性蕴含的灵活性促进可再生能源消纳。

（2）智慧能源跨界创新实现单一资源的多功能加载。

智慧能源将打破能源链条维度条块分割带来的利益壁垒，在从以产品为中心转变为以客户为中心的同时，从单一产品服务转变为多种能源产品服务，甚至不限于能源，跨界进入互联网、物联网等领域，进而从传统能源向"智慧能源+智慧城市"转变，建立"互联网+平台"思维，以数字化、智能化为代表，充分开展能量流、信息流、业务流的互动。也就是说，智慧能源体现在将不同行业单一的用能设备集成在一起，在方便供能的同时，节约占地，集中管控，并提供能源大数据增值服务。未来，从单调到多样的智慧能源的新业态，将重点挖掘"一杆多用""多站合一""多表集抄"之后的数据增值服务，服务于城市智慧能源及智慧城市建设的基础设施支撑作用。

业态列举：智慧路灯集公共照明、视频监控、环境监测、微基站、充电桩等功能模块于一体，实现一杆多用，能够通过能量流的智慧管理与调度，实现资源效用的聚合与最大化利用；四网融合是用一根线路光纤复合低压电缆，承载"互联网、广播电视网、电信网和电网"业务需求，打破多行业跨界融合的壁垒，实现智慧城市"最后一公里"的宽带网络接入；多站合一就是多站融合，即探索利用密集分布的变电站资源，建设运营数据中心站、5G基站、北斗地基增强站等，对内可支撑智能电网业务，对外可助力新基建，推动经济社会发展。

12.3 我国综合能源服务的体系架构与理论基础

12.3.1 我国综合能源服务的体系架构

相对于传统能源系统分块独立的体系架构，综合能源服务的体系架构如图 12-4 所示。一方面，综合能源服务可以分为狭义综合能源服务和广义综合能源服务。另一方面，综合能源服务的体系架构可按能量层、信息层及价值层进行解读，即狭义综合能源服务以综合能源供应为抓手，在物理层强调能量流的梯级综合利用、多能互补；在信息层强调信息流改造能量流，实现按需供应、动态协调。同时，能量流与信息流在价值层实现高度融合，驱动广义综合能源服务开放共享与协同流动，最终从能源服务系统全生命周期视角，实现能源系统能量-经济-环境多维度最大效益。

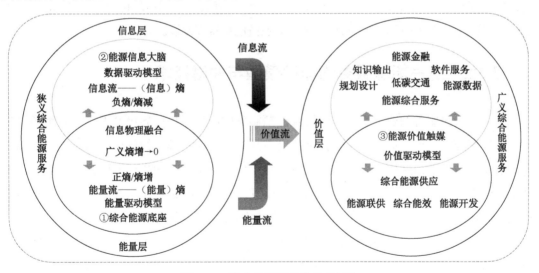

图 12-4　综合能源服务的体系架构

（1）综合能源服务能量层以综合能源系统、多能互补、微能源网等业态为抓手，强调以新能源电力为核心，集成冷、热、气等能源，实现异质能量流的多能互补与综合利用。综合基础系统按照空间尺度的大小可以分为区域级、领域级、园区级、楼宇级，其关键区别在于是否有能源电力、热力、气网的互联。但其物理本质就是通过化学能、电能、热能等异质能量的耦合，利用热电转换、电热转换、电化学转换、清洁转换及风电光伏转换等能量转换技术，实现能源网络能量流的合理分配，满足用户的冷、热、电、气需求。

（2）综合能源服务信息层借助"互联网"的系统化思维和信息化手段，以能源信息管控平台为抓手，实现"源、网、荷、储"等环节能源系统的全景感知、数据驱动与智慧运行，尽可能降低综合能源服务能量系统的熵增速率。能源信息系统多以能源信息管控平台为抓手，赋能能源系统的改造与优化，主要体现在覆盖多元异构能源数据的全面态势感知、多元化实时通信、大数据挖掘与边缘友好协同体系建设等方面。信息层利用综合能源系统运行时产生的海量结构化数据和非结构化数据，通过能源大数据信息熵的量化和挖掘形成有用的信息流，指导综合能源系统合理分布能流。

（3）综合能源服务价值层就是实现综合能源服务的价值贡献。综合能源服务价值层强调基于市场交易机制实现综合能源服务在规划、运行、市场等环节的"共享、共建、共治、共赢"，以还原能源的商品属性，实现不同能源主体之间能源的互联互动，优化能源资源的利用率，塑造能源系统生产关系的新生态与新业态。能源价值服务就是以用户为中心，以能量、经济、环境、社会的可持续发展为引导，以用户面对面的交互为手段，利用市场化的引导机制，实现能量流、信息流与价值流的融合，进而实现能源系统的可持续发展。

12.3.2 综合能源服务的理论模型与关键技术

从综合能源服务的业态看，尽管综合能源服务的应用对象边界尺度不一，应用场景多样，但其规划、设计、运行及绩效评价都离不开基本理论及模型的驱动。因此，基于综合能源系统的基本理论架构，综合能源服务的理论模型可以归纳为物理驱动理论、数据驱动理论及模式驱动理论相互融合的"三元理论模型"，如图 12-5 所示。其中，物理、数据、模式驱动理论相互协同，共同激发面向不同场景综合能源服务的价值创造。

（1）物理驱动理论是综合能源服务的底座，即通过源、网、荷、储能源转换、输配、存储及消费等能量流技术的更新迭代，实现综合能源服务内外部能量流的合理布局和流动。综合能源服务常见的物理驱动理论包括总能系统理论、余热回收理论、统一能路理论、综合能源建模理论、能量系统图理论、状态估计理论、故障诊断理论等。例如，多品位异质能源耦合是综合能源系统区别于单一能源系统的首要特征，探索并建立能够揭示综合能源系统各设备及其能流耦合程度的度量理论及技术，对综合能源系统的优化设计及特征刻画具有重要意义。

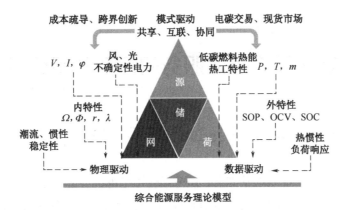

图 12-5 综合能源服务的理论模型

（2）数据驱动理论是综合能源服务的大脑，即通过云、大、物、移、智、链等数字化理念、理论和技术，实现能源系统运行信息的感知、监测、预测、分析、优化、决策等，推动综合能源服务能量流的优化分配与重构，实现能源数字化。综合能源服务常见的数据驱动理论包括能源信息论、运筹优化理论、数字孪生及机器学习理论、半物理半仿真理论、能源区块链、能源负荷预测及功率预测技术、信息通信技术等与大数据相关的理论与技术。例如，在现有综合能源系统研究中，集中式能源站往往忽略了管网中的能量传输过程，所得结果与真实情况存在偏差；分布式能源站通常缺少对能源站的分层与分工，不能发挥站间互济配合的优势。因此，需要基于物理与数据相结合的方法，研究集中式与分布式能源系统相结合的综合能源服务的规划调度理论及技术。

（3）模式驱动理论是综合能源服务的触媒，即通过体制机制改革、商业模式创新、多学科多行业多主体跨界融合，实现不同异质能源在能源各环节、各主体之间的时空流通，消除能源流通的壁垒，实现能源商品化。其中，商业模式的核心在于提出适应能源互联网应用场景的资源投入量化方式，合理评价节点和主体的贡献、技术与资金的权重。综合能源服务常见的模式驱动理论包括电力市场、多能源博弈理论、能源系统绩效评价理论、能源系统工程、虚拟电厂技术、需求响应/管理、云储能、碳市场、碳交易等与能源经济相关的理论与技术。例如，为提高可再生能源消纳能力和综合能源系统的经济性，"点对点""一对多"的绿氢证书交易机制被引入综合能源服务中，但其难以实现绿证交易的市场化，存在组合单向拍卖中单一卖家的垄断现象，因此建立具有组合双向拍卖与绿氢证书的交易市场与机制有可能成为趋势。

12.4 我国综合能源服务问题及政策分析

12.4.1 我国综合能源服务的宏观政策分析

综合能源服务在安全可靠的基础上，服务于促进可再生能源利用、提高能源系统能效、降低用能成本，以及激发能源共享流动的可持续发展愿景。虽然我国各政府部门在节能环保、清洁能源、基础设施、绿色服务等细分领域中多次提及综合能源服务，但综合能源服务的能源综合利用、梯级利用及多能互补等特征，要求涉及的冷、热、电、气及源、网、荷、储各部门之间进行统一施策、系统规划，打破在技术规划、建设施工、业务办理等方面的体制机制壁垒。因此，为增强综合能源服务顶层设计的针对性和前沿性，2020年，国家发展和改革委员会发布了《关于扩大战略性新兴产业投资，培育壮大新增长点增长极的指导意见》（以下简称《指导意见》），其中首次明确表示将综合能源服务纳入国家能源规划，提倡改变供电、供气、供冷、供热等各种能源供应系统单独规划、单独设计和独立运行的既有模式，促进能源基础设施的互联互通。此外，国家发展和改革委员会、国家能源局发布的关于印发《"十四五"现代能源体系规划》的通知中，在"能源产业智能化升级进程加快""实施智慧能源示范工程""支持新模式新业态发展"条目中多次提及培育和壮大综合能源服务产业。

区别于传统的能源服务与节能服务，狭义综合能源服务具有异质能流协调、多环节设备耦合、多元主体博弈、能源系统链条长的特征，导致综合能源服务项目的顶层设计、规划优化、施工运维、绩效评价的复杂性及难度剧增。加之广义综合能源服务应用场景多样、服务对象时空尺度不一、能源市场化壁垒各环节掣肘的现实情况，导致当前综合智慧能源服务项目呈现投资收益难、经济效益差和同质化竞争的问题，面临多层次、多维度、多环节的不确定性风险。因此，《指导意见》明确提出"加强综合能源服务的规划指导和引导，完善相关政策举措，推动综合能源服务积极有序发展"的意见。此后，国家部委出台的十余项政策文件中明确提及了积极健康发展综合能源服务的有关内容，如表12-1所示。

例如，虽然根据国务院早在2013年对于简政放权的部署要求，新能源项目的审批权限由国家发展和改革委员会下放到各省发展和改革委员会，其中光伏实行备案制，风电实行核准制，但在实际执行中，尽管各省出台了相应的实施细则，但由于各级地方政府对新能源项目的诉求各有不同,造成了新能源项目前期手续繁杂,涉及的部门众多,需要多头跑、多次跑。原有的项目审批政策没有界定多能互补类型新能源项目的审批流程,致使大多数省份对于以新能源为主的多能互补项目,还需要按照多个项目来审批。因此,针对以新能源为主体的多能互补、源网荷储、微电网等综合能源项目存在的横跨多部门审批的问题,在深化"放管服"的改革下,《关于促进新时代新能源高质量发展的实施方案》(国办函〔2022〕39 号)提出,综合能源项目可作为整体统一办理核准(备案)手续,以简化综合能源项目行政审批程序,推行项目打包审批,压缩审批时限。针对综合能源服务项目存在绩效评价难及难以监管的问题,《关于印发能源领域深化"放管服"改革优化营商环境实施意见的通知》(国能发法改〔2021〕63 号)对综合能源服务、智慧能源、储能等新产业、新业态,探索"监管沙盒"机制,即在审批权限下放的同时应增强能源领域地方承接能力,明确各级政府部门负面清单、权力清单和责任清单,加强事中事后监管,为综合能源项目落实落地保驾护航,进一步激发市场活力和企业创造力。

表 12-1 综合能源服务国家政策一览

发布时间	政策文件名称及发文号	发布单位	有关综合能源服务的描述
2021/2/22	关于加快建立健全绿色低碳循环发展经济体系的指导意见(国发〔2021〕4 号)	国务院	鼓励建设电、热、冷、气等多种能源协同互济的综合能源项目
2021/2/25	关于推进电力源网荷储一体化和多能互补发展的指导意见(发改能源规〔2021〕280 号)	国家发展和改革委员会	源网荷储一体化和多能互补发展是提升可再生能源开发消纳水平和非化石能源消费比重的必然选择
2021/4/19	关于印发《2021 年能源工作指导意见》的通知	国家能源局	积极推广综合能源服务,着力加强能效管理
2021/9/11	关于印发《完善能源消费强度和总量双控制度方案》的通知(发改环资〔2021〕1310 号)	国家发展和改革委员会	积极推广综合能源服务、合同能源管理等模式
2021/10/26	关于印发 2030 年前碳达峰行动方案的通知(国发〔2021〕23 号)	国务院	推广节能咨询、诊断、设计、融资、改造、托管等"一站式"综合服务模式
2021/12/22	关于印发能源领域深化"放管服"改革优化营商环境实施意见的通知(国能发法改〔2021〕63 号)	国家能源局	推进多能互补一体化和综合能源服务发展,对综合能源服务、智慧能源、储能等新产业、新业态,探索"监管沙盒"机制
2021/12/29	关于印发《加快农村能源转型发展助力乡村振兴的实施意见》的通知(国能发规划〔2021〕66 号)	国家能源局	探索建设多能互补、源荷互动的综合能源系统,为用户提供电、热、冷、气等综合能源服务。完善配套政策机制,推动增量配电企业发展综合能源服务。积极培育配售电、储能、综合能源服务等新兴市场主体

续表

发布时间	政策文件名称及发文号	发布单位	有关综合能源服务的描述
2022/1/29	关于印发《"十四五"现代能源体系规划》的通知	国家发展和改革委员会、国家能源局	在"能源产业智能化升级进程加快""实施智慧能源示范工程""支持新模式新业态发展"中均多次提及培育和壮大综合能源服务产业
2022/1/30	完善能源绿色低碳转型体制机制和政策措施的意见	国家发展和改革委员会、国家能源局	探索建立区域综合能源服务机制，公共电网企业、燃气供应企业应为综合能源服务运营企业提供可靠能源供应，并做好配套设施运行衔接
2022/5/14	关于促进新时代新能源高质量发展的实施方案（国办函〔2022〕39号）	国务院办公厅	以新能源为主体的多能互补、源网荷储、微电网等综合能源项目，可作为整体统一办理核准（备案）手续

12.4.2 我国综合能源服务发展建议

我国综合能源服务相关技术及产业目前还处于初级阶段，作为新型电力系统的重要业态之一，综合能源服务的发展是一个不断迭代的过程。随着国家"双碳"战略进程的发展，综合能源服务的新技术、新业态和新模式将层出不穷。然而，相较于对国家"碳达峰"的贡献（2020年碳排放达113亿吨，多数研究认为2030年碳排放峰值应控制在低于130亿吨的水平），综合能源服务对"碳中和"的贡献将更为显著，其市场容量将数倍于"碳达峰"前的市场容量（2060年净碳排放将从130亿吨减小到与碳汇能量相当，为10亿~30亿吨），但综合能源服务的技术难度也会更高。因此，在《能源法》及综合能源服务相关顶层规划意见的总体框架下，本节提出"双碳"愿景下我国综合能源服务发展的几点建议，以培育综合能源服务产业协同体系。

（1）优化产业生态，保障综合能源服务高质量有序开展。一是深化体制机制改革。加大电改及碳市场、电力现货市场等能源市场机制的改革力度，完善并创新综合能源服务发展的差异化、峰谷两部制、需求响应等价格机制，进一步疏通综合能源服务落地的体制障碍；加强地方政府对综合能源服务项目审核审批、标准规范、绩效管理等方面的组织协调作用，培育综合能源服务理念优化到实践落地的健康生态。二是倡导大众参与的综合能源服务生态。刻画多元化、泛在化综合能源服务终端消费应用场景及商业模式，创新综合能源服务"产、学、研、用、金、政"共建共赢的营商环境；全方位培育公众节能意识，深化打造"源、网、荷、储"各类能源主体广泛参与的市场化态势，激发综合能源服务建设的大众参与潜力，共筑综合能源服务创新创业沃土。三是做好综合能源服务一体化顶层规划。因地制宜，精准把握资源禀赋、负荷特征，落实产业规划及体制机制，分场景扎实做好区域、城市、园区、楼宇及各类创新元素的综合能源服务的示范，有效规避负荷侧、资源侧、技术路线、商业模式及商法上的不确定性风险及问题，夯实规划、设计、建设和运营的一体化体系，做好综合能源服务试点示范的顶层设计和总体规划。四是完善综合能源服务的财税金融体系。对有较大社会经济效益和推广价值的综合能源服务细分子领域，考虑引入财政补贴支撑；实施差别化税收政策，在不同税种下尽可能对综合能源服务产业中的民营企业、中小微企业适用较低档的税率；完善多元化金融服务，建立综合能源服务融资支持体系，大力发展综合能源服务绿色碳金融。

（2）突破关键技术，夯实综合能源服务一体化协同基础。一是加强综合能源服务的集成优化与多元互动。加强综合能源服务专项科技规划研究，夯实多种异质能源供应与多类消费需求的多能互补、梯级利用、网络耦合、源荷互动及管控优化的理论基础，加快推动不同时空尺度下综合能源服务的通用建模技术及运营调度方法研究与应用，挖掘综合能源服务各元素之间多元互动的潜力和综合效益。二是加快综合能源服务关键技术的标准化建设。瞄准综合能源服务物理层、信息层和价值层的关键技术及创新服务的标准化需求，优化能源、信息、管理交叉融合的标准化体系，进一步提高综合能源服务标准化工作的质量与效率，全面科学指导各类综合能源服务项目的规范设计和实际运行。三是推动综合能源服务关键技术的升级与优化。加快电厂灵活性改造、多端口能源路由装置、多场景多品位储能、电转热／冷／气／氢／海水淡化、热泵及余热动力循环、中低品位热能高效利用、虚拟电厂等关键技术，以及生态能源、碳汇技术等创新技术在综合能源服务物理层的应用，深入研究"云、大、物、移、智、链"及 5G 等信息通信技术在综合能源服务信息物理层的融合与应用，加快碳交易、绿色配额交易市场在综合能源服务试点项目中的实施。四是加强综合能源服务的人才培养。发挥各类综合能源服务信息平台及科研院所在综合能源服务宣传培训、技术推广、案例分析、成果展示等方面的作用，通过考核和激励手段促进各类综合能源服务专业从业人员加强培训；探索建立复合型人才评价和职业发展通道体系，完善"碳中和"下综合能源服务学科专业体系建设，深化教育改革，加快综合能源服务创新型、技能型、管理型人才培养。

（3）瞄准典型场景，创新综合能源服务定制化增值服务。一是优化综合能源服务的营商环境。强化综合能源服务的落地实践，紧密围绕产业规划及资源禀赋，创新多元化、差异化、定制化的综合能源服务应用场景、关键技术、商业模式及增值服务，并举增量能源基础设施重资产投资与存量能源系统轻资产服务，优化综合能源服务及智慧能源综合服务的营商环境。二是创新能源与信息融合应用新模式。深入贯彻落实综合能源服务信息流改造能量流的建设理念，契合数字新基建，积极打造数据中心、5G基站、电动汽车、光电建筑等综合能源服务落地应用创新解决方案，加快供热、制冷、园区用能和需求侧资源调度等能源供给与消费的电气化、数字化、智慧化，深挖需求侧能源及资源响应潜力，优化能源物理资源加载的数字化手段及能源供应模式。三是创新综合能源服务大数据增值服务。从政策机制、战略规划、顶层设计、解决方案、技术工具、试点示范等方面，研究综合能源服务及能源数据的价值应用体系、价值驱动模型、价值挖掘方式；探索能源数据共享服务机制、数据资产管理方式、数据价值创新模式，激发为各级政府、能源企业及居民用户提供能源大数据的增值服务新业态。四是完善综合能源服务的产业协同体系。在国家产业结构调整目录、绿色产业目录中，系统引入综合能源服务产业细分内容，引导综合能源服务产业发展；鼓励综合能源服务产业与其他产业的深度融合与互联互通，促进多种能源的优化互补及能源相关产业的协同发展。

12.5 参考文献

[1] 周伏秋，邓良辰，冯升波，等．综合能源服务发展前景与趋势[J]．中国能源，2019，41(01):4-7+14.

[2] 黄建欢，杜静谊．发展能源服务业推进节能减排：国外的经验与借鉴[J]．统计与决策，2011(05):130-133.

[3] 赵军，王妍，王丹，等．能源互联网研究进展：定义、指标与研究方法[J]．电力系统及其自动化学报，2018，30(10):5-18.

[4] Quelhas A, Gil E, Mccalley J D, et al. A Multiperiod Generalized Network Flow Model of the U.S. Integrated Energy System: Part I—Model Description[J]. IEEE Transactions on Power Systems, 2007, 22(2):829-836.

[5] Wei G, Wang J, Shuai L, et al. Optimal operation for integrated energy system considering thermal inertia of district heating network and buildings[J]. Applied Energy, 2017, 199:234-246.

[6] 孙可，段光，李晓春，等．综合能源服务系统结构描述及设计优化[J]．热力发电，2017，46(12):33-39.

[7] 韩洁平，徐茗，闫晶，等．综合能源系统增量成本分摊与效益均衡机制研究——基于耦合储热罐设备的合作模式分析[J]．价格理论与实践，2020(2):79-82.

[8] 张运洲，代红才，吴潇雨，等．中国综合能源服务发展趋势与关键问题[J]．中国电力，2021，54(02):1-10.

[9] 王静雯，李华强，李旭翔，等．综合能源服务效用模型及用户需求评估[J]．中国电机工程学报，2020，40(02):411-425.

[10] 戚艳，刘敦楠，徐尔丰，等．面向园区能源互联网的综合能源服务关键问题及展望[J]．电力建设，2019，40(01):123-132.

[11] 马钊, 周孝信, 尚宇炜, 等. 能源互联网概念、关键技术及发展模式探索[J]. 电网技术, 2015, 39(11):3014-3022.

[12] 贾宏杰, 王丹, 徐宪东, 等.区域综合能源系统若干问题研究[J].电力系统自动化, 2015, 39(07):198-207.

[13] 李扬, 王赫阳, 王永真, 等. 碳中和背景、路径及源于自然的碳中和热能解决方案[J]. 综合智慧能源, 2021, 43(11):5-14.

[14] 王永真, 张宁, 关永刚, 等. 当前能源互联网与智能电网研究选题的继承与拓展[J]. 电力系统自动化, 2020, 44(04):1-7.

[15] 王深, 吕连宏, 张保留, 等. 基于多目标模型的中国低成本碳达峰、碳中和路径[J]. 环境科学研究, 2021, 34(09).

[16] 中华人民共和国国家统计局. 中国统计年鉴[M]. 北京: 中国统计出版社, 2021.

[17] 康重庆, 王毅, 张靖, 等.国家能源互联网发展指标体系与态势分析[J].电信科学, 2021(2019-6):2-14.

[18] DONG S, WANG C, LINAG J, et al. Multi-objective day-ahead optimization scheduling of integrated energy system based on power to gas operation cost [J]. Power system automation, 2018, 42(11):8-15.

[19] 王永真, 张靖, 潘崇超, 等. 综合智慧能源多维绩效评价指标研究综述[J], 全球能源互联网, 2021, 4(03):207-225.

[20] 王永真, 康利改, 张靖, 等. 综合能源系统的发展历程、典型形态及未来趋势[J]. 太阳能学报, 2021(08):84-95.

[21] 臧海祥, 耿明昊, 黄蔓云, 等. 电-热-气混联综合能源系统状态估计研究综述与展望[J]. 电力系统自动化, 2022, 46(7):13.

[22] 顾伟, 陆帅, 王珺, 等. 多区域综合能源系统热网建模及系统运行优化[J]. 中国电机工程学报, 2017, 37(5):11-19.

[23] 朱灵子, 翟勇, 唐建兴, 等. 基于信息物理模型的可再生能源电网能量平衡控制[J]. 可再生能源, 2022, 40(2):6-15.

[24] 杨杰, 郭逸豪, 郭创新, 等. 考虑模型与数据双重驱动的电力信息物理系统动态安全防护研究综述[J]. 电力系统保护与控制, 2022, 50(7):12-19.

[25] 董瑞彪, 刘永笑, 黄武靖, 等. 基于综合能源系统价值分析的能源互联网运营商定价方法[J]. 电力建设, 2019, 40(11):10-19.

[26] 郭远征. 基于价值网络的综合能源系统价值评估模型及应用研究[D]. 北京: 华北电力大学, 2019.

[27] 徐航, 董树锋, 何仲潇, 等. 考虑能量梯级利用的工厂综合能源系统多能协同优化[J]. 电力系统自动化, 2018, 42(14): 123-130.

[28] 黄伟, 刘文彬. 基于多能互补的园区综合能源站-网协同优化规划[J]. 电力系统自动化, 2020, 44(23):20-28.

[29] 王雪冬, 田明昊, 匡海波. 初创企业商业模式预评价指标体系构建研究[J]. 科研管理, 2018, 39(9):159-168.

[30] 许彦斌, 马嘉欣, 方程, 等. 我国绿色证书市场价格机制探索与研究——考虑可再生能源电力消纳保障机制下TGC市场的反身性特征[J]. 价格理论与实践, 2020(10): 51-55.

[31] 黄家晖, 李超, 黄微, 等. 基于区块链的园区级多边用电权交易机制及实现方法[J]. 电力自动化设备, 2022, 42(01): 93-100.

[32] 国家发展和改革委员会，国家能源局. 关于印发《"十四五"现代能源体系规划》的通知[EB/OL]. http://www.gov.cn/zhengce/zhengceku/2022-03/23/content_5680759.htm, 2022-1-29.

[33] 国家发展和改革委员会，国家能源局. 关于促进新时代新能源高质量发展的实施方案[EB/OL]. http://www.forestry.gov.cn/main/72/20220531/090519977555831.html, 2022-5-31.

[34] 魏一鸣，余碧莹，唐葆君，等. 中国碳达峰碳中和时间表与路线图研究[J/OL]. 北京理工大学学报（社会科学版），2022：1-20.

附录 A

各种能源折标准煤参考系数

能源名称		折标准煤系数
原煤		0.7143 kgce/kg
洗精煤		0.9000 kgce/kg
其他洗煤	洗中煤	0.2857 kgce/kg
	煤泥	0.2857～0.4286 kgce/kg
焦炭		0.9714 kgce/kg
原油		1.4286 kgce/kg
燃料油		1.4286 kgce/kg
汽油		1.4714 kgce/kg
煤油		1.4714 kgce/kg
柴油		1.4571 kgce/kg
煤焦油		1.1429 kgce/kg
渣油		1.4286 kgce/kg
液化石油气		1.7143 kgce/kg
炼厂干气		1.5714 kgce/kg
油田天然气		1.3300 kgce/m^3
气田天然气		1.2143 kgce/m^3
煤矿瓦斯气		0.5000～0.5714 kgce/m^3
焦炉煤气		0.5714～0.6143 kgce/m^3
高炉煤气		0.1286 kgce/m^3

续表

能源名称		折标准煤系数
其他煤气	（a）发生炉煤气	0.1786 kgce/m^3
	（b）重油催化裂解煤气	0.6571 kgce/m^3
	（c）重油热裂解煤气	1.2143 kgce/m^3
	（d）焦炭制气	0.5571 kgce/m^3
	（e）压力气化煤气	0.5143 kgce/m^3
	（f）水煤气	0.3571 kgce/m^3
粗苯		1.4286 kgce/kg
热力（当量值）		0.03412 kgce/MJ
电力（当量值）		0.1229 kgce/kWh
电力（等价值）		—
蒸汽（低压）		0.1286 kgce/kg

附录 B

能源系统综合能效评价方法

方法/视角	特点	具体公式	局限	典型参考
能源数量利用效率	能源输入与输出数量守恒	$\eta_{th} = \dfrac{Q_{out}}{Q_{in}}$	仅考虑能量的多少，不能体现能量的品质高低	热力学第一定律，迈尔、焦耳、亥姆霍兹
一次能源视角	一次能源视角下能源输入与输出数量守恒，但仅限于化石能源的一次能源等价	$\eta_{th} = \dfrac{Q_{out}}{Q_{source}}$	在多能互补综合能源系统中，对于可再生电力的一次能源等价无统一说法，需要考虑电力的获得途径	慕尼黑大学 F.Ziegler，2003
系统及过程熵增视角	温度越高，系统内含的有序能越大，系统熵就越小。在实际的传热或者转换过程中，熵是增加的	$ds = \dfrac{\delta Q}{T}$	难以定义并区分热以外的能源转换过程，如可再生电力、燃料电池等	热力学第二定律，开尔文-普朗克、克劳修斯、卡诺
系统及过程火积分析视角	当具有一定约束条件并给定热流边界条件时，火积耗散最小，则导热过程最优（温差最小）；当给定温度边界条件时，火积耗散最大，则导热过程最优（热流最大）	$E = \dfrac{1}{2} Q_{vh} T$	多用于传热过程的分析，难以定义热以外的能源转换过程，如可再生电力	清华大学过增元等
能级分析法	一次能源转换过程中㶲值变化量与焓值变化量的比值	$A = \dfrac{\Delta Ex}{\Delta H}$	能级为过程变量，适用于分析某一具体能量转换过程	日本东京工业大学 Ishida，1997
㶲分析法	通过输入输出能量的能质系数计算对应的最大可用能即㶲值	$\eta_{ex} = \dfrac{Ex_{out}}{Ex_{in}}$	未能包含全部能源形式	清华大学江亿

续表

方法/视角	特点	具体公式	局限	典型参考
碳值分析法	资源、产品或劳务形成过程中直接或间接排放的温室气体，用 CO_2 当量表示	$G_{CO_2} = \sum_i R_i \times \eta_{CO_2,i}$	碳排放数据收集较为困难，相关系数选取对结果影响较大	同济大学龙惟定
能值分析法	资源、产品或劳务形成过程中所储存的太阳能能值	$Y = \sum_i Y_i \times \eta_{em_i}$	相关系数选取对结果影响较大	美国 H.T.Odum

注：表中 η_{th} 为能量效率，Q_{out} 为系统输出能量，Q_{in} 为系统输入能量，Q_{source} 为系统输入一次能源能量，ds 为熵变，δQ 为换热量，T 为换热温度，A 为能级，ΔEx 为㶲值变化量，ΔH 为焓值变化量，η_{ex} 为㶲效率，Ex_{in} 为系统输入，Ex_{out} 为系统输出，G_{CO_2} 为系统 CO_2 排放量，R_i 为系统投入第 i 种资源量，$\eta_{CO_2,i}$ 为对应碳值转化系数，Y 为系统输出总能值，Y_i 为第 i 类产出能量，η_{em_i} 为对应能值转换率。

附录 C

"互联网+" 智慧能源发展脉络

1. 国际

20世纪70年代,巴克敏斯特·富勒提出"全球能源互联网战略"是能源最高优选。

1986年,彼得·迈森创立了全球能源网络学会(GENI),关注国家与大陆之间的电力传输网络连接,强调利用丰富的可再生能源资源。

2004年3月11日,*The Economist*发表文章 *Building the Energy Internet*(建设能源互联网),首次提出建设能源互联网,通过借鉴互联网自愈和即插即用的特点,将传统电网转变为智能、响应和自愈的数字网络。这是能源互联网系统结构及功能研究阶段的起点,标志着现代能源互联网研究的开始。

2008年,德国联邦政府发起E-Energy计划,旨在推动基于ICT技术的高效能源系统项目,致力于能源的生产、输送、消费和储能各个环节之间的智能化,包括"电制氢"(Power to Gas)和"柏林区域能源系统"(Berlin District Energy System)等项目。德国由此成为首个实践能源互联网的国家。

2008年,美国北卡罗来纳州立大学启动"未来可再生电力能源传输与管理系统"项目,研究适应高渗透率分布式可再生能源发电和分布式储能并网的高效配电系统,并称之为能源互联网。

2008年,IBM首次提出"智慧地球"概念,智慧城市建设应运而生,并在之后的全球城市建设中掀起了一股新浪潮。智慧城市建设的核心是智慧能源,但智慧能源又不局限于智慧城市。

2009年,美国奥巴马政府宣布划拨约40亿美元刺激资金用于开发新的电力传输技术。美国政府希望推动新的人工智能电网的开发,该电网将大大提高美国电力基础设施的效率。

2010 年，日本开始推广"数字电网"计划，该计划是基于互联网的启发，构建一种基于各种电网设备的 IP 来实现信息和能量传递的新型能源网。

2010 年，瑞士联邦政府能源办公室和产业部门发起 Vision of Future Energy Networks，认为未来能源网是电、热、冷、天然气等网络相互耦合的结果，重点研究多能源传输系统的利用及分布式能源的转换和存储。

2011 年，欧洲启动"未来智能能源互联网"（Future Internet for Smart Energy，FINSENY）项目，该项目的核心在于构建未来能源互联网的 ICT 平台，支撑配电系统的智能化；通过分析智能能源场景，识别 ICT 需求，开发参考架构并准备欧洲范围内的试验，最终形成欧洲智能能源基础设施的未来能源互联网 ICT 平台。荷兰电工材料协会致力于领导并推广欧盟的能源互联网建设，希望通过建设能源互联网，将数千个小型电厂产生的电流汇集并输送，建立一个能基本实现自我调控的智能化电力系统。丹麦为了在 2050 年实现 100%可再生能源的目标，特别强调电力、天然气、供暖的融合。

2011 年，美国学者杰里米·里夫金在其著作《第三次工业革命》中提出能源互联网是第三次工业革命的核心之一，使得能源互联网被更多人关注，产生了较大影响；之后，他又于 2014 年出版《零边际成本社会》一书，对能源互联网进行了更加系统和全面的论述。

2015 年 4 月，"创新英国"（Innovate UK）设立"能源系统弹射器"（Energy Systems Catapult），支持英国的企业重点研究和开发综合能源系统。此外，荷兰代尔夫特理工大学（TU Delft）有"下一代基础设施"（Next Generation Infrastructures）研究项目，瑞典有"马尔默西港重建"（Western Harbour Front Redevelopment-Malmo）项目，澳大利亚 Wollongong 大学有"智能设施"（Smart Infrastructure）研究项目等。

2. 国内

20 世纪 80 年代，清华大学前校长高景德提出了 CCCP（现代电力系统是计算机、通信、控制与电力系统及电力电子技术的深度融合）的概念。能源互联网概念孕育及提出阶段仅提出了能源互联网的初步概念及愿景，缺少对能源互联网内涵、结构、特征和形态等方面的探讨。

2012 年，清华大学出版社出版了由王毅、张标标等人编著的《智慧能源》，主要介绍了一家公司参与智慧城市和智慧能源建设的成功案例；由刘建平、陈少平和刘涛三位博士合著的《智慧能源——我们这一万年》，从宏观角度阐述了有关智慧能源的理念和未来愿景；里夫金的著作《第三次工业革命》传入中国，书中明确讲到新的通信技术和新的能源系统将再次结合。2012 年 8 月，首届中国能源互联网发展战略论坛在长沙举行，对能源互联网概念进行了初步介绍,之后国内专家学者对能源互联网的概念进行了深入研究。

2013年12月,北京市科委组织"第三次工业革命"和"能源互联网"专家研讨会。

2014年,国家能源局委托江苏现代低碳技术研究院开展"能源互联网战略研究"课题。中国电力科学研究院牵头承担国家电网公司基础前瞻性项目"能源互联网技术架构研究",着力构建未来能源互联网架构,搭建相应的能源互联网研究平台。中国科学院学部开展"我国新一代能源系统战略研究"课题,提出了新一代能源系统的理念。刘振亚提出建设"全球能源互联网"的理论构想,实施清洁替代和电能替代的发展思路。随着党的十八大提出能源革命战略,能源与互联网正不断实现深度融合,极大地促进了国内能源互联网的发展。

2015年4月,由清华大学发起并组织,以"能源互联网:前沿科学问题与关键技术"为主题的香山科学会议在北京香山饭店召开,在国内外产生了重要影响。2015年6月,国家能源局开展"国家能源互联网行动计划战略研究",并将其作为国家"互联网+"行动计划的重要载体。能源互联网系统结构及功能研究阶段对能源互联网的系统结构、内涵特征、关键技术等方面进行了深入研究,但缺少能源互联网工程实践。

2015年,由中国标准出版社出版的《中国智慧能源产业发展报告(2015)》开宗明义地给出了智慧能源的定义,即智慧能源是应用互联网和现代通信技术对能源的生产、使用、调度和效率状况进行实时监控、分析,并在大数据、云计算的基础上进行实时监测、报告和优化处理,以达到最佳状态的开放、透明、去中心化和广泛资源参与的能源综合管理系统。

2015年9月26日,国家主席习近平在联合国发展峰会上倡议探讨构建全球能源互联网,推动以清洁和绿色方式满足全球电力需求,得到国际社会高度赞誉和积极响应。

2016年,国家能源互联网的纲领性文件《关于推进"互联网+"智慧能源发展的指导意见》(以下简称《指导意见》)正式发布。《指导意见》明确提出了能源互联网的发展路线图,明确了推进能源互联网发展的指导思想、基本原则、重点任务和组织实施,标志着能源互联网在中国进入实质性推进阶段。同年3月,国家"十三五"规划纲要正式发布,明确提出建设"源-网-荷-储"协调发展、集成互补的能源互联网。同年4月,由国家发展和改革委员会、国家能源局编写的《能源技术革命创新行动计划(2016—2030年)》正式发布,为中国能源互联网的发展制定了具体的行动计划。

2016年12月,国家自然科学基金委员会第167期双清论坛在天津成功召开,会议研讨了新一代综合能源电力系统的自身内涵和体系构架,梳理了其与智能电网及能源互联网在发展理念、关键技术、体系构架上的区别与联系,探讨了未来能源电力系统的系统规划、运营机制及商业模式。会议认为，新一代综合能源电力系统不仅存在各类能源多环节复杂的时空耦合关系，还是能源系统与信息系统深入融合的产物，是一个典型的信息物理系统（Cyber-Physical System，CPS），具有超高维数、强非线性、复杂多时标、强耦合性、强随机性等特征。会议指出，各类能源之间的互补优化、各自产-输-转-储-荷环节的最优调控，以及系统故障时多能源耦合场景下的系统稳定性分析、安全调控理论与技术是保证新一代综合能源电力系统安全、稳定和高效运行的基础。

2017年，智慧能源上升为国家发展重点。国家能源局发布《能源发展"十三五"规划》及《可再生能源发展"十三五"规划》，其中提到智慧能源的相关内容，智慧能源或成为能源未来发展趋势。同年，首批55个能源互联网示范项目正式公布，此举标志着能源互联网试点建设工作正式启动，推动了智慧能源的实质性发展。

2018年，智慧能源被纳入战略产业范畴。国务院印发《"十三五"国家战略性新兴产业发展规划》，提出到2020年，形成新一代信息技术、高端制造、生物、绿色低碳、数字创意5个产值规模10万亿元级的新支柱，并在更广领域形成大批跨界融合的新增长点，平均每年带动新增就业100万人以上。

2019年，国家能源局发文促进新能源建设发展。国家能源局官网发布《关于推进风电、光伏发电无补贴平价上网项目建设的工作方案（征求意见稿）》（以下简称《工作方案》）。《工作方案》提出，要优先建设平价上网项目，在组织电网企业论证并落实拟新建平价上网项目电力送出和消纳条件基础上，先行确定一批2019年度可开工建设的平价上网风电、光伏发电项目。《工作方案》明确，具备建设风电、光伏发电平价上网项目条件的地区，有关省（区、市）发展和改革委员会应于4月25日前报送2019年度第一批风电、光伏发电平价上网项目名单。同年，智慧能源企业界定评估标准发布。由全国节能减排标准化技术联盟主持编写，国际公认的检验、鉴定、测试和认证机构SGS参与起草的《智慧能源企业分类》及《智慧能源企业评估指标》标准正式发布，并于2019年5月10日正式实施。这是国内首次出台与智慧能源相关的标准，填补了国内在智慧能源企业界定分类及评估方面缺乏有效评价准则的空白。

附录 D

能源互联网及相关定义分析

中文名称	英文名称	出处	定义	内涵	特征	代表性工作
能源互联网	Energy Internet	Building the Energy Internet.The Economist. 2004.3.11	传统的电网应该转型为智能化、快速响应和能够自我愈合的数字网，也就是能源互联网	能源互联网具有三层组成架构： 1．基础设施层——物理基础：多能协同能源网络 2．信息应用层——实现手段：信息物理能源系统 3．市场交易层——价值实现：创新模式能源运营	智能化、快速响应、能够自我愈合、以可再生能源为主要一次能源；超大规模分布式发电系统与储能系统；互联网技术；交通系统的电气化	中国能源互联网示范项目、美国FREEDM项目，以能源局域网为基本节点，以电网、管网、路网为骨干网架，由点及面形成广域互联，即能源广域网，并进一步形成全球互联
		杰里米·里夫金.第三次工业革命：新经济模式如何改变世界 [M].张体伟，孙豫宁，译．北京：中信出版社，2012：46-56．	以新能源技术和信息技术的深入结合为特征，一种新的能源利用体系即将出现，即能源互联网			
		《关于推进"互联网+"智慧能源发展的指导意见》（发改能源〔2016〕392号）	能源互联网是一种互联网与能源生产、传输、存储、消费及能源市场深度融合的能源产业发展新形态		具有设备智能、多能协同、信息对称、供需分散、系统扁平、交易开放等主要特征	

续表

中文名称	英文名称	出处	定义	内涵	特征	代表性工作
互联网能源	Internet of Energy	BDI Initiative, Internet of Energy[R]. German, 2008.	互联网能源是互联网和新能源技术相融合的全新的能源生态系统	侧重于信息互联网，提供更低的成本、更优的服务、更自主的权利。将信息网络定位为能源互联网的支持决策网，通过互联网进行信息收集、分析和决策，从而指导能源网络的运行调度	具有"五化"的特征：能源结构生态化、市场主体多元化、能源商品标准化、能源物流智能化、能源交易自由多边化	欧洲 E-Energy 计划致力于能源的生产、输送、消费和储能各个环节之间的智能化。E-Energy 计划选取了 6 个示范项目，分别由 6 个技术联盟来负责具体实施
全球能源互联网	Global Energy Interconnection	刘振亚. 全球能源互联网[M]. 北京：中国电力出版社，2014.	全球能源互联网是以特高压电网为骨干网架、全球互联的坚强智能电网，是清洁能源在全球范围内大规模开发、输送、使用的基础平台	实质就是"智能电网+特高压电网+清洁能源"。智能电网是基础，特高压电网是关键，清洁能源是根本。树立全球能源观，构建全球能源互联网，统筹全球能源资源开发、配置和利用，才能保障能源的安全、清洁、高效和可持续供应	绿色低碳、互联互通、共建共享	特高压工程在亚洲采用特高压交流电网，形成紧密联系的网状交流同步电网结构，部分 60 Hz 电网（日本大阪、韩国、菲律宾、中国台湾等）采用直流背靠背隔开
"互联网+"智慧能源	Internet+ Smart Energy	《关于积极推进"互联网+"行动的指导意见》（国发（2015）40号）	通过互联网促进能源系统扁平化，推进能源生产与消费模式革命，提高能源利用效率，推动节能减排	加强分布式能源网络建设，提高可再生能源占比，促进能源利用结构优化。加快发电设施、用电设施和电网智能化改造，提高电力系统的安全性、稳定性和可靠性	设备智能、多能协同、信息对称、供需分散、系统扁平、交易开放	中国能源互联网示范项目

续表

中文名称	英文名称	出处	定义	内涵	特征	代表性工作
智慧能源	Smart Energy	2008年IBM提出"智慧地球"概念，包括智慧城市、智慧电力、智慧电网、智慧能源等	充分开发人类的智力和能力，通过不断技术创新和制度变革，在能源全过程融汇人类智慧，建立和完善符合生态文明和可持续发展要求的能源技术和能源制度体系，从而呈现出的一种全新能源形式	拥有自组织、自检查、自平衡、自优化等人类大脑功能，满足系统、安全、清洁和经济要求的能源形式。载体是能源，保障是制度，动力是科技，精髓是智慧	1. 应用层：对数据进行整理和分析，提供依据辅助决策 2. 传输层：将来自传感层的数据传输到各级能源中心 3. 传感层：由传感器组成传感网	生产报表和能耗指标、能源数据采集及管理分析
智能电网	Smart Grid	欧洲2006年研究报告和美国能源部2008年报告	以特高压电网为骨干网架、各级电网协调发展的坚强网架为基础的现代电网	坚强可靠、经济高效、清洁环保、透明开放、友好互动	自愈性，用户互动性，电能质量，可再生能源接入和分布式储能，成熟、强大的电力市场，优化资产管理	可靠、经济、高效、环境友好和使用安全的智能电网
数字能源	Digital Energy	由通用电气（GE）公司提出	设计和部署业内领先的能源管理技术，提供更为安全、高效、可靠的传输、转换、自动化处理和优化能源的方式	设备监控技术、数据的云计算、人工智能和分析算法、大数据挖掘能力、智慧分析能力、快速迭代能力	包括电网解决方案、工业系统、电能转换、自动化与控制	GE发输配用解决方案
多能互补	Multi-Energy	《关于推进多能互补集成优化示范工程建设的实施意见》（发改能源（2016）1430号）	两种模式：一是实现多能协同供应和能源综合梯级利用；二是推进风光水火储多能互补系统建设运行	构建"互联网+"智慧能源的任务之一，推动能源清洁生产就近消纳，减少弃风、弃光、弃水	1. 终端一体化集成供能系统 2. 风光水火储多能互补系统	多能互补集成优化示范工程

附录 E

综合能源系统相关规划工具一览

工具名称	模拟目标	问题类型	涉及能源服务领域	空间尺度（是否考虑多区域）	时间尺度（总长度/粒度）	是否开源	开发者	上手难易度	参考/链接
Balmorel	模拟仿真	设计+运行	电/热/交通	国家-地区/考虑跨区域流动	多年/逐时	免费	Hans Ravn	较易（一周）	http://www.balmorel.com/index.php Balmorel 是一种局部均衡模型，从国际角度分析电力及热电联产行业。它具有高度通用性，可用于长期或短期的运营分析
CEA	模拟优化，多目标优化	设计+运行	电/热/冷	区域/不考虑跨区域流动	单年/逐时	免费	苏黎世联邦理工学院	较易	https://cityenergyanalyst.com/ 免费的开源 GIS 集成软件，适用于低碳高效城市设计的城市建筑模拟平台
District ECA	模拟优化	设计	电/热	区域/不考虑跨区域流动	单年/逐月	免费	德国弗劳恩霍夫建筑物理研究中心，国际能源署欧洲经委会	较易	https://www.district-eca.de/index.php?lang=en 该软件的核心是用于区域能源评估的工具，它使用原型和其他预先设置的配置，允许简单快速的数据输入映射区域内的所有建筑

综合能源系统相关规划工具一览 附录 E

续表

工具名称	模拟目标	问题类型	涉及能源服务领域	空间尺度（是否考虑多区域）	时间尺度（总长度/粒度）	是否开源	开发者	上手难易度	参考/链接
EnergyPLAN	模拟仿真	设计+运行	电/热/冷/交通/工业	国家-地区/不考虑跨区域流动	单年/逐时	免费	丹麦奥尔堡大学	较易（几天到一个月）	https://www.energyplan.eu/ 模拟国家尺度能源系统的逐时运行，包括冷/热/电/工业/交通环节，具有优化的用户界面，提供大量培训资料
EnergyPRO	模拟仿真	设计/运行	电/热/冷	区域/考虑跨区域流动	多年/分钟	付费	EMD International	较易（一天）	https://www.emd.dk/energypro/ EnergyPRO 是对复杂能源项目进行建模和分析的软件，该软件整合了电力和热能的供应
HOMER	模拟优化，技术、经济分析	设计+运行	电/热	区域/考虑跨区域流动	单年/分钟	部分付费	美国国家可再生能源实验室	较易（一天）	https://www.homerenergy.com/ HOMER 可模拟优化独立和并网的电力系统，包括风力涡轮机、光伏阵列、河道水电、生物质能、内燃机发电机、微型涡轮机、燃料电池、电池和储氢装置的任意组合，服务于电力和热负荷（通过单独或区域供热系统）
HUES	模拟仿真	设计+运行	电/热/冷	区域-楼宇/不考虑跨区域流动	单年/逐时（可调）	免费	瑞士联邦材料科学与工程实验室的城市能源系统实验室，维多利亚大学	普通编程	https://hues-platform.github.io/ HUES 支持分布式能源系统（DES）的设计和控制。通过汇集反映前沿 DES 研究的各种计算资源，加速研究并促进 DES 的有效部署
Oemof	模拟仿真	运行	电/热	国家/考虑跨区域流动	多年/逐时	免费	可持续能源系统中心（ZNES），柏林莱纳·勒莫因研究所（RLI），马格德堡奥托·冯·格里克大学（OVGU）	困难编程	https://oemof.readthedocs.io/en/v0.0.4/overview.html 用于对能源供应系统进行建模和分析，同时考虑了功率、热量及预期的移动性

续表

工具名称	模拟目标	问题类型	涉及能源服务领域	空间尺度（是否考虑多区域）	时间尺度（总长度/粒度）	是否开源	开发者	上手难易度	参考/链接
OSeMOSYS	成本优化	设计+运行	电/热/冷/工业/交通	所有空间尺度/考虑跨区域流动	多年/逐时	免费	国际原子能机构（IAEA），联合国工业发展组织（UNIDO），皇家理工学院，斯坦福大学，伦敦大学学院（UCL），开普敦大学（UCT），保罗谢勒研究所（PSI），斯德哥尔摩环境研究所（SEI），北卡罗来纳州立大学	困难编程	https://osemosys.readthedocs.io/en/latest/manual/Introduction.html OSeMOSYS 计算能源供应组合（根据发电能力和能源供应），以满足每年的能源服务需求，并在研究案例的每个时间步长中最小化总贴现成本
RETScreen	模拟仿真，经济、环保分析	设计	电/热/冷/工业	所有空间尺度/不考虑跨区域流动	多年/逐月	免费	加拿大自然资源公司	较易	https://www.energyplan.eu/othertools/allscales/retscreen/ RETScreen 是一款清洁能源管理软件，用于能源效率分析、可再生能源和热电联产项目可行性分析及能源绩效分析
WebOpt online version of DER-CAM	多目标优化	设计+运行	电/热/冷/交通	区域/不考虑跨区域流动	多年/逐时	免费	美国劳伦斯伯克利国家实验室	较易	https://building-microgrid.lbl.gov/sites/all/files/projects/WebOptManual%20V2-5-1-26.pdf DER-CAM 的网页版
MODEST	成本优化	设计+运行	电/热/冷	区域/不考虑跨区域流动	多年/逐时	免费	Henning D.	较易	https://www.energyplan.eu/othertools/local/modest/ MODEST 能源系统优化模型计算如何以最低成本满足能源需求
INSEL	热能与电力系统监控	设计+运行	电/热/冷	区域-楼宇/不考虑跨区域流动	单年/秒	付费	德国奥尔登堡大学	较易	https://www.insel.eu/en/home_en.html INSEL 可创建系统模型，规划、监测电力与热能系统配置的灵活性

续表

工具名称	模拟目标	问题类型	涉及能源服务领域	空间尺度（是否考虑多区域）	时间尺度（总长度/粒度）	是否开源	开发者	上手难易度	参考/链接
TRNSYS	模拟仿真	设计+运行	电/热/冷	区域-楼宇/不考虑跨区域流动	多年/逐时（可调）	付费	美国威斯康星大学和美国科罗拉多大学	较易（一天）	http://www.trnsys.com/ TRNSYS 最大的特色在于其模块化的分析方式。所谓模块分析，即认为所有热传输系统均由若干个较小的系统（即模块）组成，一个模块实现一种特定的功能，如热水器模块、单温度场分析模块、太阳辐射分析模块、输出模块等
Dymola	建模仿真	运行	电/热/冷/工业/交通	区域-楼宇/不考虑跨区域流动	单年/逐时	部分免费	德国弗劳恩霍夫太阳能研究所	普通	https://en.wikipedia.org/wiki/Dymola Dymola 是一个基于开放 Modelica 建模语言的商业建模和仿真环境。它可以评估能源系统的生命周期成本和平均成本
DER-CAM	模拟仿真，规划优化，多目标分析	设计+运行	电/热/冷	区域-楼宇/考虑跨区域流动	单年/逐时	免费	美国劳伦斯伯克利国家实验室	较易	https://building-microgrid.lbl.gov/projects/der-cam DER-CAM 是一个强大而全面的决策支持工具，主要用于在建筑物或多能源微电网环境下确定分布式能源的最佳投产方案
MARKAL/TIMES	模拟仿真	设计+运行	电/热/冷/工业/交通	国家/考虑跨区域流动	多年/逐时	付费	国际能源署能源技术系统分析计划	困难（几个月培训）	https://www.energyplan.eu/othertools/national/markaltimes/ MARKAL/TIMES 是包含丰富技术的能源/经济/环境模型软件
H2RES	模拟仿真	设计+运行	电/热/水/氢	孤岛/不考虑跨区域流动	多年/逐时	付费	里斯本高级技术学院，克罗地亚萨格勒布大学机械工程与海军建筑学院	普通	https://www.energyplan.eu/othertools/island/h2res/ H2RES 是一个平衡工具，用于模拟可再生能源与能源系统的整合，考虑海水淡化

续表

工具名称	模拟目标	问题类型	涉及能源服务领域	空间尺度（是否考虑多区域）	时间尺度（总长度/粒度）	是否开源	开发者	上手难易度	参考/链接
DEEP	模拟优化	设计+运行	电/热/冷	区域-楼宇/不考虑跨区域流动	单年/逐时	免费	深圳市建筑科学研究院股份有限公司	较易	DEEP 可用于优化分布式能源系统容量，以及提前确定最佳运行时刻表
IES-Plan	模拟仿真，智能规划	设计+运行	电/热/冷	区域/不考虑跨区域流动	单年/逐时	免费	东南大学分布式发电与主动配电网研究所	较易	http://www.guoenergy.com/ IES-Plan 是综合能源系统一站式规划平台
EnergyScope TD	模拟优化	设计+运行	电/热/工业/交通	城市/不考虑跨区域流动	多年/逐时	免费	比利时鲁汶大学机械、材料和土木工程研究所工业过程和能源系统工程（IPESE），瑞士洛桑联邦理工学院	较易	https://www.science-direct.com/science/article/pii/S0306261919314163?via%3Dihub EnergyScope TD 是用于城市和区域能源系统战略能源规划的模型
Calliope	模拟仿真	设计+运行	电/热/冷/交通	所有空间尺度/考虑跨区域流动	多年/逐时	免费	伦敦帝国理工学院的 Grantham 学院和欧洲创新技术研究所的 Climate-KIC 计划	困难	https://www.callio.pe/ Calliope 可轻松构建从市区到整个大洲的各种规模的能源系统模型
COMPOSE	模拟评估	设计+运行	电/热/冷/交通	国家/不考虑跨区域流动	多年/逐时	免费	丹麦奥尔堡大学	较易（3天培训）	https://www.energyplan.eu/othertools/local/compose/ COMPOSE（可持续能源的比较方案）是技术经济能源项目评估模型
DIETER	模拟优化	设计+运行	电/热/交通	国家/不考虑跨区域流动	单年/逐时	免费	德国经济研究所	普通	https://wiki.openmod-initiative.org/wiki/DIETER DIETER 用于研究储能和其他灵活性选项在可再生能源比例很高的环境中的作用
ELMOD	模拟调度	运行	电/热	国家/考虑跨区域流动	单年/逐时	免费	柏林工业大学	普通	https://wiki.openmod-initiative.org/wiki/ELMOD ELMOD 是德国（和欧洲）电力和热电联产供热部门的确定性线性或混合整数调度模型框架

续表

工具名称	模拟目标	问题类型	涉及能源服务领域	空间尺度（是否考虑多区域）	时间尺度（总长度/粒度）	是否开源	开发者	上手难易度	参考/链接
EMINENT	模拟评估	设计+运行	电/热/冷	国家/不考虑跨区域流动	多年/年	免费	荷兰应用科学研究组织（TNO）	普通（1个月培训）	https://www.energyplan.eu/othertools/national/eminent/ EMINENT 旨在帮助更快地将新能源技术和新能源解决方案引入市场
Energy Trans.Mod.	需求模拟	设计+运行	电/热	国家/不考虑跨区域流动	多年/年	免费	昆特尔智能	较易	https://wiki.openmod-initiative.org/wiki/Energy_Transition_Model 基于Web模型和一个国家能源系统的整体描述
Ficus	模拟优化	设计+运行	电/热/冷/工业	区域/考虑跨区域流动	单年/15分钟	免费	能源经济与应用技术研究所	较易	https://wiki.openmod-initiative.org/wiki/Ficus 局部能源系统的（混合整数）线性优化模型
IKARUS	模拟仿真	设计	电/热/冷/工业/交通	国家/考虑跨区域流动	多年/5年	部分付费	德国于利希研究中心能源研究所	难（3个月培训）	https://www.energyplan.eu/othertools/national/ikarus/ IKARUS 是用于国家能源系统的动态的自下而上的线性成本优化方案模型
Invert	模拟仿真	设计	电/热/冷/交通	国家/不考虑跨区域流动	多年/单年	免费	维也纳科技大学能源经济学小组（EEG）	较易（1天培训）	https://www.energyplan.eu/othertools/national/invert/ Invert 支持可再生能源和高效能源技术的有效推广方案的设计
NEMS	模拟仿真	设计	电/热/冷/工业/交通	国家/不考虑跨区域流动	多年/年	部分付费	美国能源信息管理局（EIA）	普通	https://www.energyplan.eu/othertools/national/nems/ NEMS 是美国能源市场的大型区域性能源经济环境模型

续表

工具名称	模拟目标	问题类型	涉及能源服务领域	空间尺度（是否考虑多区域）	时间尺度（总长度/粒度）	是否开源	开发者	上手难易度	参考/链接
ORCED	模拟调度	运行	电/交通	国家-区域/不考虑跨区域流动	多年/逐时	免费	美国橡树岭国家实验室（ORNL）	普通（一周培训）	https://www.energyplan.eu/othertools/national/orced/ ORCED 模拟在某个地区调度发电厂，以满足直至2030年任何一年的电力需求
PyPSA	模拟优化	设计+运行	电/热/交通	国家/不考虑跨区域流动	多年/逐时	免费	国际 SAMBO 联合会	较易	https://wiki.openmod-initiative.org/wiki/PyPSA PyPSA 用于模拟和优化现代能源系统，其中包括可变风能和太阳能发电、存储单元、扇区耦合，以及交流和直流混合网络等功能
Switch	模拟优化	设计+运行	电/热/冷/交通	任意尺度/考虑跨区域流动	多年/逐时	部分付费	夏威夷大学	较易	https://wiki.openmod-initiative.org/wiki/Switch Switch 是具有大量可再生能源存储和/或需求响应的电力系统的容量规划模型
Temoa	模拟优化	设计	电/热/冷/交通	国家/不考虑跨区域流动	多年/多年	免费	北卡罗来纳州立大学	较易	https://wiki.openmod-initiative.org/wiki/Temoa Temoa 是一个开源框架，使用自下而上、技术含量高的能源系统模型进行分析
TransiEnt	模拟仿真	设计+运行	电/热/工业	城市/考虑跨区域流动	单年/秒（可调）	免费	汉堡工业大学	较易	https://wiki.openmod-initiative.org/wiki/TransiEnt TransiEnt 是用 Modelica 建模语言编写的，并允许对具有大量可再生能源的耦合能源网络进行仿真
URBS	模拟优化	设计+运行	电/热/冷/交通	任意尺度/考虑跨区域流动	单年/逐时	免费	慕尼黑工业大学 EI ENS	普通	https://wiki.openmod-initiative.org/wiki/URBS URBS 是用于容量扩展计划和分布式能源系统的机组承诺的线性规划优化模型

续表

工具名称	模拟目标	问题类型	涉及能源服务领域	空间尺度（是否考虑多区域）	时间尺度（总长度/粒度）	是否开源	开发者	上手难易度	参考/链接
CloudIEPS	模拟规划	设计+运行	电/热/冷	区域/不考虑跨区域流动	单年/逐时	免费	清华四川能源互联网研究院云仿真与智能决策中心	较易	https://ies.cloudpss.net CloudIEPS 充分考虑系统网络拓扑，采用自主研发的多能源网络能量流计算内核支撑综合能源系统规划设计
DES-PSO	模拟优化多目标	设计+运行	电/热/冷	区域/不考虑跨区域流动	多年/逐时	付费	上海电气	较易	https://www.des-pso.com/ DES-PSO 是国内首个针对分布式能源系统的规划设计平台，全方位、多目标的优化引擎提供强大的求解能力和精准的结果分析
DCOT	模拟优化	设计+运行	电/热/冷	区域/不考虑跨区域流动	多年/逐时	免费	中国科学院广州能源研究所	较易	https://wenku.baidu.com/view/6a115cac240c844769eaeef1.html
HOGA	模拟优化	设计+运行	电/水/氢	区域/不考虑跨区域流动	多年/逐时	免费	西班牙萨拉戈萨大学	较易	https://ihoga.unizar.es/en/

附录 F

我国综合能源服务企业数量及其分布

	电力、热力生产和供应业	批发业	科技推广和应用服务业	零售业	专业技术服务业	生态保护和环境治理业	建筑安装业	商务服务业	燃气生产和供应业	其他
安徽	41	16	1	1	1	1	0	0	1	2
北京	61	3	12	1	0	0	0	0	0	3
福建	14	6	1	1	0	0	1	0	0	1
甘肃	18	4	2	0	0	0	0	0	0	3
广东	102	54	16	9	2	2	1	2	1	31
广西	34	6	0	0	0	0	0	0	0	6
贵州	26	3	1	0	1	3	0	1	0	6
海南	16	2	2	1	0	0	0	0	0	0
河北	23	1	5	0	0	0	0	1	0	2
河南	42	9	4	0	0	1	0	0	0	1
黑龙江	12	0	1	0	0	0	3	0	0	3
湖北	32	14	9	3	12	0	1	0	1	7
湖南	42	20	1	1	2	0	0	2	0	4
吉林	10	5	0	0	0	2	1	0	0	1
江苏	91	43	3	4	2	1	5	1	0	8
江西	13	2	0	0	1	0	0	0	0	1
辽宁	24	2	1	0	0	0	0	1	0	1
内蒙古	12	1	0	0	0	0	1	0	0	3
宁夏	9	5	0	2	1	1	0	0	0	2
青海	13	2	0	0	0	0	0	0	0	1
山东	65	92	19	7	6	2	2	2	0	20

续表

	电力、热力生产和供应业	批发业	科技推广和应用服务业	零售业	专业技术服务业	生态保护和环境治理业	建筑安装业	商务服务业	燃气生产和供应业	其他
山西	61	12	1	2	2	3	0	4	1	9
陕西	21	19	4	1	0	1	0	0	0	6
上海	5	5	1	0	1	0	0	0	0	1
四川	31	11	6	0	0	0	1	0	1	5
中国台湾	0	0	0	0	0	0	0	0	0	2
天津	39	13	4	2	4	0	0	0	0	4
西藏	3	0	0	0	0	0	0	0	0	0
中国香港	0	0	0	0	0	0	0	0	0	10
新疆	25	4	1	0	1	0	0	0	1	4
浙江	54	330	7	68	0	1	0	1	0	6
云南	12	4	0	0	0	0	0	0	0	0
重庆	24	40	6	0	2	3	0	0	1	5

备注：截至2022年6月15日，数据来源为企查查，公司名称中含有"综合能源"。

附录 G

我国综合智慧能源科技成果典型案例

序号	题目	单位	参与者	鉴定单位	鉴定时间
1	大型城市能源互联网资源共享协同关键技术与示范工程	南方电网广东电网公司,清华大学,东方电子股份有限公司,北京清大高科系统控制有限公司	孙宏斌,刘育权,陈健,郭庆来,王珂,许苑,王莉,苏志鹏,慈松,马捷然,夏天,李涛,林琳,赖单宏,衷宇清	中国电机工程学会	2020-04-27
2	城市能源互联网中储能规划布局与协调运行关键技术及应用	国家电网上海市电力公司,上海电力大学,中国电力科学研究院有限公司,天津大学,国网浙江省电力有限公司电力科学研究院	时珊珊,杨秀,罗凤章,修晓青,王皓靖,薛花,倪筹帷	中国电力企业联合会	2020-02-22
3	商业建筑虚拟电厂构建与运行关键技术及应用	国家电网上海市电力公司	高赐威,杨建林,乔卫东,陈宋宋,孙国强,张皓,郭明星,蒋传文,宋杰,余涛	科技部	2020
4	综合能源互联网平台开发与应用	天津市普迅电力信息技术有限公司	陈文康,王汝英,魏伟,闫松,张立,张海涛,张来东,戴彬,彭晓武,朱传晶,董建强,刘万龙,柳长俊,霍福望,边立云	天津市高新技术成果转化中心	2019-07-18
5	面向能源互联网的电动汽车柔性智能充电关键技术及应用	国家电网上海市电力公司,上海交通大学,许继电源有限公司,上海国际汽车城(集团)有限公司,华东电力试验研究院有限公司,上海空间电源研究所,同济大学	冯冬涵,王皓靖,董新生,张宇,甘江华,金勇,方陈,解晶莹,周爱国,李红岩	上海市电机工程学会	2019-04-25

续表

序号	题目	单位	参与者	鉴定单位	鉴定时间
6	面向能源互联网的综合能源复杂网络协同规划理论及应用	北京中恒博瑞数字电力科技有限公司	张永浩,周兴华,赵洪刚,仇向东,杨晓亮,任鸿远,赵鹏程	国家知识产权局	—
7	适应多元需求的用户侧综合能源接入设计、优化控制技术及工程应用	国网天津市电力公司,天津大学,国电南瑞科技股份有限公司,天津天求实电力新技术股份有限公司	迟福建,葛磊蛟,林强,李盛伟,何平,杜炜,李小宇,宋杰,羡一鸣,范须露,徐晶,李元良	天津市科学技术评价中心	2020-08-06
8	基于分布式低碳能源站的综合能源系统互联互济高效利用技术与应用	国家电网上海市电力公司,同济大学,清华大学,中国电力科学研究院有限公司,天津大学,河北雄安许继电科综合能源技术有限公司	刘运龙,于航,王福林,黄尚渊,张春雁,王丹,刘志渊,刘铠诚,朱彬若,李蕊	中国电机工程学会	2020-01-18
9	分布式综合能源系统规划与运行优化技术及其应用	国网江苏省电力有限公司电力科学研究院,东南大学,中国电力科学研究院有限公司,国电南瑞科技股份有限公司,江苏协鑫综合能源服务有限公司	顾伟,李强,吴志,韩华春,吴鸣,黄地	中国电机工程学会	2019-02-21
10	以电为主的综合能源供给智能量测体系研究与应用	国网天津市电力公司,中国电力科学研究院有限公司,天津大学,朗新科技股份有限公司	王迎秋,徐英辉,孔祥玉,顾强,马凤云,杨光,刘宣,李刚,李野,董得龙,季浩,祝恩国,翟峰,窦键,孙虹,何泽昊,吕伟意,张兆杰,乔亚男,刘君,周玉庆,于咏生,滕永兴,朱逸群,翟术然,卢静雅,许迪,刘浩宇,赵紫敬,曹国瑞,解岩,于学均,贺宁,李雅娴,王净	天津市科学技术评价中心	2018-06-15
11	面向智慧城市的综合能源数据分析平台构建及应用	国网天津市电力公司,南开大学,国电南瑞科技股份有限公司,天津三源电力信息技术股份有限公司,朗新科技股份有限公司	王扬,韩强,于建成,张会建,于海涛,谢浩,徐科,许泰峰,范铮,吴凡,张剑,黄刚	天津市科学技术评价中心	2017-02-26

续表

序号	题目	单位	参与者	鉴定单位	鉴定时间
12	大规模新能源消纳的多能互补研究及应用	中国电建集团西北勘测设计研究院有限公司	白俊光，王社亮，吴来群，张娉，姬生才，牛子曦，范小苗，刘玮，王娟，卢其福，杨婷，李平，吕康，袁红亮，王昭亮	中国水力发电工程学会	2019-02-21
13	多能互补微网高品质与高效供能关键技术及工程应用	国网天津市电力公司电力科学研究院，中国电力科学研究院有限公司，天津大学，上海交通大学，北京国电通网络技术有限公司，国电南瑞科技股份有限公司，国网天津市电力公司滨海供电分公司，国网河北省电力有限公司，国网江苏省电力有限公司南京供电分公司，国网福建省电力有限公司福州供电公司等	庄剑，于建成，王守相，王旭东，吴鸣，李国栋，徐科，马世乾，陈培育，邰能灵，吴琳，丁一，李思维，刘云，郑晓冬，樊飞龙，张颖，杨宇全，项添春，王超，姚程，刘海涛，季宇，吕志鹏，孙丽敏，梁栋，王继东，葛磊蛟，汪可友，刘晓丹，岳靓，李哲，杨文，史善哲，许洪华，申刚，李小宇，尚德华，孙冠男，严峻等	天津市科学技术评价中心	2018-02-03
14	基于大数据的多能互补分布式能源系统及工程应用	中国科学技术大学，西南科技大学，合肥顺昌分布式能源综合应用技术有限公司，中徽机电科技股份有限公司，中国能源建设集团安徽省电力设计院有限公司，安徽省特种设备检测院，安徽建筑大学	林其钊，胡芃，刘涛，张家顺，魏文品，宋祉慧，杨亚军，张海涛，胡超	科技部	—
15	海岛MW级多能互补分布式微网技术研究与示范	中国科学院广州能源研究所	舒杰，游亚戈，冯自平，郭华芳，张先勇，吴必军，吴志锋，吴昌宏，崔琼，黄磊，姜桂秀	—	2015
16	多能互补独立供热技术与系统研究	中国市政工程华北设计研究总院有限公司	高文学，王彤，刘彤，赵自军，杨林，王艳，刘文博，张金环，渠艳红，严荣松，郝冉冉，张杨竣，何贵龙，辛立刚，杨丽杰	—	2021

反侵权盗版声明

电子工业出版社依法对本作品享有专有出版权。任何未经权利人书面许可，复制、销售或通过信息网络传播本作品的行为；歪曲、篡改、剽窃本作品的行为，均违反《中华人民共和国著作权法》，其行为人应承担相应的民事责任和行政责任，构成犯罪的，将被依法追究刑事责任。

为了维护市场秩序，保护权利人的合法权益，我社将依法查处和打击侵权盗版的单位和个人。欢迎社会各界人士积极举报侵权盗版行为，本社将奖励举报有功人员，并保证举报人的信息不被泄露。

举报电话：（010）88254396；（010）88258888

传　　真：（010）88254397

E-mail： dbqq@phei.com.cn

通信地址：北京市万寿路 173 信箱
　　　　　电子工业出版社总编办公室

邮　　编：100036